全国高等学校计算机教育研究会"十四五"规划教材

全国高等学校
计算机教育研究会
"十四五"
系列教材

———————

丛书主编 郑 莉

ROS 机器人
理论与实践

张新钰 赵虚左 邱楠 郭世纯 / 编著

U0385545

清华大学出版社
北京

内 容 简 介

本书针对 ROS 机器人操作系统的初学者,以理论与实践相结合的设计思想为主线,循序渐进地介绍机器人操作系统,以帮助有志于机器人开发的读者方便快捷地上手 ROS。主要内容包括 ROS 机器人操作系统的基础知识、通信机制、运行管理、机器人系统仿真、实体机器人设计、机器人导航,以及 ROS 进阶等内容。读者学习完本书后,能够入门 ROS 机器人操作系统、掌握机器人的相关理论知识、构建属于自己的机器人平台并实现机器人自主导航功能,为基于 ROS 机器人操作系统的产品开发奠定基础。

本书理论结合实践、深入浅出,适用于各类学校的 ROS 机器人操作系统课程。

图书在版编目(CIP)数据

ROS 机器人理论与实践/张新钰等编著. —北京:清华大学出版社,2023.4
全国高等学校计算机教育研究会"十四五"系列教材
ISBN 978-7-302-63102-6

Ⅰ.①R… Ⅱ.①张… Ⅲ.①机器人－操作系统－程序设计－高等学校－教材 Ⅳ.①TP242

中国国家版本馆 CIP 数据核字(2023)第 047588 号

责任编辑:谢　琛　战晓雷
封面设计:傅瑞学
责任校对:申晓焕
责任印制:丛怀宇

出版发行:清华大学出版社
　　　　网　　　址:http://www.tup.com.cn,http://www.wqbook.com
　　　　地　　　址:北京清华大学学研大厦 A 座　　　　　邮　　编:100084
　　　　社 总 机:010-83470000　　　　　　　　　　　邮　　购:010-62786544
　　　　投稿与读者服务:010-62776969,c-service@tup.tsinghua.edu.cn
　　　　质量反馈:010-62772015,zhiliang@tup.tsinghua.edu.cn
　　　　课件下载:http://www.tup.com.cn,010-83470236
印 装 者:三河市龙大印装有限公司
经　　销:全国新华书店
开　　本:185mm×260mm　　　　　印　　张:23.5　　　　字　　数:575 千字
版　　次:2023 年 5 月第 1 版　　　　印　　次:2023 年 5 月第 1 次印刷
定　　价:72.00 元

产品编号:095548-01

前言

本书主要内容如下。

第 1 章是 ROS 概述与开发环境搭建。本章介绍 ROS 机器人操作系统的相关概念,ROS 的安装步骤,以及 ROS 程序的编写、编译、运行流程和 ROS 集成开发环境的搭建,最后总结 ROS 的设计目标、发展历程、体系架构等内容。

第 2 章是 ROS 通信机制。通信机制是 ROS 体系中的核心内容之一,在机器人系统中,不同模块之间的数据传输都有赖于通信机制。本章主要介绍 ROS 中的话题通信、服务通信和参数服务器以及通信机制相关的一些指令,并且对不同通信机制做了综合比较。

第 3 章是 ROS 通信机制进阶。本章侧重于通信机制编程语法的介绍,包括编程中与通信机制相关的 API、C++ 程序头文件与源文件的使用、Python 程序模块导入等。

第 4 章是 ROS 运行管理。本章介绍 ROS 程序运行时的管理策略,包括元功能包、launch 文件、工作空间覆盖、节点重名、话题名称设置、参数名称设置以及 ROS 中的分布式通信实现。

第 5 章是 ROS 常用组件。在 ROS 中为开发者封装了一些比较实用的工具,本章主要介绍这些工具的使用,包括 TF 坐标变换、rosbag 和 rqt 工具箱。通过 TF 坐标变换可以方便地实现机器人系统中的静态或动态位姿转换;rosbag 可以在机器人运行时录制、回放数据;rqt 工具箱则是一系列工具的集合,可以很方便地调试 ROS 程序,提高程序开发效率。

第 6 章是 ROS 机器人系统仿真。仿真是机器人系统的重要模块之一,通过仿真可以降低研发成本,缩短开发时间。本章介绍如何将 URDF 与 RViz 结合以实现机器人建模与可视化,并介绍如何使用 Gazebo 搭建仿真环境。

第 7 章是仿真环境下的机器人导航。本章介绍如何在仿真环境下实现机器人导航,包括导航模块(地图、定位、感知、路径规划、运动控制)的系统性介绍,并通过一个案例完整地展现如何实现导航功能,最后介绍导航中使用的一些消息。

第 8 章是机器人平台设计。本章介绍如何从 0 到 1 搭建一台机器人,包括基于 Arduino 的底盘设计、控制系统安装、分布式环境搭建以及雷达、摄像头等传感器的集成。

第 9 章是实体机器人导航。将仿真环境下的功能迁移到实体机器人上是机器人程序研发中的重要环节之一。本章主要介绍如何基于 VSCode 搭建远程开发环境,如何将前面在仿真环境下开发的导航功能部署到实体机器人上。

第 10 章是 ROS 进阶。话题通信、服务通信、参数服务器这 3 种通信方式在 ROS 中是最基本、最常用的通信方式,但是上述 3 种通信机制都存在一定的局限性。本章主要介绍 ROS 中关于通信机制的进阶策略,包括 action 通信与动态配置参数,除此之外,还介绍 ROS 中 pluginlib 和 nodelet 的使用,pluginlib 可以提高程序灵活性,nodelet 可以提高数据交互效率。

本书包含了编者团队的相关研究进展及学术成果。本书由张新钰组织编写,赵虚左、邱楠、郭世纯等参与了重要章节的编写,周沫、詹坤、赵珊珊、沈志远、李明、肖黎、李阳、桑明等参与了文字校对工作。

感谢国家重点研发计划和国家自然科学基金委员会的项目支持。

特别感谢清华大学出版社的谢琛老师在本书撰写过程中的指导和帮助。感谢多年来对编者团队给予大力支持和帮助的各位师长、同事和朋友。

作为前沿研究成果,本书中的表述可能会存在不妥之处,衷心希望各位专家学者和广大读者不吝批评和指正。

作　者

2023 年 2 月

CONTENTS

目录

## 第 1 章

ROS 概述与开发环境搭建

　　学习是一个循序渐进的过程,具体到计算机领域的软件开发层面,每当接触一个新的知识模块时,按照一般的步骤,我们会先去了解该模块的相关概念,然后再安装官方软件包,接下来再搭建其集成开发环境。这些准备工作完毕之后,才算是叩开了新领域的大门。

　　学习 ROS,我们也遵循这一流程,本章作为 ROS 体系的开篇,主要内容如下:

- ROS 的相关概念。
- 安装 ROS。
- 搭建 ROS 的集成开发环境。

本章预期达成的学习目标如下:

- 了解 ROS 的概念、设计目标以及发展历程。
- 能够独立安装并运行 ROS。
- 能够使用 C++ 或 Python 实现 ROS 版本的 HelloWorld。
- 能够搭建 ROS 的集成开发环境。
- 了解 ROS 的架构设计。

案例演示:

　　(1) ROS 安装成功后,可以运行内置案例。该案例通过键盘控制乌龟运动,如图 1-1 所示。

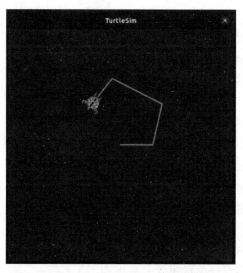

图 1-1　通过键盘控制乌龟运动

（2）集成开发环境使用了 VSCode，可以提高开发效率，如图 1-2 所示。

```cpp
src > demo_helloworld > src > ᵍ hello_pub.cpp
1   #include "ros/ros.h"
2
3   int main(int argc, char *argv[])
4   {
5       ros::i|
6       ret ⊙ init                    void ros::init(int &argc, char
7       {} init_options               gv, const std::string &name, ui
8       ⊙ isInitialized               _t options = 0U)
9       ⊙ isShuttingDown
10      ⊙ isStarted                    +2 overloads
        •○ InitOption
        ⚑ InvalidNameException        @brief ROS initialization function.
        ⚑ InvalidNodeNameException
        ⚑ InvalidParameterException   This function will parse any ROS argumen
        ⚑ InvalidPortException        topic name
        ⚑ AsyncSpinnerImpl            remappings), and will consume them (i.e.
        •○ AsyncSpinnerImplPtr        and argv may be modified
```

图 1-2　VSCode 集成开发环境

◈ 1.1　ROS 简 介

ROS 诞生背景

机器人是一种高度复杂的系统性实现，机器人设计包含了硬件设计、嵌入式软件设计、上层软件设计、机械结构设计和机械加工，是各种硬件与软件集成，如图 1-3 所示。甚至可以说机器人系统是当今工业体系的集大成者。

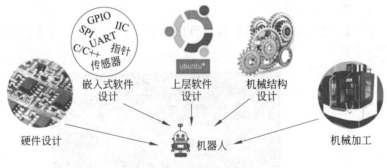

图 1-3　机器人设计

机器人体系是相当庞大的，其复杂度极高，以至于没有任何个人、组织甚至公司能够独立完成系统性的机器人研发工作。

一种更合适的策略是：让机器人研发者专注于自己擅长的领域，其他模块则直接复用相关领域更专业的研发团队的实现，当然自身的研究也可以被他人继续复用。这种基于"复用"的分工协作遵循了不重复发明轮子的原则，显然可以大大提高机器人的研发效率。尤其是随着机器人硬件越来越丰富，软件库越来越庞大，这种复用性和模块化开发需求也愈发强烈。传统生产模式和现代生产模式的对比如图 1-4 所示。

在此大背景下，2007 年，一家名为柳树车库（Willow Garage）的机器人公司发布了

ROS。ROS 是一套机器人通用软件框架,可以提升功能模块的复用性,并且随着该系统的不断迭代与完善,如今 ROS 已经成为机器人领域的事实标准。

传统生产模式　　　　　　　　　　现代生产模式

图 1-4　两种生产模式的对比

1.1.1　ROS 概要

- ROS 全称 Robot Operating System(机器人操作系统)。
- ROS 是适用于机器人的开源元操作系统。
- ROS 集成了大量的工具、库和协议,提供类似操作系统所提供的功能,简化对机器人的控制。
- 还提供了用于在多台计算机上获取,构建,编写和运行代码的工具和库,ROS 在某些方面类似于"机器人框架"。
- ROS 设计者将 ROS 表述为 ROS ＝ Plumbing ＋ Tools ＋ Capabilities ＋ Ecosystem,即 ROS 是通信机制、工具软件包、机器人高层技能以及机器人生态系统的集合体,如图 1-5 所示。

Plumbing　　　　Tools　　　　Capabilities　　　　Ecosystem

图 1-5　ROS 集合体

1.1.2　ROS 的设计目标

机器人开发的分工思想实现了不同研发团队间的共享和协作,提升了机器人的研发效率。为了服务于分工,ROS 主要有如下设计目标:

- **代码复用。**ROS 的目标不是成为具有最多功能的框架,其主要目标是支持机器人技术研发中的代码重用。
- **分布式。**ROS 是进程(也称为节点)的分布式框架。ROS 中的进程可分布于不同主机,不同主机协同工作,从而分散计算压力。
- **松耦合。**ROS 中的功能模块封装为独立的功能包或元功能包,便于分享。功能包内的模块以节点为单位运行，以 ROS 标准的 I/O 函数作为接口，开发者不需要关注模块的内部实现，只要了解接口规则就能实现复用，这样就实现了模块间点对点的松耦合连接。

- **精简**。ROS 被设计得尽可能精简，以便 ROS 编写的代码可以与其他机器人软件框架一起使用。ROS 易于与其他机器人软件框架集成，目前已与 OpenRAVE、Orocos 和 Player 集成。
- **语言独立性**。ROS 支持的语言包括 Java、C++、Python 等。为了支持更多应用开发和移植，ROS 设计为一种语言弱相关的框架结构，使用简洁、中立的定义语言描述模块间的消息接口，在编译中再产生使用语言的目标文件，为消息交互提供支持，同时允许消息接口的嵌套使用。
- **易于测试**。ROS 具有称为 rostest 的内置单元/集成测试框架，可轻松安装和拆卸测试工具。
- **大型应用**。ROS 适用于大型运行时系统和大型开发流程。
- **丰富的组件化工具包**。ROS 可采用组件化方式集成一些工具和软件到系统中并作为一个组件直接使用，如 RViz(3D 可视化工具)，开发者根据 ROS 定义的接口在其中显示机器人模型等，组件还包括仿真环境和消息查看工具等。
- **免费且开源**。开发者众多，功能包丰富。

1.1.3　ROS 发展历程

ROS 是一个由来已久、贡献者众多的大型软件项目。在 ROS 诞生之前，很多学者认为，机器人研究需要一个开放式协作框架，并且已经有不少类似的项目致力于实现这样的框架。在这些工作中，比较重要的是斯坦福大学在 2000 年年中开展的一系列相关研究项目，如斯坦福人工智能机器人(STandford AI Robot，STAIR)项目、个人机器人(Personal Robots，PR)项目等。上述项目中，在研究具有代表性、集成式人工智能系统的过程中，创立了用于室内场景的高灵活性、动态软件系统，可以用于机器人学研究。

2007 年，柳树车库公司提供了大量资源，用于将斯坦福大学机器人项目中的软件系统进行扩展与完善，同时，在无数研究人员的共同努力下，ROS 的核心思想和基本软件包逐渐得到完善。

ROS 的发展历程如图 1-6 所示。

ROS 的发行版本指 ROS 软件包的版本，其与 Linux 的发行版本(如 Ubuntu)的概念类似。推出 ROS 发行版本的目的在于使开发人员可以使用相对稳定的代码库，直到其准备好将所有内容进行版本升级为止。因此，每个发行版本推出后，ROS 开发者通常仅对这一版本的 bug 进行修复，同时提供少量针对核心软件包的改进。

ROS 的版本按照英文字母顺序命名。ROS 目前已经发布了 ROS 1 的终极版本——Noetic，并建议后期过渡至 ROS 2。Noetic 以前默认使用的是 Python 2，现在也支持 Python 3。

建议使用的 ROS 版本是 Noetic 或 Melodic。

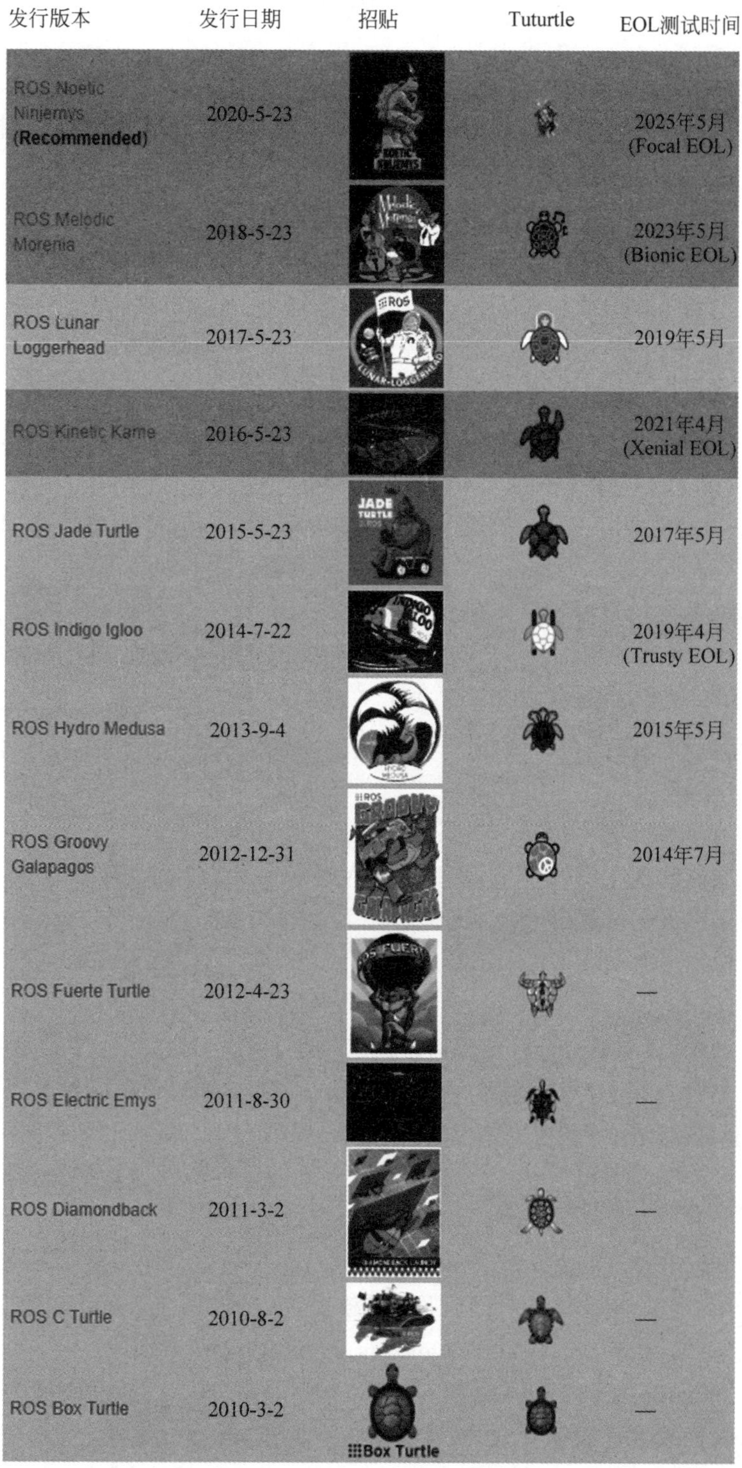

发行版本	发行日期	招贴	Tuturtle	EOL测试时间
ROS Noetic Ninjemys (Recommended)	2020-5-23			2025年5月 (Focal EOL)
ROS Melodic Morenia	2018-5-23			2023年5月 (Bionic EOL)
ROS Lunar Loggerhead	2017-5-23			2019年5月
ROS Kinetic Kame	2016-5-23			2021年4月 (Xenial EOL)
ROS Jade Turtle	2015-5-23			2017年5月
ROS Indigo Igloo	2014-7-22			2019年4月 (Trusty EOL)
ROS Hydro Medusa	2013-9-4			2015年5月
ROS Groovy Galapagos	2012-12-31			2014年7月
ROS Fuerte Turtle	2012-4-23			—
ROS Electric Emys	2011-8-30			—
ROS Diamondback	2011-3-2			—
ROS C Turtle	2010-8-2			—
ROS Box Turtle	2010-3-2			—

图 1-6　ROS 的发展历程

◆ 1.2 ROS 安装

本书使用的 ROS 版本是 Noetic,可以在 Ubuntu 20.04、macOS 或 Windows 10 系统上安装。虽然一般用户平时使用的操作系统以 Windows 居多,但是 ROS 之前的版本基本都不支持 Windows,所以本书选用的操作系统是 Ubuntu,以方便向历史版本过渡。Ubuntu 的常用安装方式有两种。

方案 1:实体机安装 Ubuntu(较为常用的是使用双系统,即 Windows 与 Ubuntu 并存)。

方案 2:虚拟机安装 Ubuntu。

两种方式的优缺点如下:

- 方案 1 可以保证性能,且不需要考虑硬件兼容性问题,但是和 Windows 系统交互不便。
- 方案 2 可以方便地实现 Windows 与 Ubuntu 交互,不过性能稍差,且与硬件交互不便。

在 ROS 中,一些仿真操作是比较耗费系统资源的,且经常需要和一些硬件(雷达、摄像头、IMU、STM32、Arduino 等)交互,因此,原则上建议采用方案 1。不过,如果只是出于学习目的,那么方案 2 也基本够用,且方案 2 在 Windows 与 Ubuntu 的交互上更为方便,对于学习者更为友好,因此本书在此选用的是方案 2。当然,具体采用哪种实现方案,应根据实际需要决定。

如果采用虚拟机安装 Ubuntu,再安装 ROS,大致流程如下:

(1) 安装虚拟机软件(例如 VirtualBox 或 VMware)。

(2) 使用虚拟机软件虚拟一台主机。

(3) 在虚拟主机上安装 Ubuntu 20.04。

(4) 在 Ubuntu 上安装 ROS。

(5) 测试 ROS 环境是否可以正常运行。

在虚拟机软件选择上,对于本书内容而言 VirtualBox 和 VMware 都可以满足需求。二者比较,前者免费,后者收费,所以本书选用 VirtualBox。

1.2.1 安装虚拟机软件

1. 下载 VirtualBox

安装 VirtualBox 前需要先访问官网,下载安装包,如图 1-7 所示。官网下载地址为 http://www.VirtualBox.org/wiki/Downloads。

2. 安装 VirtualBox

VirtualBox 的安装比较简单,如果没有特殊需求,双击安装文件启动安装过程,一路单击"下一步""是"和"安装"按钮即可,如图 1-8～图 1-16 所示。

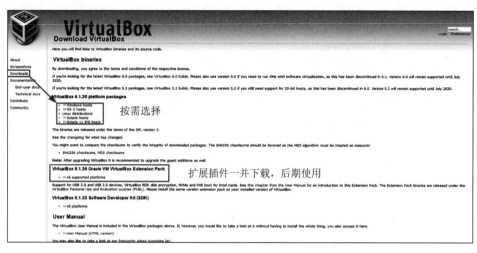

图 1-7　VirtualBox 官网

图 1-8　VirtualBox 安装步骤一

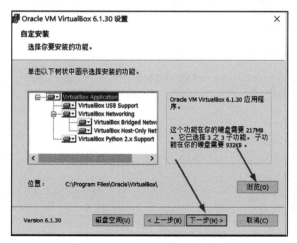

图 1-9　VirtualBox 安装步骤二

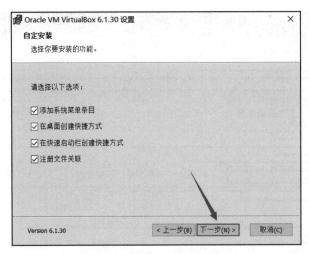

图 1-10　VirtualBox 安装步骤三

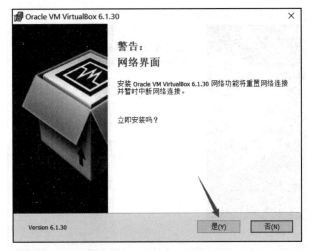

图 1-11　VirtualBox 安装步骤四

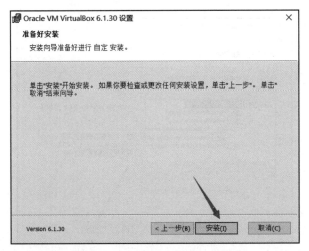

图 1-12　VirtualBox 安装步骤五

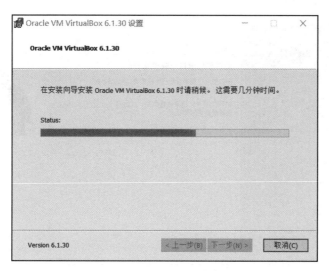

图 1-13　VirtualBox 安装步骤六

图 1-14　VirtualBox 安装步骤七

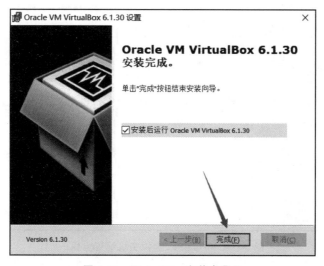

图 1-15　VirtualBox 安装步骤八

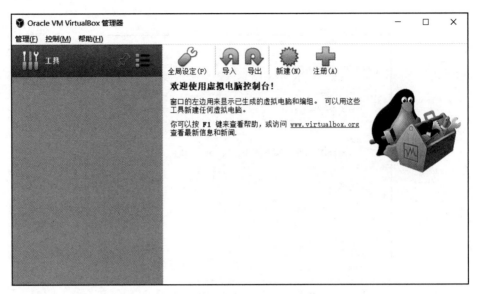

图 1-16　VirtualBox 安装步骤九

安装完毕后,虚拟机已经可以正常启动了,接下来需要使用其虚拟出一台主机。

1.2.2　虚拟一台主机

使用 VirtualBox 虚拟一台主机的过程也不算复杂,只需要按照提示配置其相关参数即可,如图 1-17～图 1-19 所示。

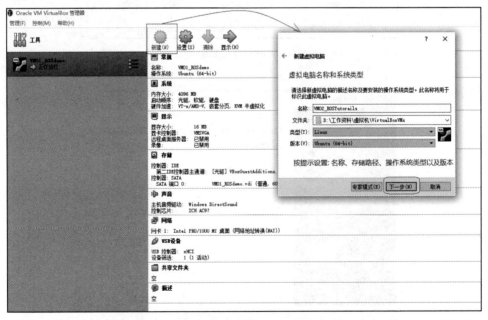

图 1-17　VirtualBox 虚拟主机配置步骤一

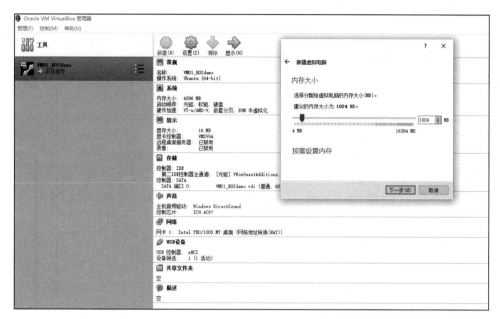

图 1-18 VirtualBox 虚拟主机配置步骤二

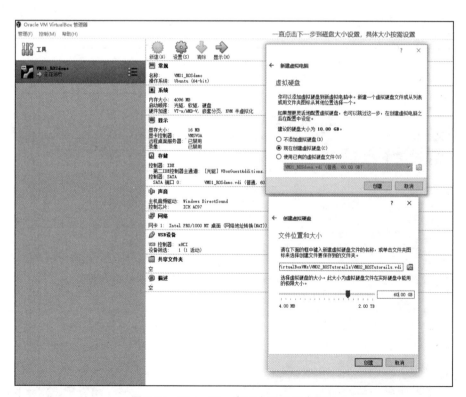

图 1-19 VirtualBox 虚拟主机配置步骤三

1.2.3 安装和优化 Ubuntu

1. Ubuntu 安装

首先下载 Ubuntu 的镜像文件，链接为 http://mirrors.aliyun.com/Ubuntu-releases/20.04/。

然后配置虚拟主机，关联 Ubuntu 镜像文件，如图 1-20～图 1-22 所示。

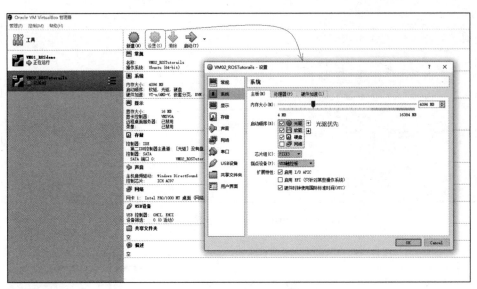

图 1-20　配置虚拟主机步骤一

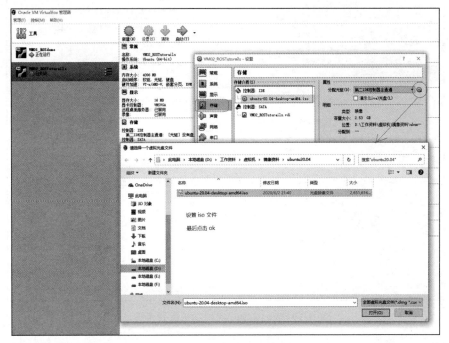

图 1-21　配置虚拟主机步骤二

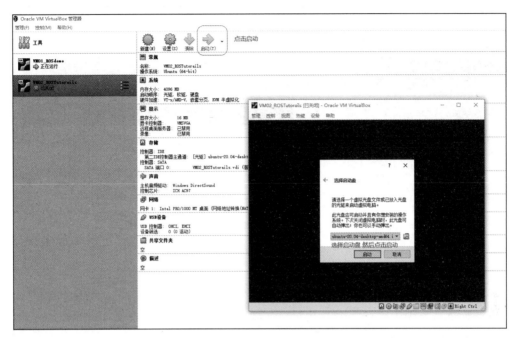

图 1-22　配置虚拟主机步骤三

启动后,开始安装 Ubuntu 操作系统,如图 1-23 和图 1-24 所示。

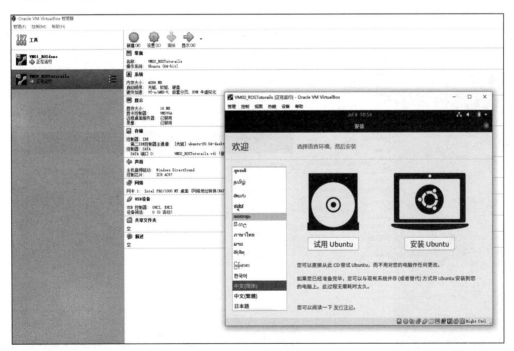

图 1-23　安装 Ubuntu 操作系统步骤一

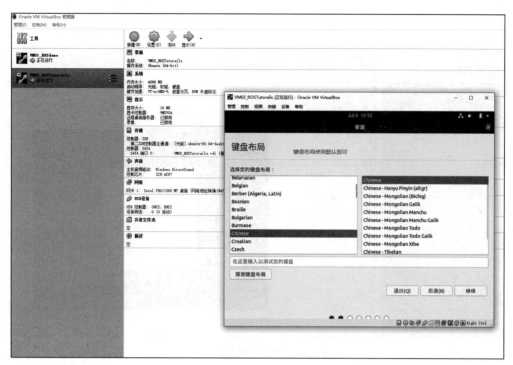

图 1-24   安装 Ubuntu 操作系统步骤二

安装过程中,断开网络连接,可以提升安装速度,如图 1-25~图 1-30 所示。

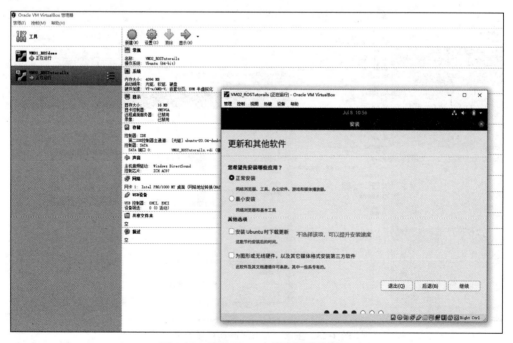

图 1-25   安装 Ubuntu 操作系统步骤三

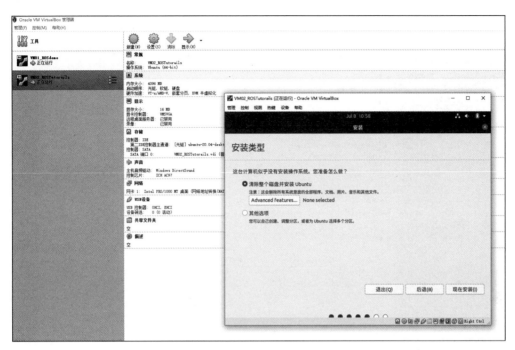

图 1-26　安装 Ubuntu 操作系统步骤四

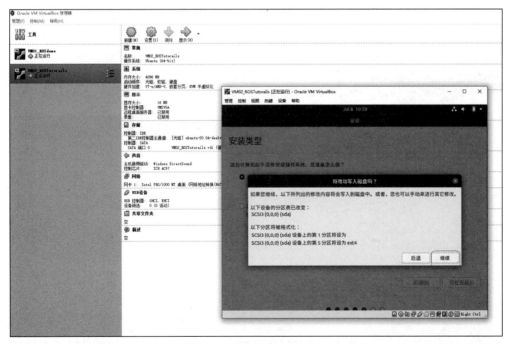

图 1-27　安装 Ubuntu 操作系统步骤五

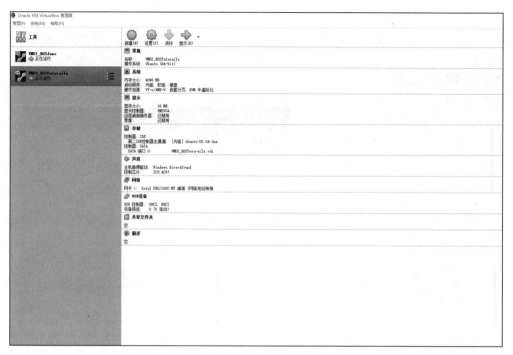

图 1-28　安装 Ubuntu 操作系统步骤六

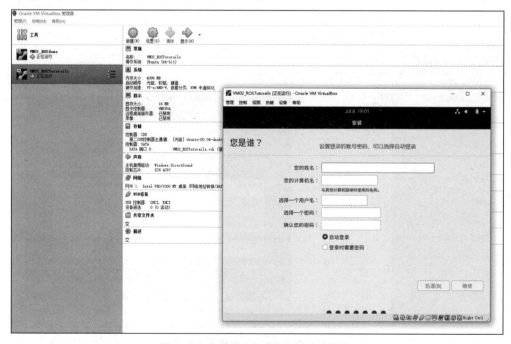

图 1-29　安装 Ubuntu 操作系统步骤七

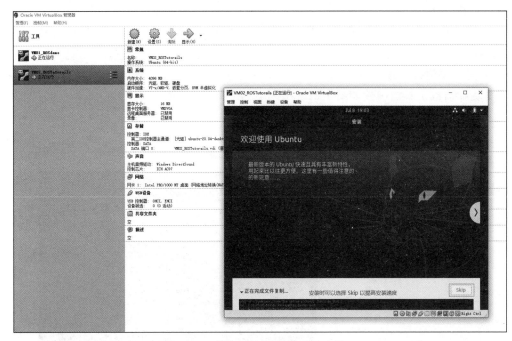

图 1-30　安装 Ubuntu 操作系统步骤八

安装完毕后，会给出重启提示，按回车键即可重启，如图 1-31 所示。

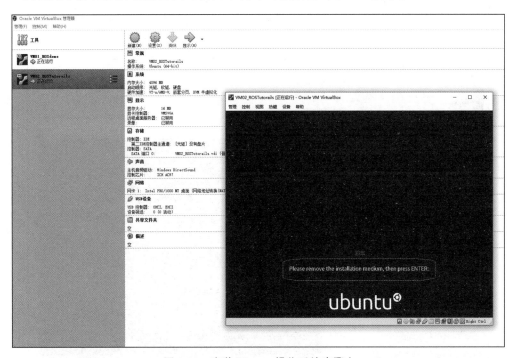

图 1-31　安装 Ubuntu 操作系统步骤九

至此，VirtualBox 已经正常安装了 Ubuntu，并启动成功。

2. 使用优化

为了优化 Ubuntu 操作的用户体验，方便虚拟机与宿主机的文件交换以及 USB 设备的正常使用，还需做如下操作：

1）安装虚拟机工具

安装虚拟机工具的步骤如图 1-32 和图 1-33 所示。

图 1-32　安装虚拟机工具步骤一

图 1-33　安装虚拟机工具步骤二

重启使之生效。选择菜单栏的"自动调整窗口大小"命令,然后 Ubuntu 桌面会自动适应窗口大小。

2) 启动文件交换模式

启动文件交换模式的操作如图 1-34 所示。

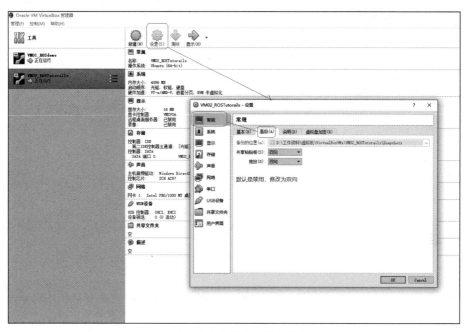

图 1-34　启动文件交换模式的操作

3) 安装扩展插件

前面已经下载了 VirtualBox 扩展包。

首先,在 VirtualBox 中添加扩展工具,如图 1-35 所示。

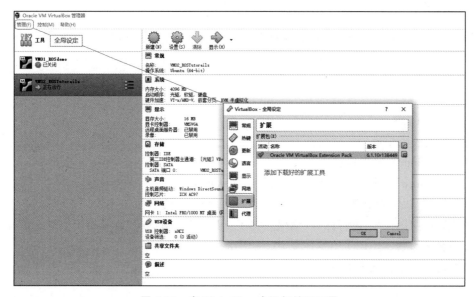

图 1-35　在 VirtualBox 中添加扩展工具

其次,在虚拟机中添加 USB 设备,如图 1-36 所示。

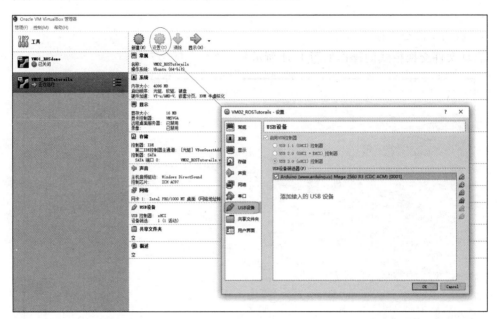

图 1-36　在虚拟机中添加 USB 设备

重启后,使用 ll /dev/ttyUSB * 或 ll /dev/ttyACM * 命令即可查看新接入的设备。

4) 其他设置

最后还可以进行其他设置。例如,输入法可以根据喜好自行下载安装。Ubuntu 20.04 的右键菜单中没有创建文件选项,如果想要设置此选项,可以进入主目录下的"模板"目录,使用 gedit 创建一个空文本文档,以后,使用右键菜单就可以创建新文档,并且创建的新文档与当前自定义的文档名称有统一的格式。

1.2.4　安装 ROS

Ubuntu 安装完毕后,就可以安装 ROS 操作系统了,大致包括以下 5 个步骤:

(1) 配置 Ubuntu 的软件和更新。

(2) 设置安装源。

(3) 设置 key。

(4) 安装 ROS。

(5) 配置环境变量。

1. 配置 Ubuntu 的软件和更新

配置 Ubuntu 的软件和更新,允许安装不经认证的软件。

首先打开"软件和更新"对话框,具体可以用 Ubuntu 搜索按钮搜索。

打开后按照图 1-37 进行配置(确保勾选了"可从互联网下载"下面的 4 个复选框)。

2. 设置安装源

可以选择官方默认安装源:

图 1-37　配置 Ubuntu 的软件和更新

```
sudo sh -c 'echo "deb http://packages.ros.org/ros/Ubuntu $(lsb_release -sc)
main" > /etc/apt/sources.list.d/ros-latest.list'
```

也可以选择清华大学的安装源：

```
sudo sh -c '. /etc/lsb-release && echo "deb http://mirrors.tuna.tsinghua.edu.
cn/ros/Ubuntu/ `lsb_release -cs` main" > /etc/apt/sources.list.d/ros-latest.
list'
```

还可以选择中国科技大学的安装源：

```
sudo sh -c '. /etc/lsb-release && echo "deb http://mirrors.ustc.edu.cn/ros/
Ubuntu/ `lsb_release -cs` main" > /etc/apt/sources.list.d/ros-latest.list'
```

提示：

（1）按回车键后，可能需要输入管理员密码。

（2）建议使用国内资源，安装速度更快。

3. 设置 key

设置 key 的命令如下：

```
sudo apt-key adv --keyserver 'hkp://keyserver.Ubuntu.com:80' --recv-key
C1CF6E31E6BADE8868B172B4F42ED6FBAB17C654
```

4. 安装 ROS

首先需要更新 apt（以前是 apt-get，官方建议使用 apt 而非 apt-get），apt 是用于从互联网仓库搜索、安装、升级、卸载软件或操作系统的工具。命令如下：

```
sudo apt update
```

然后等待安装过程完成。

然后，再安装所需类型的 ROS。ROS 有多个类型：Desktop-Full、Desktop、ROS-Base。

这里介绍较为常用的 Desktop-Full（官方推荐），其中包括 ROS、rqt、RViz、robot-generic libraries、2D/3D simulators、navigation 和 2D/3D perception。安装命令如下：

```
sudo apt install ros-noetic-desktop-full
```

然后等待安装过程完成，这个过程比较耗时。

提示：如果由于网络原因导致连接超时，可能会安装失败，如图 1-38 所示。此时，可以多次重复调用更新和安装命令，直至成功。

图 1-38　安装过程中出现错误

5. 配置环境变量

安装完成后，要配置环境变量，以方便在任意终端上使用 ROS。命令如下：

```
echo "source /opt/ros/noetic/setup.bash" >> ~/.bashrc
source ~/.bashrc
```

如果需要卸载 ROS，可以使用如下命令：

```
sudo apt remove ros-noetic- *
```

注意：在 ROS 版本 noetic 中无须构建软件包的依赖关系，没有 rosdep 的相关安装与配置。

6. 安装构建依赖

Noetic 在最初发布时和其他历史版本稍有差异的是没有安装构建依赖这一步骤。随着 Noetic 的不断完善，官方补充了这一操作。

首先安装构建依赖的相关工具：

```
 sudo apt install python3- rosdep python3- rosinstall python3- rosinstall-
generator python3-wstool build-essential
```

在 ROS 中使用许多工具前，需要初始化 rosdep（可以安装系统依赖，这在上一步已经完成了）：

```
sudo apt install python3-rosdep
sudo rosdep init
rosdep update
```

如果一切顺利，rosdep 初始化与更新的输出结果如图 1-39 所示。

1.2.5　测试 ROS

ROS 内置了一些小程序，可以通过运行这些小程序检测 ROS 环境是否可以正常运行。
（1）启动 3 个命令行（按 Ctrl＋Alt＋T 组合键）。

```
rosnoetic@rosnoetic-VirtualBox:~$ sudo rosdep init
[sudo] rosnoetic 的密码:
ERROR: cannot download default sources list from:
https://raw.githubusercontent.com/ros/rosdistro/master/rosdep/sources.list.d/20-default.list
Website may be down.

rosnoetic@rosnoetic-VirtualBox:~$ rosdep update
reading in sources list data from /etc/ros/rosdep/sources.list.d
Hit https://gitee.com/zhao-xuzuo/rosdistro/raw/master/rosdep/osx-homebrew.yaml
Hit https://gitee.com/zhao-xuzuo/rosdistro/raw/master/rosdep/base.yaml
Hit https://gitee.com/zhao-xuzuo/rosdistro/raw/master/rosdep/python.yaml
Hit https://gitee.com/zhao-xuzuo/rosdistro/raw/master/rosdep/ruby.yaml
Hit https://gitee.com/zhao-xuzuo/rosdistro/raw/master/releases/fuerte.yaml
Query rosdistro index https://gitee.com/zhao-xuzuo/rosdistro/raw/master/index-v4.yaml
Skip end-of-life distro "ardent"
Skip end-of-life distro "bouncy"
Skip end-of-life distro "crystal"
Add distro "dashing"
Skip end-of-life distro "eloquent"
Add distro "foxy"
Skip end-of-life distro "groovy"
Skip end-of-life distro "hydro"
Skip end-of-life distro "indigo"
Skip end-of-life distro "jade"
Add distro "kinetic"
Skip end-of-life distro "lunar"
Add distro "melodic"
Add distro "noetic"
Add distro "rolling"
updated cache in /home/rosnoetic/.ros/rosdep/sources.cache
```

图 1-39 rosdep 初始化与更新的输出结果

（2）在命令行 1 输入以下命令：

```
roscore
```

（3）在命令行 2 输入以下命令：

```
rosrun turtlesim turtlesim_node
```

此时会弹出图形化界面。

（4）在命令行 3 输入以下命令：

```
rosrun turtlesim turtle_teleop_key
```

可以通过上下左右方向键控制乌龟的运动。

最终结果如图 1-40 所示。

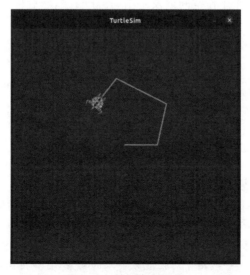

图 1-40 控制乌龟运动

注意：光标必须聚焦在键盘控制窗口，否则无法控制乌龟运动。

◈ 1.3　ROS 快速体验

编写 ROS 程序，在控制台输出文本"Hello World!"，分别使用 C++ 和 Python 实现。

1.3.1　HelloWorld 实现简介

ROS 中涉及的编程语言以 C++ 和 Python 为主，ROS 中的大多数程序可以用这两种语言实现，在本书中，每一个案例也都会分别使用 C++ 和 Python 两种方案演示，大家可以根据自身情况选择合适的实现方案。

ROS 中的程序即便使用不同的编程语言，实现流程也是类似的，以当前 HelloWorld 程序为例，实现流程如下：

（1）创建一个工作空间。

（2）创建一个功能包。

（3）编辑源文件。

（4）编辑配置文件。

（5）编译并执行。

在上述流程中，C++ 和 Python 只是在步骤（3）和步骤（4）的实现细节上存在差异，其他流程基本一致。本节先实现用 C++ 和 Python 程序编写的通用部分，即步骤（1）与步骤（2），1.3.2 节和 1.3.3 节再分别使用 C++ 和 Python 编写 HelloWorld。

1. 创建工作空间并初始化

命令如下：

```
mkdir -p catkin_ws/src
cd catkin_ws
catkin_make
```

上述命令首先创建一个工作空间以及一个 src 子目录，然后再进入工作空间调用 catkin_make 命令编译。

2. 进入 src 创建 ROS 功能包并添加依赖

命令如下：

```
cd src
catkin_create_pkg hello_ros roscpp rospy std_msgs
```

上述命令会在工作空间中生成一个功能包，该功能包依赖于 roscpp、rospy 与 std_msgs。其中，roscpp 是使用 C++ 实现的库，而 rospy 则是使用 Python 实现的库，std_msgs 是标准消息库。创建 ROS 功能包时，一般都会依赖这 3 个库实现。

注意：在 ROS 中，虽然实现同一功能时 C++ 和 Python 可以互换，但是具体选择哪种语言需要视需求而定，因为就两种语言相较而言，C++ 运行效率高但是编码效率低，而 Python 则反之。基于二者互补的特点，ROS 设计者分别设计了 roscpp 与 rospy 两个库。前者旨在成为 ROS 的高性能库；而后者则一般用于对性能无要求的场景，旨在提高开发效率。

1.3.2　HelloWorld（C ++ 版）

本节内容基于 1.3.1 节。前面已经创建了 ROS 的工作空间，并且创建了 ROS 的功能包，这里就可以进入核心步骤了。

1. 进入 catkin_ws 包的 src 目录编辑源文件

命令如下：

```
cd catkin_ws/src/hello_ros/src
```

C ++ 源码实现（helloworld.cpp）：

```cpp
#include "ros/ros.h"
int main(int argc, char * argv[])
{
    //执行 ROS 节点初始化
    ros::init(argc,argv,"hello");
    //创建 ROS 节点句柄(非必须)
    ros::NodeHandle n;
    //控制台输出"Hello World!"
    ROS_INFO("Hello World!");
    return 0;
}
```

2. 编辑 catkin_ws 包下的 Cmakelist.txt 文件

Cmakelist.txt 文件内容如下：

```
add_executable(helloworld
  src/helloworld.cpp
)
target_link_libraries(helloworld
  ${catkin_LIBRARIES}
)
```

3. 进入工作空间目录并编译

命令如下：

```
cd catkin_ws
catkin_make
```

生成 build devel 等可执行文件。

4. 执行

先启动命令行 1：

```
roscore
```

再启动命令行 2：

```
cd catkin_ws
source ./devel/setup.bash
rosrun hello_ros helloworld
```

命令行输出内容如下：

```
Hello World!
```

提示：source ~/工作空间/devel/setup.bash 可以添加到.bashrc 文件中，使用时更方便。

添加方式 1：直接使用 gedit 或 vi 编辑.bashrc 文件，最后添加该内容。

添加方式 2：执行命令。

```
echo "source ~/工作空间/devel/setup.bash" >> ~/.bashrc
```

1.3.3 HelloWorld（Python 版）

本节内容基于 1.3.1 节。前面已经创建了 ROS 的工作空间，并且创建了 ROS 的功能包，此时就可以进入核心步骤了。

1. 进入 catkin_ws 包添加 scripts 目录并编辑 Python 文件

命令如下：

```
cd catkin_ws/src/hello_ros
mkdir scripts
```

新建 Python 文件（helloworld_py.py）：

```
#! /usr/bin/env python
"""
    Python 版 HelloWorld
"""
import rospy
if __name__ == "__main__":
    rospy.init_node("Hello")
    rospy.loginfo("Hello World!!!!")
```

2. 为 Python 文件添加可执行权限

命令如下：

```
chmod +x helloworld_py.py
```

3. 编辑 ROS 功能包下的 CamkeList.txt 文件

命令如下：

```
catkin_install_python(PROGRAMS scripts/helloworld_py.py
  DESTINATION ${CATKIN_PACKAGE_BIN_DESTINATION}
)
```

4. 进入工作空间目录并编译文件

命令如下：

```
cd catkin_ws
catkin_make
```

5. 进入工作空间目录并执行文件

先启动命令行。在命令行 1 输入以下命令：

```
roscore
```

再在命令行 2 输入以下命令：

```
cd catkin_ws
source ./devel/setup.bash
rosrun hello_ros helloworld_py.py
```

输出结果：

```
Hello World!!!!
```

◇ 1.4 ROS 集成开发环境搭建

和大多数开发环境一样，理论上，在 ROS 中，只需要记事本就可以编写基本的 ROS 程序，但是，"工欲善其事，必先利其器。"为了提高开发效率，可以先安装集成开发工具。

1.4.1 安装终端

在 ROS 中，需要频繁地使用终端，而且可能需要同时开启多个窗口。这里推荐一款比较好用的终端——**Terminator**，如图 1-41 所示。

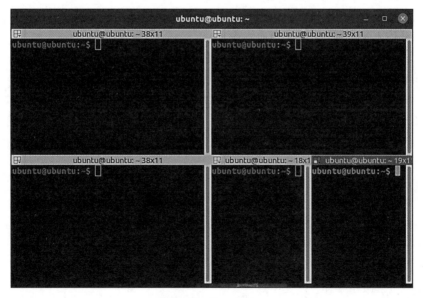

图 1-41 Terminator

1. 安装 Terminator

```
sudo apt install terminator
```

2. 将 Terminator 添加到收藏夹

显示应用程序,搜索 Terminator,右击该项,在弹出的快捷菜单中选择"添加到收藏夹"命令。

3. Terminator 常用快捷键

第一部分:关于在同一个标签内的操作。

Alt+Up:移动到上面的终端。

Alt+Down:移动到下面的终端。

Alt+Left:移动到左边的终端。

Alt+Right:移动到右边的终端。

Ctrl+Shift+O:水平分割终端。

Ctrl+Shift+E:垂直分割终端。

Ctrl+Shift+Right(→):在垂直分隔的终端中将分隔条向右移动。

Ctrl+Shift+Left(←):在垂直分隔的终端中将分隔条向左移动。

Ctrl+Shift+Up(↑):在水平分隔的终端中将分隔条向上移动。

Ctrl+Shift+Down(↓):在水平分隔的终端中将分隔条向下移动。

Ctrl+Shift+S:隐藏/显示滚动条。

Ctrl+Shift+F:搜索。

Ctrl+Shift+C:复制选中的内容到剪贴板。

Ctrl+Shift+V:将剪贴板的内容粘贴到当前位置。

Ctrl+Shift+W:关闭当前终端。

Ctrl+Shift+Q:退出当前窗口,当前窗口的所有终端都将被关闭。

Ctrl+Shift+X:最大化显示当前终端。

Ctrl+Shift+Z:最大化显示当前终端并使字体放大。

Ctrl+Shift+N 或 Ctrl+Tab:移动到下一个终端。

Ctrl+Shift+P 或 Ctrl+Shift+Tab:移动到前一个终端。

第二部分:有关各个标签之间的操作。

F11:全屏开关。

Ctrl+Shift+T:打开一个新的标签。

Ctrl+PageDown:移动到下一个标签。

Ctrl+PageUp:移动到上一个标签。

Ctrl+Shift+PageDown:将当前标签与其后一个标签交换位置。

Ctrl+Shift+PageUp:将当前标签与其前一个标签交换位置。

Ctrl+"+":增大字体。

Ctrl+"-":减小字体。

Ctrl+0:恢复字体到原始大小。

Ctrl+Shift+R:重置终端状态。

Ctrl+Shift+G:重置终端状态并清屏幕。

Super+g:绑定所有的终端,以便在一个终端上输入时能够输入到所有的终端。

Super+Shift+G:解除绑定。

Super＋t：绑定当前标签的所有终端,在一个终端上输入的内容会自动输入到其他终端。

Super＋Shift＋T：解除绑定。

Ctrl＋Shift＋I：打开一个新窗口,新窗口与原来的窗口使用同一个进程。

Super＋i：打开一个新窗口,新窗口与原来的窗口使用不同的进程。

1.4.2　安装 VSCode

VSCode 全称为 Visual Studio Code,是微软公司推出的一款轻量级代码编辑器,免费、开源而且功能强大。它支持几乎所有主流的程序语言的语法高亮、智能代码补全、自定义热键、括号匹配、代码片段、代码对比 Diff、GIT 等特性,支持插件扩展,并针对网页开发和云端应用开发做了优化。软件跨平台支持 Windows、macOS 以及 Linux。

1. 下载

VSCode 下载链接为 https://code.visualstudio.com/docs? start＝true。

历史版本下载链接为 https://code.visualstudio.com/updates。

2. VSCode 安装与卸载

VSCode 的安装有两种方式:

方式 1:双击安装文件即可(或右击该文件选择安装命令)。

方式 2:命令为 sudo dpkg -i xxxx.deb。

卸载命令如下:

```
sudo dpkg --purge  code
```

3. VSCode 集成 ROS 插件

使用 VSCode 开发 ROS 程序时,需要先安装一些插件。常用插件如下:

- C/C++ 0 0.28.3。
- Chinese (Simplified) Language Pack for Visual Studio Code 1.44.0。
- CMake Tools 1.4.1。
- Python 2020.5.86806。
- ROS 0.6.3。

4. VSCode 基本配置

(1) 创建 ROS 工作空间,命令如下:

```
mkdir -p demon02/src(必须得有 src)
cd demo02
catkin_make
```

(2) 进入 demo02_ws 启动 VSCode,命令如下:

```
cd demo02_ws
code .
```

(3) 在 VSCode 中编译 ROS 时,按 Ctrl＋Shift＋B 组合键调用编译器,选择 catkin_make:build,可以选择默认配置,修改.vscode/tasks.json 文件:

```
{
//有关 tasks.json 格式的文档参见 http://go.microsoft.com/fwlink/? LinkId=733558
    "version": "2.0.0",
    "tasks": [
        {
            "label": "catkin_make:debug",    //代表提示的描述性信息
            "type": "shell",                 //可以选择 shell 或者 process
            //如果是 shell,代码是在 shell 中运行的一个命令
            //如果是 process,代表作为一个进程运行
            "command": "catkin_make",        //这是要运行的命令
            "args": [],                      //如果需要在命令后面加一些后缀,可以写在这里
            //例如 - DCATKIN_WHITELIST_PACKAGES="pac1;pac2"
            "group": {"kind":"build","isDefault":true},
            "presentation": {
                "reveal": "always"           //可选 always 或者 silence
            //代表是否输出信息
            },
            "problemMatcher": "$msCompile"
        }
    ]
}
```

（4）创建 ROS 功能包。

选择 src,右击,在弹出的快捷菜单中选择 create catkin package hello_vscode roscpp rospy std_msgs 命令。

（5）C++ 实现。在功能包的 src 下新建 hello_vscode_c.cpp 文件,内容如下：

```
#include "ros/ros.h"
int main(int argc, char * argv[])
{
    setlocale(LC_ALL,"");
    //执行节点初始化
    ros::init(argc,argv,"HelloVSCode");
    //输出日志
    ROS_INFO("Hello VSCode!!!哈哈哈哈哈哈哈哈哈哈");
    return 0;
}
```

控制台输出

```
Hello VSCode !!!
```

提示 1：如果没有代码提示；

```
修改 .vscode/c_cpp_properties.json
设置 "cp 提示 tandard": "c++17"
```

提示 2：main 函数的参数不可以用 const 修饰。

提示 3：当 ROS__INFO 终端输出中有中文时,会出现乱码。例如

```
INFO: ?????????????????????????
```

解决办法是在函数开头加入下面的任意一句代码：

```
setlocale(LC_CTYPE, "zh_CN.utf8");
setlocale(LC_ALL, "");
```

（6）Python 实现。在功能包下新建 scripts 目录，添加 Python 文件，并添加可执行权限。

Python 版本的 HelloVSCode，执行后在控制台输出"Hello VSCode，我是 Python ...."：

```
#! /usr/bin/env python
import rospy                                    #1.导包
if __name__ == "__main__":
    rospy.init_node("Hello_Vscode_p")           #2.初始化 ROS 节点
    rospy.loginfo("Hello VSCode, 我是 Python ....")  #3.日志输出
```

（7）配置 CMakeLists.txt。

C++ 配置如下：

```
add_executable(hello_vscode_c
  src/hello_vscode_c.cpp
)
target_link_libraries(hello_vscode_c
  ${catkin_LIBRARIES}
)
```

Python 配置如下：

```
catkin_install_python(PROGRAMS scripts/hello_vscode_py.py
  DESTINATION ${CATKIN_PACKAGE_BIN_DESTINATION}
)
```

（8）编译执行。

编译时按 Ctrl＋Shift＋B 组合键。

执行的方法和前面一致，只是可以在 VSCode 中添加终端，首先执行

```
source ./devel/setup.bash
```

提示：如果不编译就直接执行 Python 文件，会抛出异常。

（1）第一行是解释器声明，可以使用绝对路径定位到 Python 3 的安装路径 ♯！/usr/bin/python3，但是不建议这样做。

（2）建议使用 ♯！/usr/bin/env python，但是会抛出异常：

```
/usr/bin/env: "python": 没有那个文件或目录
```

（3）解决方法 1 是 ♯！/usr/bin/env python3，即直接使用 Python 3，但存在不兼容以前的 ROS 相关 Python 实现的问题。

（4）解决方法 2 是创建一个链接符号到 Python 命令：

```
sudo ln -s /usr/bin/python3 /usr/bin/python
```

5. 其他 IDE

ROS 开发可以使用的 IDE 还是比较多的，除了上面介绍的 VSCode，还有 Eclipe、QT、

PyCharm、Roboware 等，详情可以参考官网 http://wiki.ros.org/IDEsQT Creator Plugin for ROS 的介绍。

1.4.3 launch 文件演示

1. 需求

一个程序中可能需要启动多个节点，例如 ROS 内置的小乌龟案例，如果要控制乌龟运动，要启动多个窗口，分别启动 roscore、乌龟界面节点和键盘控制节点。如果每次都调用 rosrun 逐一启动各节点，显然效率低下。如何优化？

官方给出的优化策略是使用 launch 文件，它可以一次性启动多个 ROS 节点。

2. 实现

（1）选择功能包，利用右键菜单添加 launch 目录。

（2）选择 launch 目录，利用右键菜单添加 launch 文件。

（3）编辑 launch 文件内容：

```
<launch>
  <node pkg="helloworld" type="demo_hello" name="hello" output="screen" />
  <node pkg="turtlesim" type="turtlesim_node" name="t1"/>
  <node pkg="turtlesim" type="turtle_teleop_key" name="key1" />
</launch>
```

其中：

- node 为包含的某个节点。
- pkg 为功能包。
- type 为被运行的节点文件。
- name 用于为节点命名。
- output 用于设置日志的输出目标。

（4）运行 launch 文件，命令格式如下：

```
roslaunch catkin_ws launch 文件名
```

运行结果是一次性启动了多个节点。

◈ 1.5 ROS 架 构

到目前为止，已经安装了 ROS，运行了 ROS 中内置的小乌龟案例，并且也编写了 ROS 小程序，对 ROS 也有了大概的认知，当然这个认知可能还是比较模糊的。接下来，从宏观上介绍 ROS 的架构。

立足于不同的角度，对 ROS 架构的描述也是不同的，一般可以从设计者、维护者、系统与 ROS 自身 4 个角度描述 ROS 架构。

1. 从设计者的角度描述 ROS 架构

ROS 设计者将 ROS 表述为 ROS = Plumbing + Tools + Capabilities + Ecosystem。

- Plumbing 代表通信机制（实现 ROS 不同节点之间的交互）。

- Tools 代表工具软件包(ROS 中的开发和调试工具)。
- Capabilities 代表机器人高层技能(ROS 中某些功能的集合,例如导航)。
- Ecosystem 代表机器人生态系统(跨地域、跨软件与硬件的 ROS 联盟)。

2. 从维护者的角度描述 ROS 架构

从维护者的角度,ROS 架构可划分为两大部分:

- main:核心部分,主要由 Willow Garage 和一些开发者设计、提供以及维护。它包括一些分布式计算的基本工具以及整个 ROS 的核心程序。
- universe:全球范围的代码,由不同国家的 ROS 社区组织开发和维护。其中一种是库的代码,如 OpenCV、PCL 等;库的上一层是从功能角度提供的代码,如人脸识别,它们调用其下层的库;最上层的代码是应用级代码,让机器人完成某一确定的功能。

3. 从系统的角度描述 ROS 架构

从系统的角度,ROS 可以划分为 3 层:

(1) OS 层,即经典意义的操作系统。

ROS 只是元操作系统,需要依托真正意义的操作系统。目前与 ROS 兼容性最好的是 Linux 的 Ubuntu,macOS 和 Windows 也支持 ROS 的较新版本。

(2) 中间层。是 ROS 封装的关于机器人开发的中间件,例如:

- 基于 TCP/UDP 继续封装的 TCPROS/UDPROS 通信系统。
- 用于进程间通信的 Nodelet,它为数据的实时传输提供支持。
- 机器人开发实现库,例如数据类型定义、坐标变换、运动控制等。

(3) 应用层。主要是功能包以及功能包内的节点,例如 master、turtlesim 的控制与运动节点等。

4. 从 ROS 自身的角度描述 ROS 架构

就 ROS 自身实现而言,也可以划分为 3 层:

(1) 文件系统。ROS 文件系统指的是在硬盘上组织 ROS 源代码的形式。

(2) 计算图。ROS 分布式系统中不同进程之间需要进行数据交互,计算图可以点对点的网络形式表现数据交互过程,计算图中的重要概念有节点(node)、消息(message)、主题(topic)和服务(service)。

(3) 开源社区。ROS 的社区级概念是 ROS 网络上进行代码发布的一种表现形式。

- 发行版(distribution)。ROS 发行版是可以独立安装、带有版本号的一系列综合功能包。ROS 发行版起到与 Linux 发行版类似的作用,这使得 ROS 软件安装更加容易,而且能够通过一个软件集合维持一致的版本。
- 软件库(repository)。ROS 依赖于共享开源代码与软件库的网站或主机服务,在这里不同的机构能够发布和分享各自的机器人软件与程序。
- ROS 维基(ROS wiki)。用于记录有关 ROS 系统信息的主要论坛。任何人都可以注册账户、贡献自己的文件、提供更正或更新、编写教程等。网址是 http://wiki.ros.org/。
- 错误提交系统(bug ticket system)。如果用户发现问题或者想提出一个新功能,可以利用 ROS 提供的这个资源做这些。
- 邮件列表(mailing list)。ROS 用户邮件列表是关于 ROS 的主要交流渠道,能够像论坛一样交流从 ROS 软件更新到 ROS 软件使用中的各种疑问或信息。网址是 http://lists.ros.org/。
- ROS 问答（ROS answer）。用户可以使用这个资源提问题。网址是 http://answers.ros.org/questions/。
- 博客（blog）。用户可以看到定期更新、照片和新闻。网址是 http://www.ros.org/news/。不过博客系统现在已经由 ROS 社区取而代之，网址是 http://discourse.ros.org/。

现在处于学习的初级阶段，只是运行了 ROS 的内置案例，编写了简单的 ROS 实现，因此，受限于当前进度，本节不会详细介绍所有设计架构中的所有模块，只介绍文件系统与计算图。第 2 章会介绍 ROS 的通信机制，这也是 ROS 的核心实现之一。

1.5.1　ROS 文件系统

ROS 文件系统指的是在硬盘上 ROS 源代码的组织形式，其结构大致如图 1-42 所示。

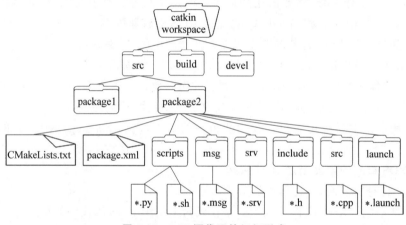

图 1-42　ROS 源代码的组织形式

第一层是 workspace，它是自定义的工作空间。

第二层如下：
- src：源码。
- build：编译空间，用于存放 CMake 和 catkin 的缓存信息、配置信息和其他中间文件。
- devel：开发空间，用于存放编译后生成的目标文件，包括头文件、动态和静态链接库、可执行文件等。

第三层是 package，即功能包，它是 ROS 的基本单元，包含多个节点、库与配置文件。包名中的字母均为小写，且只能由字母、数字与下画线组成。

第四层如下：
- CMakeLists.txt：配置编译规则，例如源文件、依赖项、目标文件。
- package.xml：包信息，例如包名、版本、作者、依赖项等（在以前的版本中是 manifest.xml）。

- scripts：存储 Python 文件。
- msg：消息通信格式文件。
- srv：服务通信格式文件。
- include：头文件。
- src：存储 C++ 源文件。
- launch：可一次性运行多个节点。
- action：动作格式文件。
- config：配置信息。

ROS 文件系统中的部分目录和文件在前面编程中已经有所涉及,例如功能包的创建、src 目录下 cpp 文件的编写、scripts 目录下 Python 文件的编写、launch 目录下 launch 文件的编写,并且也配置了 package.xml 与 CMakeLists.txt 文件。其他目录下的内容后面将会介绍,本节主要介绍 package.xml 与 CMakeLists.txt 这两个配置文件。

1. package.xml

该文件定义有关软件包的属性,例如软件包名称、版本号、作者、维护者以及对其他 catkin 软件包的依赖性。请注意,该概念类似于旧版 rosbuild 构建系统中使用的 manifest.xml 文件。

```xml
<? xml version="1.0"?>
<!-- 格式:以前是 1,推荐使用 2 -->
<package format="2">
  <!-- 包名 -->
  <name>demo01_hello_vscode</name>
  <!-- 版本 -->
  <version>0.0.0</version>
  <!-- 描述信息 -->
  <description>The demo01_hello_vscode package</description>
  <!-- One maintainer tag required, multiple allowed, one person per tag -->
  <!-- Example:  -->
  <maintainer email="jane.doe@example.com">Jane Doe</maintainer>
  <!-- One license tag required, multiple allowed, one license per tag -->
  <!-- Commonly used license strings: -->
  <!--   BSD, MIT, Boost Software License, GPLv2, GPLv3, LGPLv2.1, LGPLv3 -->
  <!-- 许可证信息,ROS 核心组件默认为 BSD -->
  <license>TODO</license>
  <!-- Url tags are optional, but multiple are allowed, one per tag -->
  <!-- Optional attribute type can be: website, bugtracker, or repository -->
  <!-- Example: -->
  <!-- <url type="website">http://wiki.ros.org/demo01_hello_vscode</url> -->
  <!-- Author tags are optional, multiple are allowed, one per tag -->
  <!-- Authors do not have to be maintainers, but could be -->
  <!-- Example: -->
  <!-- <author email="jane.doe@example.com">Jane Doe</author> -->
  <!-- The * depend tags are used to specify dependencies -->
  <!-- Dependencies can be catkin packages or system dependencies -->
  <!-- Examples: -->
  <!-- Use depend as a shortcut for packages that are both build and exec
dependencies -->
  <!--   <depend>roscpp</depend> -->
```

```
<!--    Note that this is equivalent to the following: -->
<!--    <build_depend>roscpp</build_depend> -->
<!--    <exec_depend>roscpp</exec_depend> -->
<!-- Use build_depend for packages you need at compile time: -->
<!--    <build_depend>message_generation</build_depend> -->
<!-- Use build_export_depend for packages you need in order to build against
this package: -->
<!--    <build_export_depend>message_generation</build_export_depend> -->
<!-- Use buildtool_depend for build tool packages: -->
<!--    <buildtool_depend>catkin</buildtool_depend> -->
<!-- Use exec_depend for packages you need at runtime: -->
<!--    <exec_depend>message_runtime</exec_depend> -->
<!-- Use test_depend for packages you need only for testing: -->
<!--    <test_depend>gtest</test_depend> -->
<!-- Use doc_depend for packages you need only for building documentation: -->
<!--    <doc_depend>doxygen</doc_depend> -->
<!-- 依赖的构建工具,这是必须有的 -->
<buildtool_depend>catkin</buildtool_depend>
<!-- 指定构建此软件包所需的软件包 -->
<build_depend>roscpp</build_depend>
<build_depend>rospy</build_depend>
<build_depend>std_msgs</build_depend>
<!-- 指定根据这个包构建库所需的包 -->
<build_export_depend>roscpp</build_export_depend>
<build_export_depend>rospy</build_export_depend>
<build_export_depend>std_msgs</build_export_depend>
<!-- 运行该程序包中的代码所需的程序包 -->
<exec_depend>roscpp</exec_depend>
<exec_depend>rospy</exec_depend>
<exec_depend>std_msgs</exec_depend>
<!-- The export tag contains other, unspecified, tags -->
<export>
  <!-- Other tools can request additional information be placed here -->
</export>
</package>
```

2. CMakeLists.txt

文件 CMakeLists.txt 是 CMake 构建系统的输入,用于构建软件包。任何兼容 CMake 的软件包都包含一个或多个 CMakeLists.txt 文件,这些文件描述了如何构建代码以及将代码安装到何处。

```
cmake_minimum_required(VERSION 3.0.2)   #所需 CMake 版本
project(demo01_hello_vscode)            #包名称,会以 ${PROJECT_NAME} 的方式被调用
## Compile as C++11, supported in ROS Kinetic and newer
# add_compile_options(-std=c++11)
## Find catkin macros and libraries
## if COMPONENTS list like find_package(catkin REQUIRED COMPONENTS xyz)
## is used, also find other catkin packages
# 设置构建代码所需的软件包
find_package(catkin REQUIRED COMPONENTS
  roscpp
  rospy
```

```
  std_msgs
)
## System dependencies are found with CMake's conventions
# 默认添加系统依赖
# find_package(Boost REQUIRED COMPONENTS system)
## Uncomment this if the package has a setup.py. This macro ensures
## modules and global scripts declared therein get installed
## See http://ros.org/doc/api/catkin/html/user_guide/setup_dot_py.html
# 启动 Python 模块支持
# catkin_python_setup()
####################################################
## Declare ROS messages, services and actions      ##
## 声明 ROS 消息、服务、动作...                      ##
####################################################
## To declare and build messages, services or actions from within this
## package, follow these ste 提示:
## * Let MSG_DEP_SET be the set of packages whose message types you use
##    in your messages/services/actions (e.g. std_msgs, actionlib_msgs, ...).
## * In the file package.xml:
## * add a build_depend tag for "message_generation"
## * add a build_depend and a exec_depend tag for each package in MSG_DEP_SET
## * If MSG_DEP_SET isn't empty the following dependency has been pulled in
## but can be declared for certainty nonetheless:
## * add a exec_depend tag for "message_runtime"
## * In this file (CMakeLists.txt):
## * add "message_generation" and every package in MSG_DEP_SET to
##    find_package(catkin REQUIRED COMPONENTS ...)
## * add "message_runtime" and every package in MSG_DEP_SET to
##    catkin_package(CATKIN_DEPENDS ...)
## * uncomment the add_*_files sections below as needed
##    and list every .msg/.srv/.action file to be processed
## * uncomment the generate_messages entry below
## * add every package in MSG_DEP_SET to generate_messages(DEPENDENCIES ...)
## Generate messages in the 'msg' folder
# add_message_files(
#   FILES
#   Message1.msg
#   Message2.msg
# )
## Generate services in the 'srv' folder
# add_service_files(
#   FILES
#   Service1.srv
#   Service2.srv
# )
## Generate actions in the 'action' folder
# add_action_files(
#   FILES
#   Action1.action
#   Action2.action
# )
## Generate added messages and services with any dependencies listed here
# 生成消息和服务时的依赖包
```

```
# generate_messages(
#   DEPENDENCIES
#   std_msgs
# )
####################################################
## Declare ROS dynamic reconfigure parameters      ##
## 声明 ROS 动态参数配置                             ##
####################################################
## To declare and build dynamic reconfigure parameters within this
## package, follow these ste 提示:
## * In the file package.xml:
## * add a build_depend and a exec_depend tag for "dynamic_reconfigure"
## * In this file (CMakeLists.txt):
## * add "dynamic_reconfigure" to
##   find_package(catkin REQUIRED COMPONENTS ...)
## * uncomment the "generate_dynamic_reconfigure_options" section below
##   and list every .cfg file to be processed
## Generate dynamic reconfigure parameters in the 'cfg' folder
# generate_dynamic_reconfigure_options(
#   cfg/DynReconf1.cfg
#   cfg/DynReconf2.cfg
# )
#####################################
## catkin specific configuration    ##
## catkin 特定配置                   ##
#####################################
## The catkin_package macro generates CMake config files for your package
## Declare things to be passed to dependent projects
## INCLUDE_DIRS: uncomment this if your package contains header files
## LIBRARIES: libraries you create in this project that dependent projects also need
## CATKIN_DEPENDS: catkin_packages dependent projects also need
## DEPENDS: system dependencies of this project that dependent projects also need
# 运行时依赖
catkin_package(
#   INCLUDE_DIRS include
#   LIBRARIES demo01_hello_vscode
#   CATKIN_DEPENDS roscpp rospy std_msgs
#   DEPENDS system_lib
)
###########
## Build  ##
###########
## Specify additional locations of header files
## Your package locations should be listed before other locations
# 添加头文件路径,当前程序包的头文件路径位于其他文件路径之前
include_directories(
# include
  ${catkin_INCLUDE_DIRS}
)
## Declare a C++ library
# 声明 C++ 库
# add_library(${PROJECT_NAME}
#   src/${PROJECT_NAME}/demo01_hello_vscode.cpp
```

```
# )
## Add CMake target dependencies of the library
## as an example, code may need to be generated before libraries
## either from message generation or dynamic reconfigure
# 添加库的 CMake 目标依赖
# add_dependencies (${ PROJECT _ NAME } ${ ${ PROJECT _ NAME } _ EXPORTED _ TARGETS }
${catkin_EXPORTED_TARGETS})
## Declare a C++ executable
## With catkin_make all packages are built within a single CMake context
## The recommended prefix ensures that target names across packages don't collide
# 声明 C++ 可执行文件
add_executable(hello_vscode_c src/hello_vscode_c.cpp)
## Rename C++ executable without prefix
## The above recommended prefix causes long target names, the following renames the
## target back to the shorter version for ease of user use
## e.g. "rosrun someones_pkg node" instead of "rosrun someones_pkg someones_pkg_node"
# 重命名 C++可执行文件
# set_target_properties(${PROJECT_NAME}_node PROPERTIES OUTPUT_NAME node PREFIX "")
## Add CMake target dependencies of the executable
## same as for the library above
# 添加可执行文件的 CMake 目标依赖
add_dependencies(hello_vscode_c ${${PROJECT_NAME}_EXPORTED_TARGETS} ${catkin_
EXPORTED_TARGETS})
## Specify libraries to link a library or executable target against
# 指定库、可执行文件的链接库
target_link_libraries(hello_vscode_c
  ${catkin_LIBRARIES}
)
#############
## Install  ##
## 安装      ##
#############
# all install targets should use catkin DESTINATION variables
# See http://ros.org/doc/api/catkin/html/adv_user_guide/variables.html
## Mark executable scripts (Python etc.) for installation
## in contrast to setup.py, you can choose the destination
# 设置用于安装的可执行脚本
catkin_install_python(PROGRAMS
  scripts/hello_vscode_py.py
  DESTINATION ${CATKIN_PACKAGE_BIN_DESTINATION}
)
## Mark executables for installation
## See http://docs.ros.org/melodic/api/catkin/html/howto/format1/building_executables.html
# install(TARGETS ${PROJECT_NAME}_node
#   RUNTIME DESTINATION ${CATKIN_PACKAGE_BIN_DESTINATION}
# )
## Mark libraries for installation
## See http://docs.ros.org/melodic/api/catkin/html/howto/format1/building_libraries.html
# install(TARGETS ${PROJECT_NAME}
#   ARCHIVE DESTINATION ${CATKIN_PACKAGE_LIB_DESTINATION}
#   LIBRARY DESTINATION ${CATKIN_PACKAGE_LIB_DESTINATION}
#   RUNTIME DESTINATION ${CATKIN_GLOBAL_BIN_DESTINATION}
# )
```

```
## Mark cpp header files for installation
# install(DIRECTORY include/${PROJECT_NAME}/
#   DESTINATION ${CATKIN_PACKAGE_INCLUDE_DESTINATION}
#   FILES_MATCHING PATTERN "* .h"
#   PATTERN ".svn" EXCLUDE
# )
## Mark other files for installation (e.g. launch and bag files, etc.)
# install(FILES
#   # myfile1
#   # myfile2
#   DESTINATION ${CATKIN_PACKAGE_SHARE_DESTINATION}
# )
#############
## Testing  ##
#############
## Add gtest based cpp test target and link libraries
# catkin_add_gtest(${PROJECT_NAME}-test test/test_demo01_hello_vscode.cpp)
# if(TARGET ${PROJECT_NAME}-test)
#   target_link_libraries(${PROJECT_NAME}-test ${PROJECT_NAME})
# endif()
## Add folders to be run by Python nosetests
# catkin_add_nosetests(test)
```

1.5.2　ROS 文件系统相关命令

ROS 的文件系统本质上都还是操作系统文件,可以使用 Linux 命令操作这些文件。不过,为了更好的用户体验,ROS 专门提供了一些类似于 Linux 的命令,这些命令较之于 Linux 原生命令更为简洁、高效。文件操作,无外乎就是增删改查与执行等。接下来就从这 5 个维度介绍 ROS 文件系统的常用命令。

1. 增

与增加功能包有关的命令格式如下:

```
catkin_create_pkg 自定义包名 依赖包          创建新的 ROS 功能包
sudo apt install xxx                        安装 ROS 功能包
```

2. 删

删除功能包的命令格式如下:

```
sudo apt purge xxx
```

3. 查

与查找有关的命令如下:

```
rospack list              列出所有功能包
rospack find 包名          查找某个功能包是否存在,如果存在则返回安装路径
roscd 包名                 进入某个功能包
rosls 包名                 列出某个包下的文件
apt search xxx            搜索某个功能包
```

4. 改

修改功能包文件名的命令格式如下:

```
rosed 包名 文件名
```

需要安装 vim。

5. 执行

1）roscore

roscore 是 ROS 的系统先决条件节点和程序的集合，必须运行 roscore 才能使 ROS 节点进行通信。

roscore 将启动 ROS Master、ROS 参数服务器和 rosout 日志节点。命令格式如下：

```
roscore
```

也可以指定端口号：

```
roscore -p xxxx
```

2）rosrun

运行指定的 ROS 节点的命令格式如下：

```
rosrun 包名 可执行文件名
```

例如：

```
rosrun turtlesim turtlesim_node
```

3）roslaunch

执行某个包下的 launch 文件的命令格式如下：

```
roslaunch 包名 launch 文件名
```

1.5.3　ROS 计算图

1. 计算图简介

前面介绍的是 ROS 文件结构，是磁盘上 ROS 程序的存储结构，是静态的，而 ROS 程序运行之后，不同的节点之间是错综复杂的。ROS 中提供了一个实用的工具——rqt_graph。

rqt_graph 能够创建一个显示当前系统运行情况的动态图形。ROS 分布式系统中不同进程需要进行数据交互，计算图可以点对点的网络形式表现数据交互过程。rqt_graph 是 rqt 程序包中的一部分。

2. 计算图安装

如果前期所有的功能包都已经安装完成，则直接在终端窗口中输入

```
rosrun rqt_graph rqt_graph
```

如果未安装功能包，则在终端中输入

```
$ sudo apt install ros-<distro>-rqt
$ sudo apt install ros-<distro>-rqt-common-plugins
```

请使用你的 ROS 版本名称（例如 Kinetic、Melodic、Noetic 等）替换<distro>。

例如,当前版本是 Noetic,就在终端窗口中输入

```
$ sudo apt install ros-noetic-rqt
$ sudo apt install ros-noetic-rqt-common-plugins
```

3. 计算图演示

接下来以 ROS 内置的小乌龟案例演示计算图。

首先按照前面所示运行案例。

然后启动新终端,输入 rqt_graph 或 rosrun rqt_graph rqt_graph,可以看到类似图 1-43 的网络拓扑图,它可以显示不同节点之间的关系。

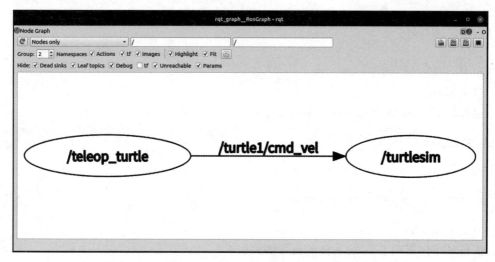

图 1-43　rqt_graph

◆ 1.6　本 章 小 结

本章主要介绍了 ROS 的相关概念、设计目标、发展历程等理论知识,安装了 ROS 并搭建了 ROS 的集成开发环境,编写了第一个 ROS 小程序,对 ROS 实现架构也有了宏观的认识。ROS 的大门已经敞开,接下来就要步入新的征程了。

ROS 通信机制

机器人是一种高度复杂的系统性实现,在机器人上可能集成各种传感器(雷达、摄像头、GPS 等)以及运动控制的实现。为了解耦合,在 ROS 中每一个功能点都是一个单独的进程,每一个进程都是独立运行的。更确切地讲,**ROS 是进程(也称为节点)的分布式框架**。因为这些进程甚至还可分布于不同主机,不同主机协同工作,从而分散计算压力。不过随之也有一个问题:不同的进程是如何通信的?即不同进程间如何实现数据交换?因此就需要了解 ROS 中的通信机制了。

ROS 中的基本通信机制主要有如下 3 种实现策略:

* 话题通信(发布订阅模式)。
* 服务通信(请求响应模式)。
* 参数服务器(参数共享模式)。

本章的主要内容是介绍各个通信机制的应用场景、理论模型、代码实现以及相关操作命令。本章预期达成的学习目标如下:

* 能够熟练掌握 ROS 常用的通信机制。
* 能够理解 ROS 中每种通信机制的理论模型。
* 能够以代码的方式实现各种通信机制对应的案例。
* 能够熟练使用 ROS 中的一些操作命令。
* 能够独立完成相关实操案例。

◇ 2.1 话 题 通 信

话题通信是 ROS 中使用频率最高的一种通信模式。话题通信是基于发布订阅模式的,即,一个节点发布消息,另一个节点订阅该消息。话题通信的应用场景也极其广泛,例如下面的一个常见场景:机器人在执行导航功能时使用的传感器是激光雷达,机器人会采集激光雷达感知到的信息并进行计算,然后生成运动控制信息,驱动机器人底盘运动。

在上述场景中,就不止一次使用到了话题通信。

* 以激光雷达信息的采集处理为例,在 ROS 中有一个节点需要实时发布当前雷达采集到的数据,导航模块中也有节点会订阅并解析雷达数据。
* 再以运动信息的发布为例,导航模块会根据传感器采集的数据实时计算出运动控制信息并发布给底盘,底盘也可以有一个节点订阅运动信息,并最终转换成控制电机的脉冲信号。

以此类推，像雷达、摄像头、GPS 等传感器数据的采集，也都是使用了话题通信，换言之，话题通信适用于与不断更新的数据传输相关的应用场景。

概念

以发布订阅的方式实现不同节点之间数据交互的通信模式。

作用

用于不断更新的、逻辑处理较少的数据传输场景。

案例

(1) 实现最基本的发布订阅模型，发布方以固定频率发送一段文本，订阅方接收文本并输出（2.1.2 节、2.1.3 节），如图 2-1 所示。

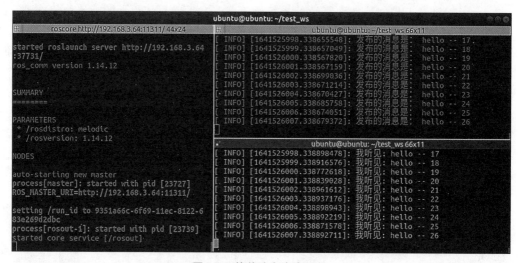

图 2-1　简单消息发布订阅

(2) 实现对自定义消息的发布与订阅（2.1.4 节至 2.1.6 节），如图 2-2 所示。

图 2-2　自定义消息发布订阅

2.1.1　理论模型

话题通信模型的实现是比较复杂的,其理论模型如图 2-3 所示。

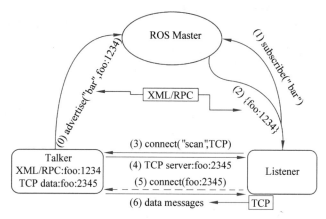

图 2-3　话题通信理论模型

该模型中涉及 3 个角色:

- ROS Master（管理者）。
- Talker（发布方）。
- Listener（订阅方）。

ROS Master 负责保管 Talker 和 Listener 注册的信息,并匹配话题相同的 Talker 与 Listener,帮助 Talker 与 Listener 建立连接。连接建立后,Talker 就可以发布消息,且发布的消息会被 Listener 订阅。

整个流程由以下步骤实现。

1. Talker 注册

Talker 启动后,会通过 RPC 在 ROS Master 中注册自身信息,其中包含所发布消息的话题名称。ROS Master 会将节点的注册信息加入到注册表中。

2. Listener 注册

Listener 启动后,也会通过 RPC 在 ROS Master 中注册自身信息,包含需要订阅的消息的话题名称。ROS Master 会将节点的注册信息加入到注册表中。

3. ROS Master 实现信息匹配

ROS Master 会根据注册表中的信息匹配 Talker 和 Listener,并通过 RPC 向 Listener 发送 Talker 的 RPC 地址信息。

4. Listener 向 Talker 发送请求

Listener 根据接收到的 RPC 地址,通过 RPC 向 Talker 发送连接请求,传输订阅的话题名称、消息类型以及通信协议(TCP/UDP)。

5. Talker 确认请求

Talker 接收到 Listener 的请求后,也是通过 RPC 向 Listener 确认连接信息,并发送自身的 TCP 地址信息。

6. Listener 与 Talker 建立连接

Listener 根据步骤 4 返回的消息使用 TCP 与 Talker 建立网络连接。

7. Talker 向 Listener 发布消息

连接建立后,Talker 开始向 Listener 发布消息。

注意:

(1) 在上述实现流程中,前 5 步使用的 RPC 协议,最后两步使用的协议是 TCP。

(2) Talker 与 Listener 的启动无先后顺序要求。

(3) Talker 与 Listener 都可以有多个。

(4) Talker 与 Listener 建立连接后,不再需要 ROS Master。即便关闭 ROS Master, Talker 与 Listener 也能照常通信。

2.1.2 基本操作(C++)

需求

编写发布订阅实现,要求发布方以 10Hz(每秒 10 次)的频率发布文本消息,订阅方订阅消息并将消息内容打印输出。

分析

在模型实现中,ROS Master 不需要实现,而连接的建立也已经被封装了,需要关注的关键点有 3 个:

(1) 发布方。

(2) 接收方。

(3) 数据(此处为普通文本)。

流程

(1) 编写发布方实现。

(2) 编写订阅方实现。

(3) 编辑配置文件。

(4) 编译并执行。

1. 发布方

```
/*
    需求:实现基本的话题通信,一方发布数据,另一方接收数据
    实现的关键点:
    1.发布方
    2.接收方
    3.数据(此处为普通文本)
    提示:二者需要设置相同的话题
    消息发布方:
        循环发布信息:HelloWorld 后缀数字编号
    实现流程:
        1.包含头文件
        2.初始化 ROS 节点:命名(唯一)
        3.实例化 ROS 句柄
        4.实例化发布方对象
        5.组织被发布的数据,并编写逻辑发布数据
```

```
 */
//1.包含头文件
#include "ros/ros.h"
#include "std_msgs/String.h"                //普通文本类型
#include <sstream>
int main(int argc, char  * argv[]){
    //设置编码
    setlocale(LC_ALL,"");
    //2.初始化 ROS 节点:命名(唯一)
    //参数 1 和参数 2 后期为节点传值时会使用
    //参数 3 是节点名称,是一个标识符,需要保证运行后在 ROS 网络拓扑中唯一
    ros::init(argc,argv,"talker");
    //3.实例化 ROS 句柄
    ros::NodeHandle nh;                      //该类封装了 ROS 中的一些常用功能
    //4.实例化发布方对象
    //泛型:发布的消息类型
    //参数 1:要发布到的话题
    //参数 2:队列中最大可以保存的消息数,超出此阈值时,先进的先销毁(时间早的先销毁)
    ros::Publisher pub = nh.advertise<std_msgs::String>("chatter",10);
    //5.组织被发布的数据,并编写逻辑发布数据
    //数据(动态组织)
    std_msgs::String msg;
    //msg.data = "你好啊!!!";
    std::string msg_front = "Hello 你好!";     //消息前缀
    int count = 0;                           //消息计数器
    //逻辑(每秒 10 次)
    ros::Rate r(1);
    //节点不死
    while (ros::ok())
    {
        //使用 stringstream 拼接字符串与编号
        std::stringstream ss;
        ss << msg_front << count;
        msg.data = ss.str();
        //发布消息
        pub.publish(msg);
        //加入调试,打印发送的消息
        ROS_INFO("发送的消息:%s",msg.data.c_str());
        //根据前面制定的发送频率自动休眠,休眠时间 = 1/频率
        r.sleep();
        count++;                             //循环结束前,让 count 自增
        //暂无应用
        ros::spinOnce();
    }
    return 0;
}
```

2. 订阅方

```
/*
    需求:实现基本的话题通信,一方发布数据,另一方接收数据
    实现的关键点:
        1.发布方
```

```
                2.接收方
                3.数据(此处为普通文本)
        消息订阅方:
            订阅话题并打印接收到的消息
        实现流程:
            1.包含头文件
            2.初始化 ROS 节点:命名(唯一)
            3.实例化 ROS 句柄
            4.实例化订阅方对象
            5.处理订阅的消息(回调函数)
            6.设置循环调用回调函数
*/
//1.包含头文件
#include "ros/ros.h"
#include "std_msgs/String.h"
void doMsg(const std_msgs::String::ConstPtr& msg_p){
    ROS_INFO("我听见:%s",msg_p->data.c_str());
    //ROS_INFO("我听见:%s",(*msg_p).data.c_str());
}
int main(int argc, char * argv[]){
    setlocale(LC_ALL,"");
    //2.初始化 ROS 节点:命名(唯一)
    ros::init(argc,argv,"listener");
    //3.实例化 ROS 句柄
    ros::NodeHandle nh;
    //4.实例化订阅方对象
    ros::Subscriber sub = nh.subscribe<std_msgs::String>("chatter",10,doMsg);
    //5.处理订阅的消息(回调函数)
    //6.设置循环调用回调函数
    ros::spin();                        //循环读取接收的数据,并调用回调函数处理
    return 0;
}
```

3. 配置 CMakeLists.txt

```
add_executable(Hello_pub src/Hello_pub.cpp)
add_executable(Hello_sub src/Hello_sub.cpp)
target_link_libraries(Hello_pub
  ${catkin_LIBRARIES}
)
target_link_libraries(Hello_sub
  ${catkin_LIBRARIES}
)
```

4. 执行

(1) 启动 roscore。

(2) 启动发布节点。

(3) 启动订阅节点。

运行结果与图 2-1 和图 2-2 类似。

5. 注意

(1) VSCode 中的 main 函数声明 int main(int argc, char const * argv[]){},默认生成

argv 被 const 修饰,需要去除该修饰符。

（2）ros/ros.h No such file or directory…检查 CMakeList.txt find_package,若出现重复,删除内容少的即可。

（3）find_package 不添加一些包也可以运行,ros.wiki 答案如下:

> You may notice that sometimes your project builds fine even if you did not call find_package with all dependencies. This is because catkin combines all your projects into one, so if an earlier project calls find_package, yours is configured with the same values. But forgetting the call means your project can easily break when built in isolation.

（4）订阅时,第一条数据丢失。

原因:发送第一条数据时,publisher 还未在 roscore 注册完毕。

解决:注册后,加入休眠:ros::Duration(3.0).sleep();,延迟第一条数据的发送。

提示:可以使用 rqt_graph 查看节点关系。

2.1.3　基本操作（Python）

需求

编写发布订阅实现,要求发布方以 10Hz(每秒 10 次)的频率发布文本消息,订阅方订阅消息并将消息内容打印输出。

分析

在模型实现中,ROS Master 不需要实现,而连接的建立也已经被封装了,需要关注的关键点有 3 个:

（1）发布方。

（2）接收方。

（3）数据(此处为普通文本)。

流程

（1）编写发布方实现。

（2）编写订阅方实现。

（3）为 Python 文件添加可执行权限。

（4）编辑配置文件。

（5）编译并执行。

1. 发布方

```
#! /usr/bin/env python
"""
    需求:实现基本的话题通信,一方发布数据,另一方接收数据
    实现的关键点:
        1.发布方
        2.接收方
        3.数据(此处为普通文本)
        提示:二者需要设置相同的话题
    消息发布方:
        循环发布信息:HelloWorld 后缀数字编号
    实现流程:
```

```
        1.导包
        2.初始化 ROS 节点:命名(唯一)
        3.实例化发布方对象
        4.组织被发布的数据,并编写逻辑发布数据
"""
#1.导包 import rospyfrom std_msgs.msg import String
if __name__ == "__main__":
    #2.初始化 ROS 节点:命名(唯一)
    rospy.init_node("talker_p")
    #3.实例化发布方对象
    pub = rospy.Publisher("chatter",String,queue_size=10)
    #4.组织被发布的数据,并编写逻辑发布数据
    msg = String()                          #创建 msg 对象
    msg_front = "hello 你好"
    count = 0                               #计数器
    # 设置循环频率
    rate = rospy.Rate(1)
    while not rospy.is_shutdown():
        #拼接字符串
        msg.data = msg_front + str(count)
        pub.publish(msg)
        rate.sleep()
        rospy.loginfo("写出的数据:%s",msg.data)
        count += 1
```

2. 订阅方

```
#! /usr/bin/env python
"""
    需求:实现基本的话题通信,一方发布数据,另一方接收数据
    实现的关键点:
        1.发布方
        2.接收方
        3.数据(此处为普通文本)
    消息订阅方:
        订阅话题并打印输出接收到的消息
    实现流程:
        1.导包
        2.初始化 ROS 节点:命名(唯一)
        3.实例化订阅方对象
        4.处理订阅的消息(回调函数)
        5.设置循环调用回调函数
"""
#1.导包
import rospyfrom std_msgs.msg import String
def doMsg(msg):
    rospy.loginfo("I heard:%s",msg.data)
if __name__ == "__main__":
    #2.初始化 ROS 节点:命名(唯一)
    rospy.init_node("listener_p")
    #3.实例化订阅方对象
    sub = rospy.Subscriber("chatter",String,doMsg,queue_size=10)
    #4.处理订阅的消息(回调函数)
```

```
#5.设置循环调用回调函数
rospy.spin()
```

3. 添加可执行权限

从终端进入 scripts,执行

```
chmod +x * .py
```

4. 配置 CMakeLists.txt

```
catkin_install_python(PROGRAMS
  scripts/talker_p.py
  scripts/listener_p.py
  DESTINATION ${CATKIN_PACKAGE_BIN_DESTINATION}
)
```

5. 执行

(1) 启动 roscore。

(2) 启动发布节点。

(3) 启动订阅节点。

运行结果与图 2-1 和图 2-2 类似。

提示:可以使用 rqt_graph 查看节点关系。

2.1.4 自定义 msg

在 ROS 通信协议中,数据载体是一个较为重要的组成部分,ROS 中通过 std_msgs 封装了一些原生的数据类型,例如 String、Int32、Int64、Char、Bool、Empty。但是,这些数据一般只包含一个 data 字段,结构的单一意味着功能上的局限性,当传输一些复杂的数据(例如激光雷达的信息)时,std_msgs 由于描述性较差而显得力不从心,这种场景下可以使用自定义的消息类型。

msgs 只是简单的文本文件,每行具有字段类型和字段名称,可以使用的字段类型如下:

- int8,int16,int32,int64 (或者无符号类型 uint *)。
- float32,float64。
- string。
- time,duration。
- 其他 msg 文件。
- 可变长数组 array[]和定长数组 array[C]。

ROS 中还有一种特殊类型:Header,即标头。标头包含时间戳和 ROS 中常用的坐标帧信息。msg 文件的第一行经常具有标头。

需求

创建自定义消息,该消息包含个人的信息:姓名、身高、年龄等。

流程

(1) 按照固定格式创建 msg 文件。

(2) 编辑配置文件。

（3）编译生成可以被 Python 或 C++ 调用的中间文件。

1. 定义 msg 文件

在功能包下新建 msg 目录，添加文件 Person.msg：

```
string name
uint16 age
float64 height
```

2. 编辑配置文件

在 package.xml 中添加编译依赖与执行依赖：

```
<build_depend>message_generation</build_depend>
  <exec_depend>message_runtime</exec_depend>
  <!--
  exce_depend 以前对应的是 run_depend,现在非法
  -->
```

在 CMakeLists.txt 中编辑 msg 的相关配置：

```
find_package(catkin REQUIRED COMPONENTS
  roscpp
  rospy
  std_msgs
  message_generation
)
# 需要加入 message_generation,必须有 std_msgs
## 配置 msg 源文件
add_message_files(
  FILES
  Person.msg
)
# 生成消息时依赖于 std_msgs
generate_messages(
  DEPENDENCIES
  std_msgs
)
# 执行时依赖
catkin_package(
#  INCLUDE_DIRS include
#  LIBRARIES demo02_talker_listener
  CATKIN_DEPENDS roscpp rospy std_msgs message_runtime
#  DEPENDS system_lib
)
```

3. 编译

编译后查看中间文件。

C++ 需要调用的中间文件为 …/ROS02_BASIC_DEMO/devel/include/demo02_talker_listener/Person.h,如图 2-4 所示。

Python 需要调用的中间文件为 …/ROS02_BASIC_DEMO/devel/lib/python3/dist-packages/demo02_talker_listener/msg,如图 2-5 所示。

后续调用相关 msg 时,是从这些中间文件中调用的。

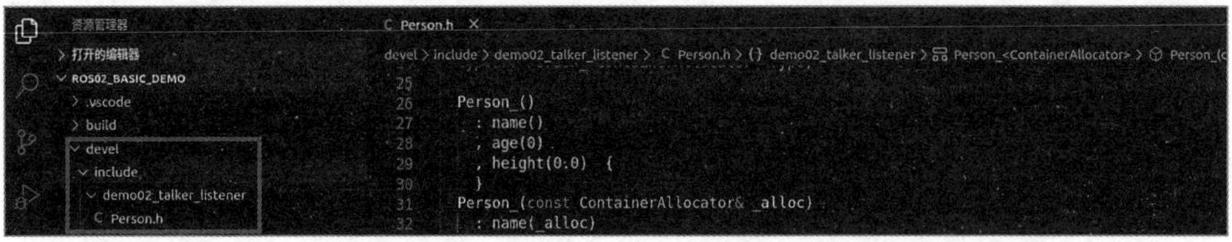

图 2-4　自定义消息的中间文件(C++)

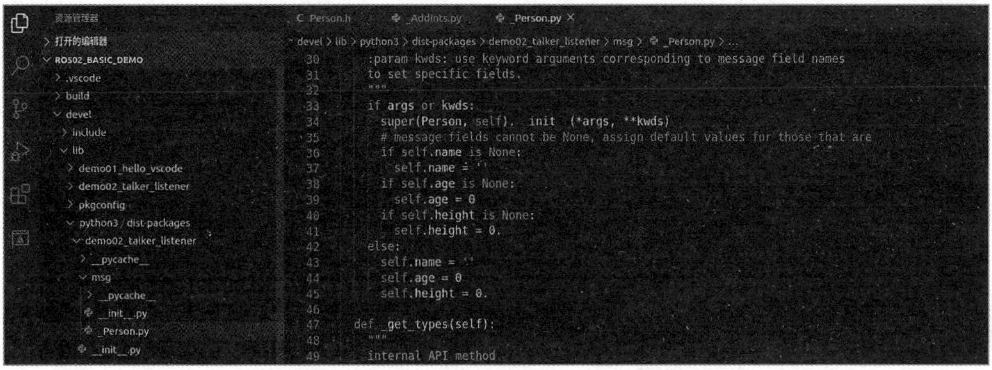

图 2-5　自定义消息的中间文件(Python)

2.1.5　自定义 msg 调用(C++)

需求

编写发布订阅实现,要求发布方以 10Hz(每秒 10 次)的频率发布自定义消息,订阅方订阅自定义消息并将消息内容打印输出。

分析

在模型实现中,ROS Master 不需要实现,而连接的建立也已经被封装了,需要关注的关键点有 3 个:

(1) 发布方。

(2) 接收方。

(3) 数据(此处为自定义消息)。

流程

(1) 编写发布方实现。

(2) 编写订阅方实现。

(3) 编辑配置文件。

(4) 编译并执行。

1. VSCode 配置

为了方便代码提示以及避免误抛异常,需要先配置 VSCode,将前面生成的 head 文件路径配置到 c_cpp_properties.json 的 includepath 属性中:

```
{
    "configurations": [
```

```
{
    "browse": {
        "databaseFilename": "",
        "limitSymbolsToIncludedHeaders": true
    },
    "includePath": [
        "/opt/ros/noetic/include/**",
        "/usr/include/**",
        "/home/Ubuntu/ROS02_BASIC_DEMO/devel/include/**"
                                            //配置 head 文件的路径
    ],
    "name": "ROS",
    "intelliSenseMode": "gcc-x64",
    "compilerPath": "/usr/bin/gcc",
    "cStandard": "c11",
    "cppStandard": "c++17"
    }
],
"version": 4
}
```

2. 发布方

发布方实现代码如下:

```
/*
    需求:循环发布方的消息
*/
#include "ros/ros.h"
#include "demo02_talker_listener/Person.h"
int main(int argc, char * argv[]){
    setlocale(LC_ALL,"");
    //1.初始化 ROS 节点
    ros::init(argc,argv,"talker_person");
    //2.创建 ROS 句柄
    ros::NodeHandle nh;
    //3.创建发布方对象
    ros::Publisher pub = nh.advertise<demo02_talker_listener::Person>
("chatter_person",1000);
    //4.组织被发布的消息,编写发布逻辑并发布消息
    demo02_talker_listener::Person p;
    p.name = "Person1";
    p.age = 20;
    p.height = 1.75;
    ros::Rate r(1);
    while (ros::ok())
    {
        pub.publish(p);
        p.age += 1;
        ROS_INFO("我叫%s,今年%d岁,高%.2f米", p.name.c_str(), p.age, p.height);
        r.sleep();
        ros::spinOnce();
    }
```

```
    return 0;
}
```

3. 订阅方

订阅方实现代码如下：

```cpp
/*
    需求:订阅方的消息
*/
#include "ros/ros.h"
#include "demo02_talker_listener/Person.h"
void doPerson(const demo02_talker_listener::Person::ConstPtr& person_p){
    ROS_INFO("订阅方的消息:%s, %d, %.2f", person_p->name.c_str(), person_p->
age, person_p->height);
}
int main(int argc, char * argv[]){
    setlocale(LC_ALL,"");
    //1.初始化 ROS 节点
    ros::init(argc,argv,"listener_person");
    //2.创建 ROS 句柄
    ros::NodeHandle nh;
    //3.创建订阅对象
    ros::Subscriber sub = nh.subscribe<demo02_talker_listener::Person>
("chatter_person",10,doPerson);
    //4.在回调函数中处理 person
    //5.ros::spin();
    ros::spin();
    return 0;
}
```

4. 配置 CMakeLists.txt

需要添加 add_dependencies 以设置依赖的与消息相关的中间文件。

```cmake
add_executable(person_talker src/person_talker.cpp)
add_executable(person_listener src/person_listener.cpp)
add_dependencies(person_talker ${PROJECT_NAME}_generate_messages_cpp)
add_dependencies(person_listener ${PROJECT_NAME}_generate_messages_cpp)
target_link_libraries(person_talker
  ${catkin_LIBRARIES}
)
target_link_libraries(person_listener
  ${catkin_LIBRARIES}
)
```

5. 执行

执行步骤如下：

（1）启动 roscore。

（2）启动发布节点。

（3）启动订阅节点。

运行结果与图 2-1 和图 2-2 类似。

提示：可以使用 rqt_graph 查看节点关系。

2.1.6　自定义 msg 调用（Python）

需求

编写发布订阅实现,要求发布方以 1Hz(每秒 1 次)的频率发布自定义消息,订阅方订阅自定义消息并将消息内容打印输出。

分析

在模型实现中,ROS Master 不需要实现,而连接的建立也已经被封装了,需要关注的关键点有 3 个:

(1) 发布方。

(2) 接收方。

(3) 数据(此处为自定义消息)。

流程

(1) 编写发布方实现。

(2) 编写订阅方实现。

(3) 为 Python 文件添加可执行权限。

(4) 编辑配置文件。

(5) 编译并执行。

1. VSCode 配置

为了方便代码提示以及避免误抛异常,需要先配置 VSCode,将前面生成的 Python 文件路径配置到 settings.json 中:

```
{
    "python.autoComplete.extraPaths": [
        "/opt/ros/noetic/lib/python3/dist-packages",
        "/home/Ubuntu/ROS02_BASIC_DEMO/devel/lib/python3/dist-packages"
    ]
}
```

2. 发布方

发布方实现代码如下:

```
#! /usr/bin/env python
"""
    发布方:
        循环发送消息
"""
import rospy from demo02_talker_listener.msg
import Person
if __name__ == "__main__":
    #1.初始化 ROS 节点
    rospy.init_node("talker_person_p")
    #2.创建发布方对象
    pub = rospy.Publisher("chatter_person",Person,queue_size=10)
    #3.组织消息
    p = Person()
    p.name = "Person1"
```

```
    p.age = 20
    p.height = 1.75
    #4.编写消息发布逻辑
    rate = rospy.Rate(1)
    while not rospy.is_shutdown():
        pub.publish(p)                          #发布消息
        rate.sleep()                            #休眠
        rospy.loginfo("姓名:%s, 年龄:%d, 身高:%.2f",p.name, p.age, p.height)
```

3. 订阅方

订阅方实现代码如下：

```
#! /usr/bin/env python
"""
    订阅方：
        订阅消息
"""
import rospy from demo02_talker_listener.msg
import Person
def doPerson(p):
    rospy.loginfo("接收到的人的信息:%s, %d, %.2f",p.name, p.age, p.height)
if __name__ == "__main__":
    #1.初始化节点
    rospy.init_node("listener_person_p")
    #2.创建订阅方对象
    sub = rospy.Subscriber("chatter_person",Person,doPerson,queue_size=10)
    rospy.spin() #4.循环
```

4. 权限设置

从终端进入 scripts,执行

```
chmod +x * .py
```

5. 配置 CMakeLists.txt

```
catkin_install_python(PROGRAMS
  scripts/talker_p.py
  scripts/listener_p.py
  scripts/person_talker.py
  scripts/person_listener.py
  DESTINATION ${CATKIN_PACKAGE_BIN_DESTINATION}
)
```

6. 执行

执行步骤如下：

（1）启动 roscore。

（2）启动发布节点。

（3）启动订阅节点。

运行结果与图 2-1 和图 2-2 类似。

提示：可以使用 rqt_graph 查看节点关系。

◈ 2.2 服务通信

服务通信也是 ROS 中极其常用的一种通信模式,是基于请求响应模式一种应答机制。即,节点 A 向节点 B 发送请求;B 接收并处理请求,产生响应结果返回给 A。例如,如下场景:在机器人巡逻过程中,控制系统分析传感器数据,发现可疑物体或人,此时需要拍摄照片并留存。

在上述场景中,就用到了服务通信:一个节点需要向相机节点发送拍照请求,相机节点处理请求并返回处理结果。

服务通信主要适用于对实时性有要求、需要进行一定的逻辑处理的应用场景。

概念

服务通信是以请求响应的方式实现不同节点之间数据交互的通信模式。

作用

用于偶然的、对实时性有要求、有一定逻辑处理需求的数据传输场景。

案例

实现对两个数字求和,客户端运行时会向服务器端发送两个数字;服务器端接收这两个数字,求和,并将结果返回客户端。整个过程如图 2-6 所示。

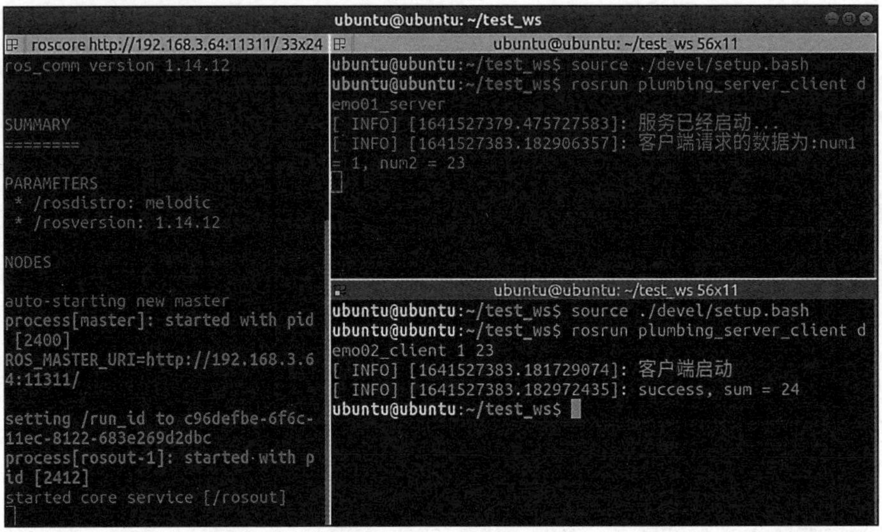

图 2-6　请求响应

2.2.1　理论模型

服务通信在模型的实现上比话题通信更简单,其理论模型如图 2-7 所示。

该模型中涉及 3 个角色:

- ROS Master(管理者)。
- Server(服务器端)。
- Client(客户端)。

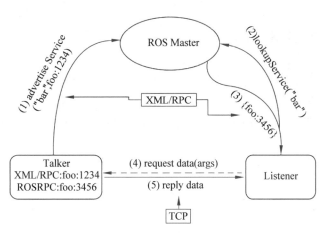

图 2-7　服务通信理论模型

ROS Master 负责保管 Server 和 Client 注册的信息，并匹配话题相同的 Server 与 Client，帮助双方建立连接。连接建立后，Client 发送请求信息，Server 返回响应信息。

整个流程由以下步骤实现。

1. Server 注册

Server 启动后，会通过 RPC 在 ROS Master 中注册自身信息，其中包含提供的服务的名称。ROS Master 会将节点的注册信息加入到注册表中。

2. Client 注册

Client 启动后，也会通过 RPC 在 ROS Master 中注册自身信息，包含需要请求的服务的名称。ROS Master 会将节点的注册信息加入到注册表中。

3. ROS Master 实现信息匹配

ROS Master 会根据注册表中的信息匹配 Server 和 Client，并通过 RPC 向 Client 发送 Server 的 TCP 地址信息。

4. Client 发送请求

Client 根据步骤 3 响应的信息，使用 TCP 与 Server 建立网络连接，并发送请求数据。

5. Server 发送响应

Server 接收、解析请求的数据，并产生响应结果，返回给 Client。

注意：

（1）客户端请求被处理时，需要保证服务器已经启动。

（2）服务器端和客户端都可以存在多个。

2.2.2　自定义 srv

需求

在服务通信中，客户端提交两个整数至服务器端，服务器端对其求和并产生响应结果返回给客户端。创建服务器端与客户端通信的数据载体。

流程

srv 文件内的可用数据类型与 msg 文件一致。定义 srv 实现流程并自定义 msg。

实现流程如下：

（1）按照固定格式创建 srv 文件。

（2）编辑配置文件。

（3）编译生成中间文件。

1. 定义 srv 文件

在服务通信中，数据分为两部分，分别是请求和响应。在 srv 文件中，请求和响应使用---分隔。具体实现如下。

在功能包下新建 srv 目录，添加 AddInts..srv 文件，内容如下：

```
# 客户端请求时发送的两个数字
int32 num1
int32 num2
---
# 服务器响应时发送的数据
int32 sum
```

2. 编辑配置文件

在 package.xml 中添加编译依赖与执行依赖：

```
<build_depend>message_generation</build_depend>
  <exec_depend>message_runtime</exec_depend>
  <!--
  exce_depend 以前对应的是 run_depend,现在非法
  -->
```

在 CMakeLists.txt 中编辑与 srv 相关的配置：

```
find_package(catkin REQUIRED COMPONENTS
  roscpp
  rospy
  std_msgs
  message_generation
)
# 需要加入 message_generation,必须有 std_msgs
add_service_files(
  FILES
  AddInts.srv
)
generate_messages(
  DEPENDENCIES
  std_msgs
)
```

注意：官网没有在 catkin_package 中配置 message_runtime。经测试，这样配置也可以。

3. 编译

编译后查看中间文件。

C++ 需要调用的中间文件为…/ROS02_BASIC_DEMO/devel/include/demo03_server_client/AddInts.h 或 AddIntsRequest.h 或 AddIntsResponse.h，如图 2-8 所示。

图 2-8　自定义消息的中间文件（C++）

Python 需要调用的中间文件为 ⋯/ROS02_BASIC_DEMO/devel/lib/python3/dist-packages/demo03_server_client/srv，如图 2-9 所示。

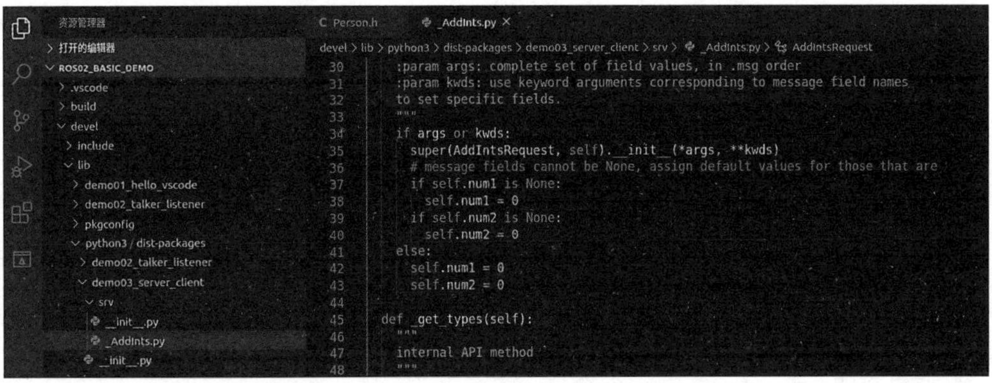

图 2-9　自定义消息的中间文件（Python）

后续调用相关 srv 时，是从这些中间文件调用的。

2.2.3　自定义 srv 调用（C++）

需求

实现服务通信，客户端提交两个整数至服务器端，服务器端对其求和并响应结果到客户端。

分析

在模型实现中，ROS Master 不需要实现，而连接的建立也已经被封装了，需要关注的关键点有 3 个：

（1）服务器端。

（2）客户端。

（3）数据。

流程

（1）编写服务器端实现。

（2）编写客户端实现。

（3）编辑配置文件。

（4）编译并执行。

1. VSCode 配置

需要像前面自定义 msg 实现一样配置 c_cpp_properies.json 文件。如果以前已经做了配置且没有变更工作空间，可以忽略这一步；如果需要配置，方式与前面相同。

```
{
    "configurations": [
        {
            "browse": {
                "databaseFilename": "",
                "limitSymbolsToIncludedHeaders": true
            },
            "includePath": [
                "/opt/ros/noetic/include/**",
                "/usr/include/**",
                "/home/Ubuntu/ROS02_BASIC_DEMO/devel/include/**"
                                                              //配置 head 文件的路径
            ],
            "name": "ROS",
            "intelliSenseMode": "gcc-x64",
            "compilerPath": "/usr/bin/gcc",
            "cStandard": "c11",
            "cppStandard": "c++17"
        }
    ],
    "version": 4
}
```

2. 服务器端

服务器端实现代码如下：

```
/*
    需求：
        编写两个节点实现服务通信,客户端节点需要提交两个整数到服务器端
        服务器端需要解析客户端提交的数据,求和后将响应结果返回客户端;客户端再解析
    服务器端实现：
        1.包含头文件
        2.初始化 ROS 节点
        3.创建 ROS 句柄
        4.创建服务器端对象
        5.回调函数处理请求并产生响应
        6.由于请求有多个,需要调用 ros::spin()
*/
//1.包含头文件
#include "ros/ros.h"
#include "demo03_server_client/AddInts.h"
//布尔型返回值用于标志是否处理成功
doReq(demo03_server_client::AddInts::Request& req,
        demo03_server_client::AddInts::Response& resp){
    int num1 = req.num1;
    int num2 = req.num2;
```

```
        ROS_INFO("服务器接收到的请求数据为:num1 = %d, num2 = %d",num1, num2);
        //逻辑处理
        if (num1 < 0 || num2 < 0)
        {
            ROS_ERROR("提交的数据异常:数据不可以为负数");
            return false;
        }
        //如果没有异常,那么求和并将结果赋值给 resp
        resp.sum = num1 + num2;
        return true;
}
int main(int argc, char * argv[]){
    setlocale(LC_ALL,"");
    //2.初始化 ROS 节点
    ros::init(argc,argv,"AddInts_Server");
    //3.创建 ROS 句柄
    ros::NodeHandle nh;
    //4.创建服务器端对象
    ros::ServiceServer server = nh.advertiseService("AddInts",doReq);
    ROS_INFO("服务已经启动....");
    //5.回调函数处理请求并产生响应
    //6.调用 ros::spin()
    ros::spin();
    return 0;
}
```

3. 客户端

客户端实现代码如下:

```
/*
    需求:
        编写两个节点实现服务通信,客户端节点需要提交两个整数到服务器端
        服务器端需要解析客户端提交的数据,求和后将响应结果返回客户端;客户端再解析
    客户端实现:
        1.包含头文件
        2.初始化 ROS 节点
        3.创建 ROS 句柄
        4.创建客户端对象
        5.请求服务,接收响应
*/
//1.包含头文件
#include "ros/ros.h"
#include "demo03_server_client/AddInts.h"
int main(int argc, char * argv[]){
    setlocale(LC_ALL,"");
    //调用时动态传值。如果通过 launch 的 args 传参,需要传递的参数个数加 3
    if (argc != 3)
    //if (argc != 5)    //launch 传参(包括文件路径、传入的参数 1、传入的参数 2、节点名称和
                        日志路径)
    {
        ROS_ERROR("请提交两个整数");
        return 1;
    }
```

```
    //2.初始化 ROS 节点
    ros::init(argc,argv,"AddInts_Client");
    //3.创建 ROS 句柄
    ros::NodeHandle nh;
    //4.创建客户端对象
    ros::ServiceClient client = nh.serviceClient<demo03_server_client::AddInts>
("AddInts");
    //等待服务启动成功
    //方式1
    ros::service::waitForService("AddInts");
    //方式2
    //client.waitForExistence();
    //5.组织请求数据
    demo03_server_client::AddInts ai;
    ai.request.num1 = atoi(argv[1]);
    ai.request.num2 = atoi(argv[2]);
    //6.发送请求,返回 bool 值,标记是否成功
    bool flag = client.call(ai);
    //7.处理响应
    if (flag)
    {
        ROS_INFO("请求正常处理,响应结果:%d",ai.response.sum);
    }
    else
    {
        ROS_ERROR("请求处理失败...");
        return 1;
    }
    return 0;
}
```

4. 配置 CMakeLists.txt

CMakeLists.txt 的相关配置如下：

```
add_executable(AddInts_Server src/AddInts_Server.cpp)
add_executable(AddInts_Client src/AddInts_Client.cpp)
add_dependencies(AddInts_Server ${PROJECT_NAME}_gencpp)
add_dependencies(AddInts_Client ${PROJECT_NAME}_gencpp)
target_link_libraries(AddInts_Server
  ${catkin_LIBRARIES}
)
target_link_libraries(AddInts_Client
  ${catkin_LIBRARIES}
)
```

5. 编译并执行

流程

（1）启动服务器端,命令格式：rosrun 包名 服务。

（2）调用客户端,命令格式：rosrun 包名 客户端 参数 1 参数 2。

结果

根据提交的数据返回求和后的结果。

注意：如果先启动客户端，那么会导致运行失败。

优化

在客户端发送请求前添加

```
client.waitForExistence();
```

或

```
ros::service::waitForService("AddInts");
```

这是一个阻塞式函数，只有服务器端启动成功后才会继续执行。

此处可以使用 launch 文件优化，但是需要注意 args 传参的特点。

2.2.4　自定义 srv 调用（Python）

需求

实现服务通信，客户端提交两个整数至服务器端，服务器端求和并将响应结果返回客户端。

分析

在模型实现中，ROS Master 不需要实现，而连接的建立也已经被封装了，需要关注的关键点有 3 个：

（1）服务器端。

（2）客户端。

（3）数据。

流程

（1）编写服务器端实现。

（2）编写客户端实现。

（3）为 Python 文件添加可执行权限。

（4）编辑配置文件。

（5）编译并执行。

1. VSCode 配置

需要像前面自定义 msg 实现一样配置 settings.json 文件。如果以前已经做了配置且没有变更工作空间，可以忽略这一步；如果需要配置，方式与前面相同。

```
{
    "python.autoComplete.extraPaths": [
        "/opt/ros/noetic/lib/python3/dist-packages",
    ]
}
```

2. 服务器端

服务器端实现代码如下：

```
#! /usr/bin/env python"""
    需求：
        编写两个节点实现服务通信，客户端节点需要提交两个整数到服务器端
```

```
        服务器端需要解析客户端提交的数据,求和后,将响应结果返回客户端;客户端再解析
    服务器端实现:
        1.导包
        2.初始化 ROS 节点
        3.创建服务对象
        4.回调函数处理请求并产生响应
        5.调用 spin 函数
"""
# 1.导包
import rospy from demo03_server_client.srv
import AddInts,AddIntsRequest,AddIntsResponse
# 回调函数的参数是请求对象,返回值是响应对象
def doReq(req):
    # 解析提交的数据
    sum = req.num1 + req.num2
    rospy.loginfo("提交的数据:num1 = % d, num2 = % d, sum = % d", req.num1, req.
num2, sum)
    # 创建响应对象,赋值并返回
    # resp = AddIntsResponse()
    # resp.sum = sum
    resp = AddIntsResponse(sum)
    return resp
if __name__ == "__main__":
    # 2.初始化 ROS 节点
    rospy.init_node("addints_server_p")
    # 3.创建服务对象
    server = rospy.Service("AddInts",AddInts,doReq)
    # 4.回调函数处理请求并产生响应
    # 5.调用 spin 函数
    rospy.spin()
```

3. 客户端

客户端实现代码如下:

```
#! /usr/bin/env python
"""
    需求:
        编写两个节点实现服务通信,客户端节点需要提交两个整数到服务器端
        服务器端需要解析客户端提交的数据,求和后,将响应结果返回客户端;客户端再解析
    客户端实现:
        1.导包
        2.初始化 ROS 节点
        3.创建请求对象
        4.发送请求
        5.接收并处理响应
    优化:
        加入数据的动态获取
"""
#1.导包
import rospy from demo03_server_client.srv
import * import sys
if __name__ == "__main__":
    #优化实现
```

```
if len(sys.argv) != 3:
    rospy.logerr("请正确提交参数")
    sys.exit(1)
# 2.初始化 ROS 节点
rospy.init_node("AddInts_Client_p")
# 3.创建请求对象
client = rospy.ServiceProxy("AddInts",AddInts)
# 请求前,等待服务已经就绪
# 方式 1
# rospy.wait_for_service("AddInts")
# 方式 2
client.wait_for_service()
# 4.发送请求,接收并处理响应
# 方式 1
# resp = client(3,4)
# 方式 2
# resp = client(AddIntsRequest(1,5))
# 方式 3
req = AddIntsRequest()
# req.num1 = 100
# req.num2 = 200
# 优化
req.num1 = int(sys.argv[1])
req.num2 = int(sys.argv[2])
resp = client.call(req)
rospy.loginfo("响应结果:%d",resp.sum)
```

4. 设置权限

在终端上进入 scripts,执行

```
chmod +x * .py
```

5. 配置 CMakeLists.txt

CMakeLists.txt 中的相关配置如下：

```
catkin_install_python(PROGRAMS
  scripts/AddInts_Server_p.py
  scripts/AddInts_Client_p.py
  DESTINATION ${CATKIN_PACKAGE_BIN_DESTINATION}
)
```

6. 编译并执行

流程

（1）启动服务端,命令格式：rosrun 包名 服务。

（2）调用客户端,命令格式：rosrun 包名 客户端 参数 1 参数 2。

结果

根据提交的数据响应求和后的结果。

◈ 2.3 参数服务器

参数服务器在 ROS 中主要用于实现不同节点之间的数据共享。参数服务器相当于独立于所有节点的一个公共容器,可以将数据存储在该容器中,被不同的节点调用,当然不同的节点也可以往其中存储数据。关于参数服务器的典型应用场景如下:

导航实现时,会进行路径规划。例如,全局路径规划,设计一个从出发点到目标点的大致路径;本地路径规划,根据当前路况生成实时的行进路径。

在上述场景中,进行全局路径规划和本地路径规划时就会使用到参数服务器:路径规划时,需要参考小车的尺寸。可以将这些尺寸信息存储到参数服务器中,全局路径规划节点与本地路径规划节点都可以从参数服务器中调用这些参数。

参数服务器一般适用于一些存在数据共享的应用场景。

概念

以共享的方式实现不同节点之间数据交互的通信模式。

作用

存储一些多节点共享的数据,类似于全局变量。

案例

实现参数增删改查操作。

2.3.1 理论模型

参数服务器的模型实现是最简单的,其理论模型如图 2-10 所示。

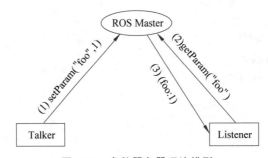

图 2-10 参数服务器理论模型

该模型中涉及 3 个角色:

(1) ROS Master (管理者)。

(2) Talker (参数设置者)。

(3) Listener (参数调用者)。

ROS Master 作为一个公共容器保存参数,Talker 可以向容器中发送参数,Listener 可以从容器中获取参数。

整个流程由以下步骤实现。

1. Talker 设置参数

Talker 通过 RPC 向参数服务器发送参数(包括参数名与参数值),ROS Master 将参保存到参数列表中。

2. Listener 获取参数

Listener 通过 RPC 向参数服务器发送参数查找请求,请求中包含要查找的参数名。

3. ROS Master 向 Listener 发送参数值

ROS Master 根据步骤 2 请求提供的参数名查找参数值,并将查询结果通过 RPC 发送给 Listener。

参数可使用以下数据类型:

- 32 位整数。
- 布尔值。
- 字符串。
- 双精度浮点数。
- ISO 8601 日期。
- 列表。
- Base64 编码二进制数据。
- 字典。

注意:参数服务器不是为高性能而设计的,因此最好用于存储静态的、非二进制的简单数据。

2.3.2　参数操作(C++)

需求

实现参数服务器参数的增删改查操作。

在 C++ 中实现参数服务器数据的增删改查,可以通过两套 API 实现:

- ros::NodeHandle。
- ros::param。

下面为具体操作演示。

1. 参数服务器新增(修改)参数

代码如下:

```
/*
    参数服务器操作之新增与修改(二者 API 一样),C++实现
    在 roscpp 中提供了两套 API 实现参数操作
    ros::NodeHandle
        setParam("键",值)
    ros::param
        set("键","值")
    示例:分别设置整型、浮点型、字符串、布尔型、列表、字典等类型的参数
        修改参数值(相同的键,不同的值)
*/
#include "ros/ros.h"
int main(int argc, char * argv[]){
    ros::init(argc,argv,"set_update_param");
    std::vector<std::string> stus;
    stus.push_back("Person1");
```



```
        stus.push_back("Person2");
        stus.push_back("Person3");
        stus.push_back("Person4");
        std::map<std::string,std::string> friends;
        friends["guo"] = "huang";
        friends["yuang"] = "xiao";
        //NodeHandle-------------------------------------------------
        ros::NodeHandle nh;
        nh.setParam("nh_int",10);                          //整型
        nh.setParam("nh_double",3.14);                     //浮点型
        nh.setParam("nh_bool",true);                       //布尔型
        nh.setParam("nh_string","hello NodeHandle");       //字符串
        nh.setParam("nh_vector",stus);                     //向量,即列表
        nh.setParam("nh_map",friends);                     //映射,即字典
        //修改演示(相同的键,不同的值)
        nh.setParam("nh_int",10000);
        //param------------------------------------------------------
        ros::param::set("param_int",20);
        ros::param::set("param_double",3.14);
        ros::param::set("param_string","Hello Param");
        ros::param::set("param_bool",false);
        ros::param::set("param_vector",stus);
        ros::param::set("param_map",friends);
        //修改演示(相同的键,不同的值)
        ros::param::set("param_int",20000);
        return 0;
}
```

2. 参数服务器获取参数

代码如下:

```
/*
    参数服务器操作之查询,C++实现
    在 roscpp 中提供了两套 API 实现参数操作
    ros::NodeHandle
        param(键,默认值)
            若键存在,返回对应结果,否则返回默认值
        getParam(键,存储结果的变量)
            若键存在,返回 true,且将值赋予参数 2
            否则,返回 false,且不为参数 2 赋值
        getParamCached(键,存储结果的变量)
            提高变量获取效率
            若键存在,返回 true,且将值赋予参数 2
            否则,返回 false,且不为参数 2 赋值
        getParamNames(std::vector<std::string>)
            获取所有的键,并存储在参数 vector 中
        hasParam(键)
            判断是否包含某个键,若存在返回 true,否则返回 false
        searchParam(参数 1,参数 2)
            搜索键,参数 1 是被搜索的键,参数 2 是存储搜索结果的变量
    ros::param
            与 NodeHandle 类似
*/
```

```cpp
#include "ros/ros.h"
int main(int argc, char * argv[]){
    setlocale(LC_ALL,"");
    ros::init(argc,argv,"get_param");
    //NodeHandle---------------------------------------------------
    /*
    ros::NodeHandle nh;
    //param 函数
    int res1 = nh.param("nh_int",100);          //键存在
    int res2 = nh.param("nh_int2",100);         //键不存在
    ROS_INFO("param 获取结果:%d,%d",res1,res2);
    //getParam 函数
    int nh_int_value;
    double nh_double_value;
    bool nh_bool_value;
    std::string nh_string_value;
    std::vector<std::string> stus;
    std::map<std::string, std::string> friends;
    nh.getParam("nh_int",nh_int_value);
    nh.getParam("nh_double",nh_double_value);
    nh.getParam("nh_bool",nh_bool_value);
    nh.getParam("nh_string",nh_string_value);
    nh.getParam("nh_vector",stus);
    nh.getParam("nh_map",friends);
    ROS_INFO("getParam 获取的结果:%d,%.2f,%s,%d",
            nh_int_value,
            nh_double_value,
            nh_string_value.c_str(),
            nh_bool_value
            );
    for (auto &&stu : stus)
    {
        ROS_INFO("stus 元素:%s",stu.c_str());
    }
    for (auto &&f : friends)
    {
        ROS_INFO("map 元素:%s = %s",f.first.c_str(), f.second.c_str());
    }
    //getParamCached()
    nh.getParamCached("nh_int",nh_int_value);
    ROS_INFO("通过缓存获取数据:%d",nh_int_value);
    //getParamNames()
    std::vector<std::string> param_names1;
    nh.getParamNames(param_names1);
    for (auto &&name : param_names1)
    {
        ROS_INFO("名称解析 name = %s",name.c_str());
    }
    ROS_INFO("--------------------------");
    ROS_INFO("存在 nh_int 吗?%d",nh.hasParam("nh_int"));
    ROS_INFO("存在 nh_intttt 吗?%d",nh.hasParam("nh_intttt"));
    std::string key;
    nh.searchParam("nh_int",key);
```

```
                ROS_INFO("搜索键:%s",key.c_str());
                */
                //param------------------------------------------------------------
                ROS_INFO("+++++++++++++++++++++++++++++++++++++++++++");
                int res3 = ros::param::param("param_int",20);        //存在
                int res4 = ros::param::param("param_int2",20);       //不存在,返回默认值
                ROS_INFO("param 获取结果:%d,%d",res3,res4);
                //getParam 函数
                int param_int_value;
                double param_double_value;
                bool param_bool_value;
                std::string param_string_value;
                std::vector<std::string> param_stus;
                std::map<std::string, std::string> param_friends;
                ros::param::get("param_int",param_int_value);
                ros::param::get("param_double",param_double_value);
                ros::param::get("param_bool",param_bool_value);
                ros::param::get("param_string",param_string_value);
                ros::param::get("param_vector",param_stus);
                ros::param::get("param_map",param_friends);
                ROS_INFO("getParam 获取的结果:%d,%.2f,%s,%d",
                        param_int_value,
                        param_double_value,
                        param_string_value.c_str(),
                        param_bool_value
                        );
        for (auto &&stu : param_stus)
        {
            ROS_INFO("stus 元素:%s",stu.c_str());
        }
        for (auto &&f : param_friends)
        {
            ROS_INFO("map 元素:%s = %s",f.first.c_str(), f.second.c_str());
        }
        //getParamCached()
        ros::param::getCached("param_int",param_int_value);
        ROS_INFO("通过缓存获取数据:%d",param_int_value);
        //getParamNames()
        std::vector<std::string> param_names2;
        ros::param::getParamNames(param_names2);
        for (auto &&name : param_names2)
        {
            ROS_INFO("名称解析 name = %s",name.c_str());
        }
        ROS_INFO("---------------------------");
        ROS_INFO("存在 param_int 吗?%d",ros::param::has("param_int"));
        ROS_INFO("存在 param_intttt 吗?%d",ros::param::has("param_intttt"));
        std::string key;
        ros::param::search("param_int",key);
        ROS_INFO("搜索键:%s",key.c_str());
        return 0;
    }
```

3. 参数服务器删除参数

代码如下：

```
/*
    参数服务器操作之删除,C++实现
    ros::NodeHandle
        deleteParam("键")
        根据键删除参数。删除成功时返回 true,否则(参数不存在)返回 false
    ros::param
        del("键")
        根据键删除参数。删除成功时返回 true,否则(参数不存在)返回 false
*/
#include "ros/ros.h"
int main(int argc, char * argv[]){
    setlocale(LC_ALL,"");
    ros::init(argc,argv,"delete_param");
    ros::NodeHandle nh;
    bool r1 = nh.deleteParam("nh_int");
    ROS_INFO("nh 删除结果:%d",r1);
    bool r2 = ros::param::del("param_int");
    ROS_INFO("param 删除结果:%d",r2);
    return 0;
}
```

2.3.3　参数操作(Python)

需求

实现参数服务器参数的增删改查操作。

1. 参数服务器新增(修改)参数

```
#! /usr/bin/env python
"""
    参数服务器操作之新增与修改(二者 API 一样),Python 实现
"""
import rospy
if __name__ == "__main__":
    rospy.init_node("set_update_paramter_p")
    # 设置各种类型的参数
    rospy.set_param("p_int",10)
    rospy.set_param("p_double",3.14)
    rospy.set_param("p_bool",True)
    rospy.set_param("p_string","hello python")
    rospy.set_param("p_list",["hello","haha","xixi"])
    rospy.set_param("p_dict",{"name":"Person1","age":8})
    # 修改
    rospy.set_param("p_int",100)
```

2. 参数服务器获取参数

```
#! /usr/bin/env python
"""
    参数服务器操作之查询,Python 实现:
```

```
        get_param(键,默认值)
            当键存在时返回对应的值,否则返回默认值
        get_param_cached
        get_param_names
        has_param
        search_param
    """
    import rospy
    if __name__ == "__main__":
        rospy.init_node("get_param_p")
        # 获取参数
        int_value = rospy.get_param("p_int",10000)
        double_value = rospy.get_param("p_double")
        bool_value = rospy.get_param("p_bool")
        string_value = rospy.get_param("p_string")
        p_list = rospy.get_param("p_list")
        p_dict = rospy.get_param("p_dict")
        rospy.loginfo("获取的数据:%d,%.2f,%d,%s",
                    int_value,
                    double_value,
                    bool_value,
                    string_value)
        for ele in p_list:
            rospy.loginfo("ele = %s", ele)
        rospy.loginfo("name = %s, age = %d",p_dict["name"],p_dict["age"])
        # get_param_cached
        int_cached = rospy.get_param_cached("p_int")
        rospy.loginfo("缓存数据:%d",int_cached)
        # get_param_names
        names = rospy.get_param_names()
        for name in names:
            rospy.loginfo("name = %s",name)
        rospy.loginfo("-" * 80)
        # has_param
        flag = rospy.has_param("p_int")
        rospy.loginfo("包含 p_int 吗?%d",flag)
        # search_param
        key = rospy.search_param("p_int")
        rospy.loginfo("搜索的键 = %s",key)
```

3. 参数服务器删除参数

```
#! /usr/bin/env python
"""
    参数服务器操作之删除,Python 实现
    rospy.delete_param("键")
    键存在时,可以删除成功,键不存在时,会抛出异常
"""
import rospy
if __name__ == "__main__":
    rospy.init_node("delete_param_p")
    try:
        rospy.delete_param("p_int")
```

```
except Exception as e:
    rospy.loginfo("删除失败")
```

◇ 2.4 常 用 命 令

机器人系统中启动的节点少则几个,多则十几个、几十个,不同的节点名称各异,通信时使用的话题、服务、消息、参数等都各不相同。一个显而易见的问题是:当需要自定义节点和其他某个已经存在的节点通信时,如何获取对方的话题以及消息载体的格式呢?

在 ROS 中提供了一些实用的命令行工具,可以用于获取不同节点的各类信息。常用的命令如下:

- rosnode:操作节点。
- rostopic:操作话题。
- rosmsg:操作 msg 消息。
- rosservice:操作服务。
- rossrv:操作 srv 消息。
- rosparam:操作参数。

作用

前面介绍的文件系统操作命令是静态的,操作的是磁盘上的文件;而上述命令是动态的,在 ROS 程序启动后,可以动态地获取运行中的节点或参数的相关信息。

案例

本节将借助于 2.1 节到 2.3 节的通信实现介绍相关命令的基本使用方法,并通过练习 ROS 内置的小海龟例程强化命令的应用。

2.4.1 rosnode

rosnode 是用于获取节点信息的命令。

- rosnode ping:测试到节点的连接状态。
- rosnode list:列出活动节点。
- rosnode info:打印输出节点信息。
- rosnode machine:列出指定设备上的节点。
- rosnode kill:杀死某个节点。
- rosnode cleanup:清除无用节点。启动乌龟节点,然后按 Ctrl+C 组合键关闭节点,该节点此时并没有被彻底清除,可以使用 cleanup 清除节点。

2.4.2 rostopic

rostopic 包含 rostopic 命令行工具,用于显示有关 ROS 主题的调试信息,包括发布方、订阅方、发布频率和 ROS 消息。它还包含一个实验性 Python 库,用于动态获取有关主题的信息并与之交互。

- rostopic list(-v):直接调用即可,控制台将打印当前运行状态下的主题名称。

- rostopic list -v：获取话题详情（例如，列出发布方和订阅方个数）。
- rostopic pub：可以直接调用命令向订阅方发布消息。

例如，为 roboware 自动生成的发布/订阅模型案例中的订阅方发布一条字符串：

```
rostopic pub /chatter std_msgs gagaxixi
```

为小乌龟案例的订阅方发布一条运动信息：

```
rostopic pub /turtle1/cmd_vel geometry_msgs/Twist
"linear:
  x: 1.0
  y: 0.0
  z: 0.0
angular:
  x: 0.0
  y: 0.0
  z: 2.0"
//只发布一次运动信息
rostopic pub -r 10 /turtle1/cmd_vel geometry_msgs/Twist
"linear:
  x: 1.0
  y: 0.0
  z: 0.0
angular:
  x: 0.0
  y: 0.0
  z: 2.0"
//以 10Hz 的频率循环发送运动信息
```

- rostopic echo：获取指定话题当前发布的消息。
- rostopic info：获取当前话题的相关消息的类型、发布方和订阅方信息。
- rostopic type：列出话题的消息类型。
- rostopic find：根据消息类型查找话题。
- rostopic delay：列出消息头信息的延迟。
- rostopic hz：列出消息发布频率。
- rostopic bw：列出消息发布带宽。

2.4.3 rosmsg

rosmsg 用于显示有关 ROS 消息类型的信息的命令行工具。

- rosmsg list：列出当前 ROS 中的所有 msg。
- rosmsg packages：列出包含消息的所有包。
- rosmsg package：列出某个功能包下的所有 msg。

例如：

```
//rosmsg package 包名
rosmsg package turtlesim
```

- rosmsg show：显示消息描述。

例如：

```
//rosmsg show 消息名称
rosmsg show turtlesim/Pose
```

结果：

```
float32 x
float32 y
float32 theta
float32 linear_velocity
float32 angular_velocity
```

- rosmsg info：作用与 rosmsg show 一样。
- rosmag md5：一种校验算法，保证数据传输的一致性。

2.4.4　rosservice

rosservice 包含用于列出和查询 ROS 服务的 rosservice 命令行工具。

调用部分服务时，如果对相关工作空间没有配置路径，需要进入工作空间调用 source ./devel/setup.bash。

- rosservice list：列出所有活动的服务。

例如：

```
~ rosservice list
/clear
/kill
/listener/get_loggers
/listener/set_logger_level
/reset
/rosout/get_loggers
/rosout/set_logger_level
/rostopic_4985_1578723066421/get_loggers
/rostopic_4985_1578723066421/set_logger_level
/rostopic_5582_1578724343069/get_loggers
/rostopic_5582_1578724343069/set_logger_level
/spawn
/turtle1/set_pen
/turtle1/teleport_absolute
/turtle1/teleport_relative
/turtlesim/get_loggers
/turtlesim/set_logger_level
```

- rosservice args：打印服务参数。

例如：

```
rosservice args /spawn
x y theta name
```

- rosservice call：调用服务。

例如，为小乌龟的案例生成一只新的乌龟：

```
rosservice call /spawn "x: 1.0
y: 2.0
theta: 0.0
name: 'xxx'"
name: "xxx"
//生成一只叫 xxx 的乌龟
```

- rosservice find：根据消息类型获取话题。
- rosservice info：获取服务话题详情。
- rosservice type：获取消息类型。
- rosservice uri：获取服务器 URI。

2.4.5　rossrv

rossrv 是用于显示有关 ROS 服务类型信息的命令行工具，与 rosmsg 的使用语法高度相似。

- rossrv list：列出当前 ROS 中的所有 srv 消息。
- rossrv packages：列出包含服务消息的所有包。
- rossrv package：列出某个包下的所有 msg。

例如：

```
//rossrv package 包名
rossrv package turtlesim
```

- rossrv show：显示消息描述

例如：

```
//rossrv show 消息名称
rossrv show turtlesim/Spawn
```

结果：

```
float32 x
float32 y
float32 theta
string name
...
string name
```

- rossrv info：其作用与 rossrv show 一致。
- rossrv md5：对服务数据使用 MD5 校验（加密）。

2.4.6　rosparam

rosparam 包含 rosparam 命令行工具，用于使用 YAML 编码文件在参数服务器上获取和设置 ROS 参数。

- rosparam list：列出所有参数。

例如：

```
rosparam list
//默认结果
/rosdistro
/roslaunch/uris/host_helloros_virtual_machine__42911
/rosversion
/run_id
```

- rosparam set：设置参数。

例如：

```
rosparam set name huluwa
```

再次调用 rosparam list 的结果：

```
/name
/rosdistro
/roslaunch/uris/host_helloros_virtual_machine__42911
/rosversion
/run_id
```

- rosparam get：获取参数。

例如：

```
rosparam get name
```

结果：

```
huluwa
```

- rosparam delete：删除参数。

例如：

```
rosparam delete name
```

结果去除了 name。
- rosparam load(先准备 yaml 文件) 从外部文件加载参数

```
rosparam load xxx.yaml
```

- rosparam dump 将参数写出到外部文件

```
rosparam dump yyy.yaml
```

◇ 2.5　通信机制实操

本节主要是通过 ROS 内置的 turtlesim 案例,结合已经介绍的 ROS 命令获取节点、话题、话题消息、服务、服务消息与参数的信息,最终再以编码的方式实现乌龟运动的控制、乌龟位姿的订阅、乌龟生成与乌龟窗体背景颜色的修改。

目的：熟悉、强化通信模式应用。

2.5.1　话题发布

需求描述

编码实现乌龟运动控制,让小乌龟做圆周运动。

结果演示

结果如图 2-11 所示。

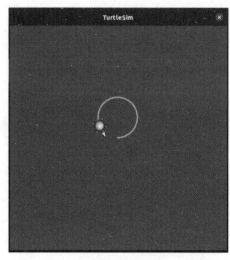

图 2-11　乌龟画圆

实现分析

(1) 乌龟运动控制的实现有两个关键节点:一个是乌龟显示节点 turtlesim_node;另一个是运动控制节点。二者是以订阅发布模式实现通信的,乌龟显示节点直接调用即可,运动控制节点以前使用 turtle_teleop_key 通过键盘控制,现在需要自定义控制节点。

(2) 在实现运动控制节点时,首先需要了解运动控制节点与显示节点通信时使用的话题与消息,可以使用 ros 命令结合计算图来获取。

(3) 了解了话题与消息之后,通过 C++ 或 Python 编写运动控制节点,通过指定的话题,按照一定的逻辑发布消息即可。

实现流程

(1) 通过计算图结合 ros 命令获取话题与消息信息。

(2) 编码实现运动控制节点。

(3) 启动 roscore、turtlesim_node 以及自定义的控制节点,查看运行结果。

1. 话题与消息获取

准备:先启动键盘控制乌龟运动案例。

1) 话题获取

获取话题:/turtle1/cmd_vel。

通过计算图查看话题,启动计算图:

```
rqt_graph
```

或者通过 rostopic 列出话题：

```
rostopic list
```

2) 消息获取

获取消息类型：geometry_msgs/Twist。

```
rostopic type /turtle1/cmd_vel
```

获取消息格式：

```
rosmsg info geometry_msgs/Twist
```

响应结果：

```
geometry_msgs/Vector3 linear
  float64 x
  float64 y
  float64 z
geometry_msgs/Vector3 angular
  float64 x
  float64 y
  float64 z
```

linear(线速度)下的 x、y、z 分别对应在 x、y 和 z 方向上的速度(单位是 m/s)。

angular(角速度)下的 x、y、z 分别对应 x 轴上翻滚、y 轴上俯仰和 z 轴上偏航的速度(单位是 rad/s)。

2. 实现发布节点

创建功能包需要依赖的功能包：

```
roscpp rospy std_msgs geometry_msgs
```

实现方案 A(C++)：

```
/*
    编写 ROS 节点,控制小乌龟画圆
    准备工作:
        1.获取 topic(已知/turtle1/cmd_vel)
        2.获取消息类型(已知 geometry_msgs/Twist)
        3.运行前,注意先启动 turtlesim_node 节点
    实现流程:
        1.包含头文件
        2.初始化 ROS 节点
        3.创建发布方对象
        4.循环发布运动控制消息
*/
//1.包含头文件
#include "ros/ros.h"
#include "geometry_msgs/Twist.h"
int main(int argc, char * argv[]){
    setlocale(LC_ALL,"");
    //2.初始化 ROS 节点
    ros::init(argc,argv,"control");
```

```
    ros::NodeHandle nh;
    //3.创建发布方对象
    ros::Publisher pub = nh.advertise<geometry_msgs::Twist>("/turtle1/cmd_
vel",1000);
    //4.循环发布运动控制消息
    //组织消息
    geometry_msgs::Twist msg;
    msg.linear.x = 1.0;
    msg.linear.y = 0.0;
    msg.linear.z = 0.0;
    msg.angular.x = 0.0;
    msg.angular.y = 0.0;
    msg.angular.z = 2.0;
    //设置发送频率
    ros::Rate r(10);
    //循环发送
    while (ros::ok())
    {
        pub.publish(msg);
        ros::spinOnce();
    }
    return 0;
}
```

配置文件此处略。

实现方案 B(Python):

```
#! /usr/bin/env python"""
    编写 ROS 节点,控制小乌龟画圆
    准备工作:
        1.获取 topic(已知/turtle1/cmd_vel)
        2.获取消息类型(已知 geometry_msgs/Twist)
        3.运行前,注意先启动 turtlesim_node 节点
    实现流程:
        1.导入功能包
        2.初始化 ROS 节点
        3.创建发布方对象
        4.循环发布运动控制消息
"""
# 1.导入功能包
import rospy from geometry_msgs.msg
import Twist
if __name__ == "__main__":
    # 2.初始化 ROS 节点
    rospy.init_node("control_circle_p")
    # 3.创建发布方对象
    pub = rospy.Publisher("/turtle1/cmd_vel",Twist,queue_size=1000)
    # 4.循环发布运动控制消息
    rate = rospy.Rate(10)
    msg = Twist()
    msg.linear.x = 1.0
    msg.linear.y = 0.0
    msg.linear.z = 0.0
```

```
msg.angular.x = 0.0
msg.angular.y = 0.0
msg.angular.z = 0.5
while not rospy.is_shutdown():
    pub.publish(msg)
    rate.sleep()
```

权限设置以及配置文件此处略。

3. 运行

首先启动 roscore。

然后启动乌龟显示节点。

最后执行运动控制节点。

最终执行结果与演示结果类似。

2.5.2　话题订阅

需求描述

已知 turtlesim 中的乌龟显示节点会发布当前乌龟的位姿(窗体中乌龟的坐标以及朝向)。要求控制乌龟运动,并实时打印当前乌龟的位姿。

结果演示

结果如图 2-12 所示。

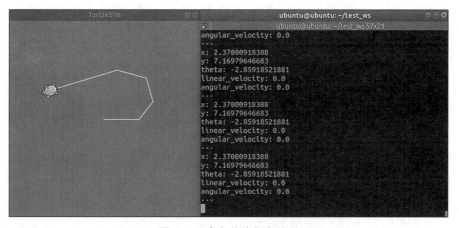

图 2-12　乌龟位姿打印结果

实现分析

(1) 首先需要启动乌龟显示以及运动控制节点并控制乌龟运动。

(2) 要通过 ROS 命令获取乌龟位姿发布的话题以及消息。

(3) 编写订阅节点,订阅并打印乌龟的位姿。

实现流程

(1) 通过 ROS 命令获取话题与消息信息。

(2) 编码实现位姿获取节点。

(3) 启动 roscore、turtlesim_node、控制节点以及位姿订阅节点,控制乌龟运动并输出乌龟的位姿。

1. 话题与消息获取

获取话题：/turtle1/pose。

```
rostopic list
```

获取消息类型：turtlesim/Pose。

```
rostopic type  /turtle1/pose
```

获取消息格式：

```
rosmsg info turtlesim/Pose
```

响应结果：

```
float32 x
float32 y
float32 theta
float32 linear_velocity
float32 angular_velocity
```

2. 实现订阅节点

创建功能包需要依赖的功能包：

```
roscpp rospy std_msgs turtlesim
```

实现方案 A(C++)：

```
/*
    订阅小乌龟的位姿：实时获取小乌龟在窗体中的坐标并打印
    准备工作：
        1.获取话题名称：/turtle1/pose
        2.获取消息类型：turtlesim/Pose
        3.运行前启动 turtlesim_node 与 turtle_teleop_key 节点
    实现流程：
        1.包含头文件
        2.初始化 ROS 节点
        3.创建 ROS 句柄
        4.创建订阅方对象
        5.回调函数处理订阅的数据
        6.spin
*/
//1.包含头文件
#include "ros/ros.h"
#include "turtlesim/Pose.h"
void doPose(const turtlesim::Pose::ConstPtr& p){
    ROS_INFO("乌龟位姿信息:x=%.2f,y=%.2f,theta=%.2f,lv=%.2f,av=%.2f",
        p->x,p->y,p->theta,p->linear_velocity,p->angular_velocity
    );
}
int main(int argc, char * argv[]){
    setlocale(LC_ALL,"");
    //2.初始化 ROS 节点
```

```
    ros::init(argc,argv,"sub_pose");
    //3.创建 ROS 句柄
    ros::NodeHandle nh;
    //4.创建订阅方对象
    ros::Subscriber sub = nh.subscribe<turtlesim::Pose>("/turtle1/pose",1000,
doPose);
    //5.回调函数处理订阅的数据
    //6.spin
    ros::spin();
    return 0;
}
```

配置文件此处略。

实现方案 B(Python)：

```
#! /usr/bin/env python"""
    订阅小乌龟的位姿：实时获取小乌龟在窗体中的坐标并打印
    准备工作：
        1.获取话题名称 /turtle1/pose
        2.获取消息类型 turtlesim/Pose
        3.运行前启动 turtlesim_node 与 turtle_teleop_key 节点
    实现流程：
        1.导入功能包
        2.初始化 ROS 节点
        3.创建订阅方对象
        4.回调函数处理订阅的数据
        5.spin
"""
//1.导入功能包
import rospy from turtlesim.msg
import Pose
def doPose(data):
    rospy.loginfo("乌龟坐标:x=%.2f, y=%.2f,theta=%.2f",data.x,data.y,data.
theta)
if __name__ == "__main__":
    # 2.初始化 ROS 节点
    rospy.init_node("sub_pose_p")
    # 3.创建订阅方对象
    sub = rospy.Subscriber("/turtle1/pose",Pose,doPose,queue_size=1000)
    # 4.回调函数处理订阅的数据
    # 5.spin
    rospy.spin()
```

权限设置以及配置文件此处略。

3. 运行

首先启动 roscore。

然后启动乌龟显示节点,执行运动控制节点。

最后启动乌龟位姿订阅节点。

最终执行结果与演示结果类似。

2.5.3 服务调用

需求描述

编码实现向 turtlesim 发送请求,在乌龟显示节点的窗体指定位置生成一只乌龟,这是一个服务请求操作。

结果演示

结果如图 2-13 所示。

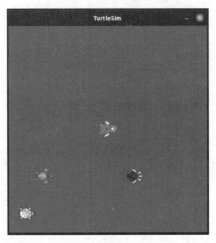

图 2-13 生成一只乌龟

实现分析

(1) 首先需要启动乌龟显示节点。

(2) 要通过 ROS 命令获取乌龟生成服务的服务名称以及服务消息类型。

(3) 实现服务请求节点,生成新的乌龟。

实现流程

(1) 通过 ROS 命令获取服务与服务消息信息。

(2) 编码实现服务请求节点。

(3) 启动 roscore、turtlesim_node 和乌龟生成节点,生成新的乌龟。

1. 服务名称与服务消息获取

获取话题：/spawn。

```
rosservice list
```

获取消息类型：turtlesim/Spawn。

```
rosservice type /spawn
```

获取消息格式：

```
rossrv info turtlesim/Spawn
```

响应结果：

```
float32 x
float32 y
float32 theta
string name
...
string name
```

2. 服务客户端实现

创建功能包需要依赖的功能包:

```
roscpp rospy std_msgs turtlesim
```

实现方案 A(C++):

```
/*
    生成一只小乌龟
    准备工作:
        1.服务话题: /spawn
        2.服务消息类型: turtlesim/Spawn
        3.运行前先启动 turtlesim_node 节点
    实现流程:
        1.包含头文件
          需要包含 turtlesim 包下的资源。注意,应在 package.xml 中配置
        2.初始化 ROS 节点
        3.创建 ROS 句柄
        4.创建服务的客户端
        5.等待服务启动
        6.发送请求
        7.处理响应
*/
//1.包含头文件
#include "ros/ros.h"
#include "turtlesim/Spawn.h"
int main(int argc, char * argv[]){
    setlocale(LC_ALL,"");
    //2.初始化 ROS 节点
    ros::init(argc,argv,"set_turtle");
    //3.创建 ROS 句柄
    ros::NodeHandle nh;
    //4.创建服务的客户端
    ros::ServiceClient client = nh.serviceClient<turtlesim::Spawn>("/spawn");
    //5.等待服务启动
    //client.waitForExistence();
    ros::service::waitForService("/spawn");
    //6.发送请求
    turtlesim::Spawn spawn;
    spawn.request.x = 1.0;
    spawn.request.y = 1.0;
    spawn.request.theta = 1.57;
    spawn.request.name = "my_turtle";
    bool flag = client.call(spawn);
    //7.处理响应结果
    if (flag)
```

```
    {
        ROS_INFO("新的乌龟生成,名字:%s",spawn.response.name.c_str());
    } else {
        ROS_INFO("乌龟生成失败!!!");
    }
    return 0;
}
```

配置文件此处略。

实现方案 B(Python):

```
#! /usr/bin/env python"""
    生成一只小乌龟
    准备工作:
        1.服务话题: /spawn
        2.服务消息类型: turtlesim/Spawn
        3.运行前先启动 turtlesim_node 节点
    实现流程:
        1.导入功能包
            需要包含 turtlesim 包下的资源。注意,应在 package.xml 中配置
        2.初始化 ROS 节点
        3.创建服务的客户端
        4.等待服务启动
        5.发送请求
        6.处理响应
"""
# 1.导入功能包
import rospy from turtlesim.srv
import Spawn,SpawnRequest,SpawnResponse
if __name__ == "__main__":
    # 2.初始化 ROS 节点
    rospy.init_node("set_turtle_p")
    # 3.创建服务的客户端
    client = rospy.ServiceProxy("/spawn",Spawn)
    # 4.等待服务启动
    client.wait_for_service()
    # 5.发送请求
    req = SpawnRequest()
    req.x = 2.0
    req.y = 2.0
    req.theta = -1.57
    req.name = "my_turtle_p"
    try:
        response = client.call(req)
        # 6.处理响应
        rospy.loginfo("乌龟创建成功!,叫:%s",response.name)
    except expression as identifier:
        rospy.loginfo("服务调用失败")
```

权限设置以及配置文件此处略。

3. 运行

首先启动 roscore。

然后启动乌龟显示节点。

最后启动乌龟生成请求节点。

最终执行结果与演示结果类似。

2.5.4　参数设置

需求描述

改变 turtlesim 乌龟显示节点窗体的背景色。已知背景色是通过参数服务器的方式以 rgb 方式设置的。

结果演示

结果如图 2-14 所示。

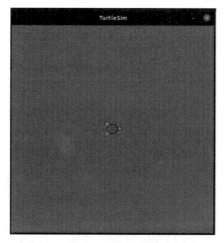

图 2-14　改变背景色

实现分析

(1) 首先需要启动乌龟显示节点。

(2) 要通过 ROS 命令获取参数服务器中设置背景色的参数。

(3) 实现参数设置节点,修改参数服务器中的参数值。

实现流程

(1) 通过 ROS 命令获取参数。

(2) 编码实现参数设置节点。

(3) 启动 roscore、turtlesim_node 与参数设置节点,查看运行结果。

1. 参数名获取

获取参数列表:

```
rosparam list
```

响应结果:

```
/turtlesim/background_b
/turtlesim/background_g
/turtlesim/background_r
```

2. 参数修改

实现方案 A(C++)：

```
/*
    注意命名空间的使用
*/
#include "ros/ros.h"
int main(int argc, char * argv[]){
    ros::init(argc,argv,"haha");
    ros::NodeHandle nh("turtlesim");
    //ros::NodeHandle nh;
    //ros::param::set("/turtlesim/background_r",0);
    //ros::param::set("/turtlesim/background_g",0);
    //ros::param::set("/turtlesim/background_b",0);
    nh.setParam("background_r",0);
    nh.setParam("background_g",0);
    nh.setParam("background_b",0);
    return 0;
}
```

配置文件此处略。

实现方案 B(Python)：

```
#! /usr/bin/env python
import rospy
if __name__ == "__main__":
    rospy.init_node("hehe")
    # rospy.set_param("/turtlesim/background_r",255)
    # rospy.set_param("/turtlesim/background_g",255)
    # rospy.set_param("/turtlesim/background_b",255)
    rospy.set_param("background_r",255)
    rospy.set_param("background_g",255)
    rospy.set_param("background_b",255)    # 调用时,需要传入 __ns:=xxx
```

权限设置以及配置文件此处略。

3. 运行

首先启动 roscore。

然后启动背景色设置节点。

最后启动乌龟显示节点。

最终执行结果与演示结果类似。

提示：注意节点启动顺序,如果先启动乌龟显示节点,后启动背景色设置节点,那么颜色设置不会生效。

4. 其他设置方式

方式 1,修改小乌龟节点的背景色(命令行实现)：

```
rosparam set /turtlesim/background_b 自定义数值
rosparam set /turtlesim/background_g 自定义数值
rosparam set /turtlesim/background_r 自定义数值
```

修改相关参数后,重启 turtlesim_node 节点,背景色就会发生改变。

方式 2,启动节点时直接设置参数:

```
rosrun turtlesim turtlesim_node _background_r:=100 _background_g:=0 _
background_b:=0
```

方式 3,通过 launch 文件传参:

```
<launch>
    <node pkg="turtlesim" type="turtlesim_node" name="set_bg" output="screen">
        <!-- launch 传参策略 1 -->
        <!-- <param name="background_b" value="0" type="int" />
        <param name="background_g" value="0" type="int" />
        <param name="background_r" value="0" type="int" /> -->
        <!-- launch 传参策略 2 -->
        <rosparam command="load" file="$(find demo03_test_parameter)/cfg/
color.yaml" />
    </node>
</launch>
```

◇ 2.6　通信机制比较

在本章介绍的 3 种通信机制中,参数服务器是一种数据共享机制,可以在不同的节点之间共享数据,话题通信与服务通信是在不同的节点之间传递数据的,三者是 ROS 中最基础也是应用最为广泛的通信机制。

其中,话题通信和服务通信既有一定的相似性,也有本质上的差异,在此将二者做简要的比较。

二者的实现流程是比较相似的,都涉及 4 个要素:

* 消息的发布方/客户端(Publisher/Client)。
* 消息的订阅方/服务器端(Subscriber/Server)。
* 话题名称(Topic/Service)。
* 数据载体(msg/srv)。

可以概括为:两个节点通过话题关联到一起,并使用某种类型的数据载体实现数据传输。

二者的实现也是有本质差异的,如表 2-1 所示。

表 2-1　话题通信和服务通信的实现

比　较　项	话　题　通　信	服　务　通　信
通信模式	发布/订阅	请求/响应
同步性	异步	同步
底层协议	ROSTCP/ROSUDP	ROSTCP/ROSUDP
缓冲区	有	无
实时性	弱	强

续表

比　较　项	话　题　通　信	服　务　通　信
节点关系	多对多	一对多(一个服务器)
通信数据	msg	srv
使用场景	连续高频的数据发布与接收(如雷达、里程计)	偶尔调用或执行某一项特定功能(如拍照、语音识别)

不同通信机制有一定的互补性,有各自的应用场景。尤其是话题通信与服务通信,需要结合具体的应用场景与二者的差异选择合适的通信机制。

◇ 2.7　本　章　小　结

本章主要介绍了 ROS 中最基本的也是最核心的通信机制实现:话题通信、服务通信和参数服务器。对每种通信机制,都介绍了如下内容:

- 该通信机制的应用场景。
- 该通信机制的理论模型。
- 该通信机制的 C++ 与 Python 实现。

除此之外,本章还包括以下内容:

- ROS 中的常用命令。
- 通过实操将上述知识点加以整合。
- 着重比较了话题通信与服务通信。

掌握本章内容后,基本上就可以从容应对 ROS 中大部分应用场景了。

ROS 通信机制进阶

第 2 章主要介绍了 ROS 通信的实现,内容偏向于粗粒度的通信框架的讲解,没有详细介绍涉及的 API,也没有封装代码。鉴于此,本章主要内容如下:

- ROS 常用 API 介绍。
- ROS 中自定义头文件与源文件的使用。

本章预期达成的学习目标如下:

- 熟练掌握 ROS 常用 API。
- 掌握 ROS 中自定义头文件与源文件的配置。

◇ 3.1 常 用 API

首先,建议参考官方的以下 API 文档或源码:

- 与 ROS 节点的初始化相关的 API。
- 与 NodeHandle 的基本使用相关的 API。
- 与话题的发布方、订阅方对象相关的 API。
- 与服务的服务器端,客户端对象相关的 API。
- 与时间相关的 API。
- 与日志输出相关的 API。

与参数服务器相关的 API 在第 2 章已经做了详细介绍和应用,在此不再赘述。

3.1.1 初始化

C++ 实现代码如下:

```
/** @brief ROS 初始化函数。
 *
 * 该函数可以解析并使用节点启动时传入的参数(通过参数设置节点名称、命名空间等)
 *
 * 该函数有多个重载版本。如果使用 NodeHandle,建议调用本版本
 *
 * \param argc: 参数个数
 * \param argv: 参数列表
 * \param name: 节点名称,需要保证其唯一性,不允许包含命名空间
 * \param options: 节点启动选项,被封装进了 ros::init_options
```

```
 *
 */
void init(int &argc, char **argv, const std::string& name, uint32_t options = 0);
```

Python 实现代码如下：

```
Def init_node (name, argv = None, anonymous = False, log_level = None, disable_
rostime=False, disable_rosout=False, disable_signals=False, xmlrpc_port=0,
tcpros_port=0):
    """
    在 ROS msater 中注册节点

    @param name: 节点名称,必须保证唯一性,名称中不能使用命名空间(不能包含 "/")
    @type name: str

    @param anonymous: 取值为 true 时,为节点名称后缀随机编号
    @type anonymous: bool
    """
```

3.1.2 话题与服务相关对象

1. C++ 实现

在 roscpp 中,话题和服务的相关对象一般由 NodeHandle 创建。

NodeHandle 的一个重要作用是设置命名空间,这是后面的重点,本章暂不介绍。

1) 发布对象

对象获取代码如下：

```
/**
 * \brief: 根据话题生成发布对象
 * 在 ROS Master 注册并返回一个发布方对象,该对象可以发布消息
 * 示例:
 * ros::Publisher pub = handle.advertise<std_msgs::Empty>("my_topic", 1);
 *
 * \param topic: 发布消息使用的话题
 *
 * \param queue_size: 等待发送给订阅方的最大消息数量
 *
 * \param latch (optional): 如果为 true,该话题发布的最后一条消息将被保存,并且后期
 *   当有订阅方连接时会将该消息发送给订阅方
 *
 * \return: 调用成功时,会返回一个发布对象
 */
template <class M>
Publisher advertise(const std::string& topic, uint32_t queue_size, bool latch =
false)
```

消息发布函数代码如下：

```
/**
 * 发布消息
 */
```

```
template <typename M>
void publish(const M& message) const
```

2）订阅对象

对象获取代码如下：

```
/**
 * \brief:生成某个话题的订阅对象
 * 该函数将根据给定的话题在 ROS Master 注册,并自动连接相同主题的发布方
 * 每接收到一条消息,都会调用回调函数,并且传入该消息的共享指针
 * 该消息不能被修改,因为可能其他订阅对象也会使用该消息
 * 示例:
 * void callback(const std_msgs::Empty::ConstPtr& message)
 * {
 * }
 * ros::Subscriber sub = handle.subscribe("my_topic", 1, callback);
 *
 * \param M [template]: M是消息类型
 * \param topic: 订阅的话题
 * \param queue_size: 消息队列长度。超出长度时,头部的消息将被弃用
 * \param fp: 当订阅到一条消息时需要执行的回调函数
 * \return: 调用成功时返回一个订阅方对象,失败时返回空对象
 *
 * void callback(const std_msgs::Empty::ConstPtr& message){…}
 * ros::NodeHandle nodeHandle;
 * ros::Subscriber sub = nodeHandle.subscribe("my_topic", 1, callback);
 * if (sub)                              //订阅者有效时进入
 * {
 *     …
 * }
 * /
template<class M>
Subscriber subscribe(const std::string& topic, uint32_t queue_size, void(* fp)
(const boost::shared_ptr<M const>&), const TransportHints& transport_hints =
TransportHints())
```

3）服务对象

对象获取代码如下：

```
/**
 * \brief:生成服务器端对象
 * 该函数可以连接到 ROS Master,并提供一个具有给定名称的服务对象
 * 示例:
 * \verbatim
 * bool callback(std_srvs::Empty& request, std_srvs::Empty& response)
 * {
 *     return true;
 * }
 * ros:: ServiceServer service = handle. advertiseService ( " my _ service",
   callback);
 * \endverbatim
 *
```

```
 *  \param service: 服务的主题名称
 *  \param srv_func: 接收到请求时需要处理请求的回调函数
 *  \return: 请求成功时返回服务对象,否则返回空对象:
 *  使用示例如下:
 *  \verbatim
 *  bool Foo::callback(std_srvs::Empty& request, std_srvs::Empty& response)
 *  {
 *      return true;
 *  }
 *  ros::NodeHandle nodeHandle;
 *  Foo foo_object;
 *  ros::ServiceServer service = nodeHandle.advertiseService("my_service",
    callback);
 *  if (service)                       //发布方的服务有效时进入
 *  {
 *      ...
 *  }
 *  \endverbatim
 */
template<class MReq, class MRes>
ServiceServer advertiseService(const std::string& service, bool(* srv_func)
(MReq&, MRes&))
```

4) 客户端对象

对象获取代码如下:

```
/**
 * @brief:创建一个服务的客户端对象
 * 当清除最后一个连接的引用句柄时,连接将被关闭
 * @param service_name(服务主题名称)
 */
template<class Service>
ServiceClient serviceClient(const std::string& service_name, bool persistent =
false, const M_string& header_values = M_string())
```

请求发送函数代码如下:

```
/**
 * @brief:发送请求
 * 返回值为 bool 类型,true 表示请求处理成功,false 表示请求处理失败
 */
template<class Service>
bool call(Service& service)
```

等待服务函数 1 代码如下:

```
/**
 * ros::service::waitForService("addInts");
 * \brief: 等待服务可用,否则一直处于阻塞状态
 * \param service_name: 被等待的服务的话题名称
 * \param timeout: 等待的最大时长,默认为-1,可以永久等待直至节点关闭
 * \return: 成功返回 true,否则返回 false
 */
```

```
ROSCPP_DECL bool waitForService(const std::string& service_name, ros::Duration
timeout = ros::Duration(-1));
```

等待服务函数 2 代码如下:

```
/**
 * client.waitForExistence();
 * \brief: 等待服务可用,否则一直处于阻塞状态
 * \param timeout: 等待最大时长,默认为-1,可以永久等待直至节点关闭
 * \return: 成功返回 true,否则返回 false。
 * /
bool waitForExistence(ros::Duration timeout = ros::Duration(-1));
```

2. Python 实现

1）发布对象

对象获取代码如下:

```
class Publisher(Topic):
    """
    在 ROS Master 注册为相关话题的发布方
    """

    def __init__(self, name, data_class, subscriber_listener=None, tcp_nodelay
=False, latch=False, headers=None, queue_size=None):
        """
        Constructor
        @param name: 话题名称
        @type name: str
        @param data_class: 消息类型
        @param latch: 如果为 true,该话题发布的最后一条消息将被保存,并且后期当有订阅
            方连接时会将该消息发送给订阅方
        @type latch: bool
        @param queue_size: 等待发送给订阅方的最大消息数量
        @type queue_size: int
        """
```

消息发布函数代码如下:

```
def publish(self, * args, **kwds):
    """
    发布消息
    """
```

2）订阅对象

对象获取代码如下:

```
class Subscriber(Topic):
    """
    类注册为指定主题的订阅方,其中消息是给定类型的
    """
    def __init__(self, name, data_class, callback=None, callback_args=None,
queue_size=None, buff_size=DEFAULT_BUFF_SIZE, tcp_nodelay=False):
```

```
"""
Constructor.
@param name: 话题名称
@type name: str
@param data_class: 消息类型
@type data_class: L{Message} class
@param callback: 处理订阅到的消息的回调函数
@type callback: fn(msg, cb_args)
@param queue_size: 消息队列长度,超出长度时,头部的消息将被弃用
"""
```

3）服务对象

对象获取代码如下：

```
class Service(ServiceImpl):
    """
    声明一个 ROS 服务

    示例:
    s = Service('getmapservice', GetMap, get_map_handler)
    """
    def __init__(self, name, service_class, handler,
            buff_size=DEFAULT_BUFF_SIZE, error_handler=None):
        """
        @param name: 服务主题名称(``str``)
        @param service_class:服务消息类型
        @param handler: 回调函数,处理请求数据,并返回响应数据
        @type handler: fn(req)->resp
        """
```

4）客户端对象

对象获取代码如下：

```
class ServiceProxy(_Service):
    """
    创建一个 ROS 服务的句柄
    示例:
    add_two_ints = ServiceProxy('add_two_ints', AddTwoInts)
    resp = add_two_ints(1, 2)
    """
    def __init__(self, name, service_class, persistent=False, headers=None):
        """
        ctor.
        @param name: 服务主题名称
        @type name: str
        @param service_class: 服务消息类型
        @type service_class: Service class
        """
```

请求发送函数代码如下：

```
def call(self, * args, **kwds):
    """
```

```
      发送请求,返回值为响应数据
      """
```

等待服务函数代码如下:

```
def wait_for_service(service, timeout=None):
    """
    调用该函数时,程序会处于阻塞状态,直到服务可用
    @param service: 被等待的服务话题名称
    @type service: str
    @param timeout: 超时时间
    @type timeout: double|rospy.Duration
    """
```

3.1.3　回旋函数

1. C++ 实现

在 ROS 程序中,频繁地使用 ros::spin()和 ros::spinOnce()两个回旋函数,可以用于处理回调函数。

spinOnce()用法如下:

```
/**
 * \brief: 处理一轮回调
 * 一般应用场景:
 *     在循环体内,处理所有可用的回调函数
 */
ROSCPP_DECL void spinOnce();
```

spin()用法如下:

```
/**
 * \brief: 进入循环处理回调
 */
ROSCPP_DECL void spin();
```

二者的相同点是都用于处理回调函数。

二者的不同点:ros::spin()是进入循环执行回调函数,而 ros::spinOnce()只会执行一次回调函数(没有循环);ros::spin()后的语句不会执行,而 ros::spinOnce()后的语句可以执行。

2. Python 实现

spin()用法如下:

```
def spin():
    """
    进入循环处理回调
    """
```

3.1.4　时间

ROS 中与时间相关的 API 极其常用,例如获取当前时刻、持续时间的设置、执行频率、

休眠、定时器等,都与时间相关。

1. C++ 实现

1) 时刻

获取时刻或者设置指定时刻:

```
ros::init(argc, argv, "hello_time");
ros::NodeHandle nh;                        //必须创建句柄,否则时间没有初始化,导致后续 API 调用失败
ros::Time right_now = ros::Time::now();          //将当前时刻封装成对象
ROS_INFO("当前时刻:%.2f", right_now.toSec()); //获取距 1970 年 1 月 1 日 00:00:00 的秒数
ROS_INFO("当前时刻:%d", right_now.sec);         //获取距 1970 年 1 月 1 日 00:00:00 的秒数
ros::Time someTime(100, 100000000);            //参数 1 单位为秒,参数 2 单位为纳秒
ROS_INFO("时刻:%.2f", someTime.toSec());      //100.10
ros::Time someTime2(100.3);                    //直接传入 double 类型的秒数
ROS_INFO("时刻:%.2f", someTime2.toSec());     //100.30
```

2) 持续时间

设置一个时间区间(间隔):

```
ROS_INFO("当前时刻:%.2f", ros::Time::now().toSec());
ros::Duration du(10);                      //持续 10s,参数是 double 类型的,以秒为单位
du.sleep();                                //按照指定的持续时间休眠
ROS_INFO("持续时间:%.2f", du.toSec());    //将持续时间换算成秒
ROS_INFO("当前时刻:%.2f", ros::Time::now().toSec());
```

3) 持续时间与时刻运算

为了方便使用,ROS 中提供了时间与时刻的运算:

```
ROS_INFO("时间运算");
ros::Time now = ros::Time::now();
ros::Duration du1(10);
ros::Duration du2(20);
ROS_INFO("当前时刻:%.2f", now.toSec());
//1.time 与 duration 运算
ros::Time after_now = now + du1;
ros::Time before_now = now - du1;
ROS_INFO("当前时刻之后:%.2f", after_now.toSec());
ROS_INFO("当前时刻之前:%.2f", before_now.toSec());
//2.duration 之间的运算
ros::Duration du3 = du1 + du2;
ros::Duration du4 = du1 - du2;
ROS_INFO("du3 = %.2f", du3.toSec());
ROS_INFO("du4 = %.2f", du4.toSec());
//time 之间不可以相加
//ros::Time nn = now + before_now;          //异常
ros::Duration du5 = now - before_now;
ROS_INFO("时刻相减:%.2f", du5.toSec());
```

4) 设置运行频率

```
ros::Rate rate(1);                         //指定频率
while (true)
{
```

```
      ROS_INFO("------------code----------");
      rate.sleep();                              //休眠,休眠时间=1/频率
}
```

5）定时器

ROS 中内置了专门的定时器,可以实现与 ros::Rate 类似的效果:

```
ros::NodeHandle nh;              //必须创建句柄,否则时间没有初始化,导致后续 API 调用失败
//ROS 定时器
/**
  * \brief: 创建一个定时器,按照指定频率调用回调函数
  * \param period: 时间间隔
  * \param callback: 回调函数
  * \param oneshot: 如果设置为 true,只执行一次回调函数;否则循环执行
  * \param autostart: 如果为 true,返回已经启动的定时器;否则需要手动启动
  */
//Timer createTimer (Duration period, const TimerCallback& callback, bool
oneshot = false, bool autostart = true) const;
//ros::Timer timer =nh.createTimer(ros::Duration(0.5),doSomeThing);
ros::Timer timer=nh.createTimer(ros::Duration(0.5),doSomeThing,true);
                         //只执行一次
//ros::Timer timer = nh.createTimer (ros::Duration (0.5), doSomeThing, false,
false);                         //需要手动启动
//timer.start();
ros::spin();                     //必须回旋
```

定时器的回调函数代码如下:

```
void doSomeThing(const ros::TimerEvent &event){
    ROS_INFO("-------------");
ROS_INFO("event:%s",std::to_string(event.current_real.toSec()).c_str());
}
```

2. Python 实现

1）时刻

获取时刻,或是设置指定时刻:

```
# 获取当前时刻
right_now = rospy.Time.now()
rospy.loginfo("当前时刻:%.2f",right_now.to_sec())
rospy.loginfo("当前时刻:%.2f",right_now.to_nsec())
# 自定义时刻
some_time1 = rospy.Time(1234.567891011)
some_time2 = rospy.Time(1234,567891011)
rospy.loginfo("设置时刻 1:%.2f",some_time1.to_sec())
rospy.loginfo("设置时刻 2:%.2f",some_time2.to_sec())
# 从时间创建对象
# some_time3 = rospy.Time.from_seconds(543.21)
some_time3 = rospy.Time.from_sec(543.21) # from_sec 替换了 from_seconds
rospy.loginfo("设置时刻 3:%.2f",some_time3.to_sec())
```

2）持续时间

设置一个时间区间(间隔):

```
# 与持续时间相关的 API
rospy.loginfo("持续时间测试开始.....")
du = rospy.Duration(3.3)
rospy.loginfo("du1 持续时间:%.2f",du.to_sec())
rospy.sleep(du) #休眠函数
rospy.loginfo("持续时间测试结束.....")
```

3）持续时间与时刻运算

为了方便使用，ROS 提供了时间与时刻的运算：

```
rospy.loginfo("时间运算")
now = rospy.Time.now()
du1 = rospy.Duration(10)
du2 = rospy.Duration(20)
rospy.loginfo("当前时刻:%.2f",now.to_sec())
before_now = now - du1
after_now = now + du1
dd = du1 + du2
# now = now + now #非法
rospy.loginfo("之前时刻:%.2f",before_now.to_sec())
rospy.loginfo("之后时刻:%.2f",after_now.to_sec())
rospy.loginfo("持续时间相加:%.2f",dd.to_sec())
```

4）设置运行频率

```
# 设置执行频率
rate = rospy.Rate(0.5)
while not rospy.is_shutdown():
    rate.sleep() #休眠
    rospy.loginfo("++++++++++++++")
```

5）定时器

ROS 内置了专门的定时器，可以实现与 ros::Rate 类似的效果：

```
#定时器设置
"""
def __init__(self, period, callback, oneshot=False, reset=False):
    Constructor.
    @param period: 回调函数的时间间隔
    @type period: rospy.Duration
    @param callback: 回调函数
    @type callback: function taking rospy.TimerEvent
    @param oneshot: 设置为 True,就只执行一次;否则循环执行
    @type oneshot: bool
    @param reset: if True, timer is reset when rostime moved backward. [default:
False]
    @type  reset: bool
"""
rospy.Timer(rospy.Duration(1),doMsg)
# rospy.Timer(rospy.Duration(1),doMsg,True)                    # 只执行一次
rospy.spin()
```

回调函数代码如下：

```
def doMsg(event):
    rospy.loginfo("+++++++++++")
    rospy.loginfo("当前时刻:%s",str(event.current_real))
```

3.1.5　其他函数

在发布实现时,一般会循环发布消息,循环的判断条件一般由节点状态控制,在 C++ 中可以通过 ros::ok()判断节点状态是否正常,而在 Python 中则通过 rospy.is_shutdown()实现判断。导致节点退出的原因主要有如下几种:

- 节点接收到了关闭信息,例如常用的 Ctrl+C 组合键就会发出关闭节点的信号。
- 同名节点启动,导致现有节点退出。
- 程序中的其他部分调用了与节点关闭相关的 API(在 C++ 中是 ros::shutdown(),在 Python 中是 rospy.signal_shutdown())。

另外,与日志相关的函数也是极其常用的。在 ROS 中日志被划分成如下 5 个级别:

- DEBUG(调试):只在调试时使用,此类消息不会输出到控制台。
- INFO(信息):标准消息,一般用于说明系统内正在执行的操作。
- WARN(警告):提醒一些异常情况,但程序仍然可以执行。
- ERROR(错误):提示错误信息,此类错误会影响程序运行。
- FATAL(严重错误):此类错误将阻止节点继续运行。

1. C++ 实现

1) 节点状态判断

```
/** \brief: 检查节点是否已经退出
 *   ros::shutdown(): 被调用且执行完毕后,该函数将会返回 false
 * \return: 返回 true 表示节点还存在, 返回 false 表示节点已经被关闭
 */
bool ok();
```

2) 节点关闭函数

```
/*
 *   关闭节点
 */
void shutdown();
```

3) 日志函数

使用示例如下:

```
ROS_DEBUG("hello,DEBUG");                 //不会输出
ROS_INFO("hello,INFO");                   //默认白色字体
ROS_WARN("Hello,WARN");                   //默认黄色字体
ROS_ERROR("hello,ERROR");                 //默认红色字体
ROS_FATAL("hello,FATAL");                 //默认红色字体
```

2. Python 实现

1) 节点状态判断

```
def is_shutdown():
    """
    @return: 返回 True 表示节点已经被关闭
    @rtype: bool
    """
```

2）节点关闭函数

```
def signal_shutdown(reason):
    """
    关闭节点
    @param reason: 节点关闭的原因,是一个字符串
    @type reason: str
    """
def on_shutdown(h):
    """
    节点被关闭时调用的函数
    @param h: 关闭时调用的回调函数,此函数无参数
    @type h: fn()
    """
```

3）日志函数

使用示例如下：

```
rospy.logdebug("hello,debug")          #不会输出
rospy.loginfo("hello,info")            #默认白色字体
rospy.logwarn("Hello,warn")            #默认黄色字体
rospy.logerr("hello,error")            #默认红色字体
rospy.logfatal("hello,fatal")          #默认红色字体
```

◆ 3.2　ROS 中的头文件与源文件

本节主要介绍在 ROS 的 C++ 实现中如何使用头文件与源文件的方式封装代码,具体内容如下:

（1）设置头文件,以可执行文件作为源文件。

（2）分别设置头文件、源文件与可执行文件。

在 ROS 中,关于头文件的使用,核心内容在于 CMakeLists.txt 文件的配置。不同的封装方式在配置上也有差异。

3.2.1　自定义头文件调用

需求：设计头文件,以可执行文件作为源文件。

流程:

（1）编写头文件。

（2）编写可执行文件(同时也是源文件)。

（3）编辑配置文件并执行。

1. 头文件

在功能包下的 include/功能包名目录下新建头文件 hello.h，示例内容如下：

```
#ifndef _HELLO_H
#define _HELLO_H
namespace hello_ns{
    class HelloPub {
        public:
            void run();
    };
}
#endif
```

注意：在 VSCode 中，为后续包含头文件不抛出异常，应配置.vscode 下 c_cpp_properties.json 的 includepath 属性，格式如下：

```
"/home/用户/工作空间/src/功能包/include/**"
```

2. 可执行文件

在 src 目录下新建文件 hello.cpp，示例内容如下：

```
#include "ros/ros.h"
#include "test_head/hello.h"
namespace hello_ns {
    void HelloPub::run(){
        ROS_INFO("自定义头文件的使用....");
    }
}
int main(int argc, char * argv[])
{
    setlocale(LC_ALL,"");
    ros::init(argc,argv,"test_head_node");
    hello_ns::HelloPub helloPub;
    helloPub.run();
    return 0;
}
```

3. 配置文件

配置 CMakeLists.txt 文件，头文件相关配置如下：

```
include_directories(
include
  ${catkin_INCLUDE_DIRS}
)
```

可执行配置文件配置方式与前面一致：

```
add_executable(hello src/hello.cpp)
add_dependencies(hello${${PROJECT_NAME}_EXPORTED_TARGETS}${catkin_EXPORTED_TARGETS})
target_link_libraries(hello
  ${catkin_LIBRARIES}
)
```

最后,编译并执行,控制台可以输出自定义的文本信息。

3.2.2 自定义源文件调用

需求:设计头文件与源文件,在可执行文件中包含头文件。

流程:

(1) 编写头文件。

(2) 编写源文件。

(3) 编写可执行文件。

(4) 编辑配置文件并执行。

1. 头文件

头文件设置与 3.2.1 节类似,在功能包下的 include/功能包名目录下新建头文件 haha.h,示例内容如下:

```
#ifndef _HAHA_H
#define _HAHA_H
namespace hello_ns {
    class My {
    public:
        void run();
    };
}
#endif
```

注意:在 VSCode 中,为后续包含头文件不抛出异常,应配置 .vscode 下 c_cpp_properties.json 的 includepath 属性,格式如下:

```
"/home/用户/工作空间/src/功能包/include/**"
```

2. 源文件

在 src 目录下新建文件 haha.cpp,示例内容如下:

```
#include "test_head_src/haha.h"
#include "ros/ros.h"
namespace hello_ns{
    void My::run(){
        ROS_INFO("hello,head and src ...");
    }
}
```

3. 可执行文件

在 src 目录下新建文件 use_head.cpp,示例内容如下:

```
#include "ros/ros.h"
#include "test_head_src/haha.h"
int main(int argc, char * argv[])
{
    ros::init(argc,argv,"hahah");
    hello_ns::My my;
```

```
    my.run();
    return 0;
}
```

4. 配置文件

头文件与源文件的相关配置如下：

```
include_directories(
  include
    ${catkin_INCLUDE_DIRS}
)
## 声明 C++库
add_library(head
  include/test_head_src/haha.h
  src/haha.cpp
)
add_dependencies(head${${PROJECT_NAME}_EXPORTED_TARGETS}${catkin_EXPORTED_
TARGETS})
target_link_libraries(head
  ${catkin_LIBRARIES}
)
```

可执行文件配置如下：

```
add_executable(use_head src/use_head.cpp)
add_dependencies(use_head${${PROJECT_NAME}_EXPORTED_TARGETS}${catkin_EXPORTED
_TARGETS})
# 此处需要添加前面设置的 head 库
target_link_libraries(use_head
  head
  ${catkin_LIBRARIES}
)
```

◆ 3.3　Python 模块导入

与 C++ 类似的，在 Python 中导入其他模块时也需要相关处理。

需求：首先新建 Python 文件 A，再新建 Python 文件 UseA，在 UseA 中导入 A 并调用 A 的实现。

流程：

（1）新建两个 Python 文件，使用 import 实现导入关系。

（2）添加可执行权限，编辑配置文件并执行 UseA。

1. 新建两个 Python 文件并使用 import 导入

文件 A 的实现如下（包含一个变量）：

```
#! /usr/bin/env python
num = 1000
```

文件 UseA 的核心实现如下：

```
import os
import sys
path = os.path.abspath(".")
# 核心
sys.path.insert(0,path + "/src/plumbing_pub_sub/scripts")
import tools
...
...
rospy.loginfo("num = %d",tools.num)
```

2. 添加可执行权限,编辑配置文件并执行

此过程略。

◇ 3.4　本　章　小　结

本章主要介绍了 ROS 的常用 API、ROS 中的自定义头文件与源文件的使用以及 Python 模块的导入。本章内容比较简单,多加练习即可。

ROS 运行管理

ROS 是多进程（节点）的分布式框架，一个完整的 ROS 系统实现参见图 1-42。一个 ROS 系统可能包含多台主机；每台主机上又有多个工作空间，每个的工作空间中又包含多个功能包，每个功能包又包含多个节点，每个节点都有自己的节点名称，每个节点可能还会设置一个或多个话题。

在多级层的深层架构 ROS 系统中，其实现与维护可能会出现一些问题。例如，如何关联不同的功能包？ 繁多的 ROS 节点应该如何启动？ 功能包、节点、话题、参数重名时应该如何处理？ 不同主机上的节点如何通信？

本章主要介绍在 ROS 中上述问题的解决策略，预期达成的学习目标也与上述问题对应：

- 掌握元功能包的使用语法。
- 掌握 launch 文件的使用语法。
- 理解什么是 ROS 工作空间覆盖以及它存在什么安全隐患。
- 掌握节点名称重名时的处理方式。
- 掌握话题名称重名时的处理方式。
- 掌握参数名称重名时的处理方式。
- 能够实现 ROS 分布式通信。

◆ 4.1　ROS 元功能包

场景：完成 ROS 中一个系统性的功能，可能涉及多个功能包。例如，要实现机器人导航模块，该模块下有地图、定位、路径规划等不同的子级功能包。那么，调用者安装该模块时，需要逐一安装每一个功能包吗？

显而易见，逐一安装功能包效率低下。在 ROS 中，提供了一种可以将不同的功能包打包成一个功能包的方法，当安装某个功能模块时，直接调用打包后的功能包即可，该包又称为元功能包（metapackage）。

1. 概念

元功能包是 Linux 的文件管理系统的一个概念，是 ROS 中的一个虚包。元功能包里面没有实质性的内容，但是它依赖其他的软件包，通过这种方法可以把其他包组合起来。可以认为它像一本书的目录，说明这个包集合中有哪些子包，并且该去哪里下载。

例如,使用 sudo apt install ros-noetic-desktop-full 命令安装 ROS 时就使用了元功能包,该元功能包依赖于 ROS 中的其他一些功能包(称为依赖),安装该包时会一并安装依赖。

还有一些常见的元功能包：navigation、moveit！和 turtlebot3 等。

2. 作用

元功能包方便用户的安装,只需要这一个包就可以把其他相关的软件包组织到一起安装。

3. 实现

首先,新建一个功能包。

然后,修改 package.xml,内容如下：

```
<exec_depend>被集成的功能包</exec_depend>
  ...
<export>
  <metapackage />
</export>
```

最后,修改 CMakeLists.txt,内容如下：

```
cmake_minimum_required(VERSION 3.0.2)
project(demo)
find_package(catkin REQUIRED)
catkin_metapackage()
```

提示：CMakeLists.txt 中不可以有空行。

4.2 ROS 节点运行管理 launch 文件

关于 launch 文件的使用,在第 1 章中就已经介绍过：

一个程序中可能需要启动多个节点。例如,在 ROS 内置的小乌龟案例中,如果要控制乌龟运动,就要启动多个窗口,分别启动 roscore、乌龟界面节点和键盘控制节点。如果每次都调用 rosrun 逐一启动,显然效率低下。那么,应该如何进行优化？

采用的优化策略便是使用 roslaunch 命令集合 launch 文件启动管理节点。

1. 概念

launch 文件是一个 XML 格式的文件,可以启动本地和远程的多个节点,还可以在参数服务器中设置参数。

2. 作用

launch 文件可以简化节点的配置与启动,提高 ROS 程序的启动效率。

3. 使用

下面以 turtlesim 为例演示。

1) 新建 launch 文件

在功能包(设包名为 TurtlesimTest)下添加 launch 目录,再在该目录下新建 MyTurtlesim.launch 文件,编辑该 launch 文件：

```
<launch>
<node pkg="turtlesim" type="turtlesim_node" name="myTurtle" output="screen" />
<node pkg="turtlesim" type="turtle_teleop_key" name="myTurtleContro" output=
"screen" />
</launch>
```

2）调用 launch 文件

调用 launch 文件的命令如下：

```
roslaunch TurtlesimTest MyTurtlesim.launch
```

注意：roslaunch 命令执行 launch 文件时，首先会判断是否启动了 roscore，如果启动了，则不再启动；否则，会自动调用 roscore。

提示：本节主要介绍 launch 文件的使用语法，launch 文件中的标签以及不同标签的一些常用属性。

4.2.1　＜launch＞标签

＜launch＞标签是所有 launch 文件的根标签，充当其他标签的容器。

1. 属性

＜launch＞标签的属性如下：

```
deprecated = "弃用声明"
```

它告知用户当前 launch 文件已经被弃用。

2. 子级标签

所有其他标签都是＜launch＞标签的子级标签。

4.2.2　＜node＞标签

＜node＞标签用来指定 ROS 节点，是最常见的标签。需要注意的是，roslaunch 命令不能保证按照＜node＞的声明顺序启动节点（节点的启动是多进程的）。

1. 属性

下面是＜node＞标签的属性：

- pkg = "包名"：节点所属的包。
- type = "nodeType"：节点类型（与之相同名称的可执行文件）。
- name = "nodeName"：节点名称（节点在 ROS 网络拓扑中的名称）。
- args = "xxx xxx xxx"：是可选的属性，将参数传递给节点。
- machine = "机器名"：在指定机器上启动节点。
- respawn = "true | false"：是可选的属性，指定当节点退出时是否自动重启。
- respawn_delay = " N"：是可选的属性，如果 respawn 为 true，那么延迟 N 秒后启动节点。
- required = "true | false"：是可选的属性，指定该节点是否为必需的。如果为 true，那么当该节点退出时，将杀死整个 roslaunch。
- ns = "xxx"：是可选的属性，在指定命名空间 xxx 中启动节点。

- clear_params = "true ｜ false"：是可选的属性，指定在启动前是否删除节点的私有空间的所有参数。
- output = "log ｜ screen"：是可选的属性，指定日志发送目标，可以设置为 log（日志文件）或 screen（屏幕），默认是 log。

2. 子级标签
- env：环境变量设置。
- remap：重映射节点名称。
- rosparam：参数设置。
- param：参数设置。

4.2.3 ＜include＞标签

＜include＞标签用于将另一个 XML 格式的 launch 文件导入当前文件。

1. 属性

下面是＜include＞标签的属性：
- file = "＄(find 包名)/xxx/xxx.launch"：要包含的文件路径。
- ns = "xxx"：是可选的属性，在指定命名空间导入文件。

2. 子级标签
- env 环境变量设置。
- arg 将参数传递给被包含的文件。

4.2.4 ＜remap＞标签

＜remap＞标签用于话题重命名。

1. 属性

下面是＜remap＞标签的属性：
- from = "xxx"：话题原始名称。
- to = "yyy"：话题新名称。

2. 子级标签

＜remap＞标签没有子级标签。

4.2.5 ＜param＞标签

＜param＞标签主要用于在参数服务器上设置参数，参数源可以在标签中通过 value 属性指定，也可以通过外部文件加载。当＜param＞标签在＜node＞标签中时，相当于私有命名空间。

1. 属性

下面是＜param＞标签的属性。
- name = "命名空间/参数名"：参数名可以包含命名空间。
- value = "xxx"：是可选的属性，定义参数值。如果此处省略，必须指定外部文件作为参数源。
- type = "str ｜ int ｜ double ｜ bool ｜ yaml"：是可选的属性，指定参数类型。如果未

指定,roslaunch 会尝试确定参数类型,规则如下:

- ◆ 包含小数点的数字解析为浮点型,否则为整型。
- ◆ "true"和"false"是 bool 值(不区分大小写)。
- ◆ 其他是字符串。

2. 子级标签

＜param＞标签没有子级标签。

4.2.6　＜rosparam＞标签

＜rosparam＞标签可以从 YAML 文件导入参数,或将参数导出到 YAML 文件,也可以用来删除参数。＜rosparam＞标签在＜node＞标签中时被视为私有。

1. 属性

下面是＜rosparam＞标签的属性。

- command ＝ "load｜dump｜delete":是可选的属性,默认为 load,用于加载、导出或删除参数。
- file ＝ "＄(find xxxxx)/xxx/yyy…":加载或导出到的 YAML 文件。
- param ＝ "参数名称"。
- ns ＝ "命名空间":是可选的属性。

2. 子级标签

＜rosparam＞标签没有子级标签。

4.2.7　＜group＞标签

＜group＞标签可以对节点分组,具有 ns 属性,可以让节点归属某个命名空间。

1. 属性

下面是＜group＞标签的属性:

- ns ＝ "命名空间":是可选的属性。
- clear_params ＝ "true｜false":是可选的属性,指定启动前是否删除组名称空间的所有参数(此功能非常危险,应慎用)。

2. 子级标签

除了＜launch＞标签外的其他标签都可以作为＜group＞标签的子级标签。

4.2.8　＜arg＞标签

＜arg＞标签用于动态传参,类似于函数的参数,可以增强 launch 文件的灵活性。

1. 属性

下面是＜arg＞标签的属性:

- name ＝ "参数名称"。
- default ＝ "默认值":是可选的属性。
- value ＝ "数值":是可选的属性,不可以与 default 属性并存。
- doc ＝ "描述":参数说明。

2. 子级标签

<arg>标签没有子级标签。

3. 示例

hello.launch 文件传参语法实现如下：

```
<launch>
    <arg name="xxx" />
    <param name="param" value="$(arg xxx)" />
</launch>
```

在命令行调用 hello.launch 传参：

```
roslaunch hello.launch xxx:=值
```

◇ 4.3 ROS 工作空间覆盖

所谓工作空间覆盖是指不同工作空间中存在重名的功能包的情况。

在 ROS 开发中，会自定义工作空间，且自定义工作空间可以同时存在多个。可能会出现这种情况：虽然特定工作空间内的功能包不能重名，但是，自定义工作空间的功能包与内置的功能包可以重名，不同的自定义工作空间中也可以出现重名的功能包。那么，调用该名称的功能包时，会调用哪一个呢？例如，自定义工作空间 A 存在功能包 turtlesim，自定义工作空间 B 也存在功能包 turtlesim，当然系统内置空间也存在 turtlesim，如果调用 turtlesim，会调用哪个工作空间中的包呢？

1. 实现

新建工作空间 A 与工作空间 B，在两个工作空间中都创建功能包 turtlesim。

在～/.bashrc 文件下追加当前工作空间的 bash 文件，格式如下：

```
source /home/用户/路径/工作空间A/devel/setup.bash
source /home/用户/路径/工作空间B/devel/setup.bash
```

新开命令行，执行

```
source .bashrc
```

加载环境变量。

查看 ROS 环境变量：

```
echo $ROS_PACKAGE_PATH
```

调用命令

```
roscd turtlesim
```

会进入自定义工作空间 B。

2. 原因

ROS 解析.bashrc 文件，并生成 ROS 包路径 ROS_PACKAGE_PATH，在该变量中按

照.bashrc 中的配置对工作空间优先级进行设置。设置时需要遵循一定的原则：ROS_PACKAGE_PATH 中的值的顺序和.bashrc 的配置顺序相反，即后配置的优先级更高。如果更改自定义空间 A 与自定义空间 B 的 source 顺序，那么调用时将进入工作空间 A。

3. 结论

功能包重名时，会按照 ROS_PACKAGE_PATH 查找，排在前面的会优先执行。

4. 隐患

工作空间覆盖存在安全隐患。例如，当前工作空间 B 优先级更高，意味着当程序调用 turtlesim 时，既不会调用工作空间 A 的 turtlesim 也不会调用系统内置的 turtlesim。如果工作空间 A 在实现时有其他功能包依赖于 A 的 turtlesim，而按照 ROS 工作空间覆盖的原则，那么实际执行时将会调用工作空间 B 的 turtlesim，从而导致执行异常，出现安全隐患。

BUG 说明：

当在.bashrc 文件中用 source 指定多个工作空间后，可能出现问题，在 ROS_PACKAGE_PATH 中只包含两个工作空间。可以删除自定义工作空间的 build 与 devel 目录，重新执行 catkin_make 命令，然后重新载入.bashrc 文件，问题即可解决。

4.4　ROS 节点重名

场景：在 ROS 中创建的节点是有名称的。在 C++ 中初始化节点时通过 API：ros::init (argc,argv,"xxxx")；定义节点名称，在 Python 中初始化节点时则通过 rospy.init_node ("yyyy")定义节点名称。在 ROS 的网络拓扑中，是不可以出现重名节点的。这是因为，假设可以重名，那么调用时会产生混淆，这也就意味着不可以启动重名节点或者多次启动同一个节点。的确，在 ROS 中如果启动重名节点，之前已经存在的节点会被直接关闭。然而，如果有这种需求，又应该怎么优化呢？

在 ROS 中给出的解决策略是设置命名空间或名称重映射。

命名空间是为节点名称添加前缀，名称重映射是为节点名称起别名。这两种策略都可以解决节点重名问题，两种策略的实现途径有 3 种：

- rosrun 命令。
- launch 文件。
- 编码实现。

以上 3 种途径都可以通过命名空间或名称重映射的方式避免节点重名。本节将对这三者的使用逐一进行演示，三者要实现的需求类似。

案例：启动两个 turtlesim_node 节点。当然，如果直接打开两个终端，直接启动节点，那么第一次启动的节点会关闭，并给出提示：

```
[ WARN] [1578812836.351049332]: Shutdown request received.
[ WARN] [1578812836.351207362]: Reason given for shutdown: [new node registered
with same name]
```

这是因为两个节点不能重名。

接下来将介绍解决节点重名问题的多种方案。

4.4.1 rosrun 设置命名空间与名称重映射

1. rosrun 设置命名空间

rosrun 的语法如下：

```
rosrun 包名 节点名 __ns:=新名称
```

例如：

```
rosrun turtlesim turtlesim_node __ns:=/xxx
rosrun turtlesim turtlesim_node __ns:=/yyy
```

两个节点都可以正常运行。

执行 rosnode list 查看节点信息，显示结果如下：

```
/xxx/turtlesim
/yyy/turtlesim
```

2. rosrun 名称重映射

为节点起别名的语法如下：

```
rosrun 包名 节点名 __name:=新名称
```

例如：

```
rosrun turtlesim  turtlesim_node __name:=t1 |  rosrun turtlesim   turtlesim_
node /turtlesim:=t1(不适用于 Python)
rosrun turtlesim  turtlesim_node __name:=t2 |  rosrun turtlesim   turtlesim_
node /turtlesim:=t2(不适用于 Python)
```

这样两个节点就都可以运行了。

执行 rosnode list 查看节点信息，显示结果如下：

```
/t1
/t2
```

3. rosrun 命名空间设置与名称重映射的叠加

设置命名空间同时进行名称重映射的语法如下：

```
rosrun 包名 节点名 __ns:=新名称 __name:=新名称
```

例如：

```
rosrun turtlesim turtlesim_node __ns:=/xxx __name:=tn
```

执行 rosnode list 查看节点信息，显示结果如下：

```
/xxx/tn
```

使用环境变量也可以设置命名空间。启动节点前在终端输入如下命令：

```
export ROS_NAMESPACE=xxxx
```

4.4.2　launch 文件设置命名空间与名称重映射

介绍 launch 文件的使用语法时,在<node>标签中有两个属性:name 和 ns,二者分别用于实现名称重映射与命名空间设置。使用 launch 文件设置命名空间与名称重映射也比较简单。

launch 文件如下:

```
<launch>
    <node pkg="turtlesim" type="turtlesim_node" name="t1" />
    <node pkg="turtlesim" type="turtlesim_node" name="t2" />
    <node pkg="turtlesim" type="turtlesim_node" name="t1" ns="hello"/>
</launch>
```

在 node 标签中,name 属性是必需的,ns 是可选的。

执行 rosnode list 查看节点信息,显示结果如下:

```
/t1
/t2
/t1/hello
```

4.4.3　编码设置命名空间与名称重映射

如果自定义节点实现,那么可以更灵活地设置命名空间与名称重映射。

1. C++ 实现名称重映射

别名设置的核心代码如下:

```
ros::init(argc,argv,"zhangsan",ros::init_options::AnonymousName);
```

执行后,会在名称后面添加时间戳。

2. C++ 实现命名空间设置

命名空间设置核心代码如下:

```
std::map<std::string, std::string> map;
map["__ns"] = "xxxx";
ros::init(map,"wangqiang");
```

执行后,为节点名称设置了命名空间。

3. Python 实现名称重映射

节点别名设置的核心代码如下:

```
rospy.init_node("lisi",anonymous=True)
```

执行后,会为节点设置名。

◈ 4.5　ROS 话题名称设置

在 ROS 中节点名称可能出现重名的情况;同样,话题名称也可能重名。

在 ROS 中,不同的节点之间通信都依赖于话题,话题名称也可能出现重复的情况。在这种情况下,系统虽然不会抛出异常,但是可能导致订阅的消息不是预期的,从而使节点运行异常。对于这种情况,需要将两个节点的话题名称由相同修改为不同。还有一种情况,两个节点是可以通信的,使用了相同的消息类型,但是由于话题名称不同,导致通信失败。对于这种情况,需要将两个节点的话题名称由不同修改为相同。

在实际应用中,按照逻辑,有时可能需要将相同的话题名称设置为不同,也有可能将不同的话题名称设置为相同。在 ROS 中给出的解决策略与节点重名类似,也是使用名称重映射或为名称添加前缀。根据前缀不同,话题名称有全局、相对和私有 3 种类型之分。

- 全局(参数名称直接参考 ROS 系统,与节点命名空间平级)。
- 相对(参数名称参考节点的命名空间,与节点名称平级)。
- 私有(参数名称参考节点名称,是节点名称的子级)。

名称重映射是为名称起别名。为话题名称添加前缀比节点重名的相应处理更复杂,不仅可以使用命名空间作为前缀,还可以使用节点名称作为前缀。这两种策略的实现途径有多种:

- rosrun 命令。
- launch 文件。
- 编码实现。

本节将对三者的使用逐一演示。三者要实现的需求类似。

案例:在 ROS 中提供了一个比较好用的键盘控制功能包:ros-noetic-teleop-twist-keyboard。该功能包可以控制机器人的运动,作用类似于乌龟的键盘控制节点。可以使用 sudo apt install ros-noetic-teleop-twist-keyboard 安装该功能包,然后执行

```
rosrun teleop_twist_keyboard teleop_twist_keyboard.py
```

再启动乌龟显示节点,不过此时前者不能控制乌龟运动,因为二者使用的话题名称不同,前者使用的是 cmd_vel 话题,后者使用的是/turtle1/cmd_vel 话题。需要将话题名称修改为一致,如何实现?

4.5.1　rosrun 设置话题重映射

rosrun 话题重映射的语法如下:

```
rosrun 包名 节点名 话题名:=新话题名称
```

实现 teleop_twist_keyboard 与乌龟显示节点通信的方案有两种。
方案 1:将 teleop_twist_keyboard 节点的话题设置为/turtle1/cmd_vel。
启动键盘控制节点:

```
rosrun teleop_twist_keyboard teleop_twist_keyboard.py /cmd_vel:=/turtle1/cmd_vel
```

启动乌龟显示节点:

```
rosrun turtlesim turtlesim_node
```

二者可以实现正常通信。
方案 2:将乌龟显示节点的话题设置为/cmd_vel。

启动键盘控制节点：

```
rosrun teleop_twist_keyboard teleop_twist_keyboard.py
```

启动显示节点：

```
rosrun turtlesim turtlesim_node /turtle1/cmd_vel:=/cmd_vel
```

二者可以实现正常通信。

4.5.2　launch 文件设置话题重映射

launch 文件设置话题重映射的语法如下：

```
<node pkg="xxx" type="xxx" name="xxx">
    <remap from="原话题" to="新话题" />
</node>
```

实现 teleop_twist_keyboard 与乌龟显示节点通信的方案有两种。
方案 1：将 teleop_twist_keyboard 节点的话题设置为/turtle1/cmd_vel。

```
<launch>
    <node pkg="turtlesim" type="turtlesim_node" name="t1" />
    <node pkg="teleop_twist_keyboard" type="teleop_twist_keyboard.py" name=
"key">
        <remap from="/cmd_vel" to="/turtle1/cmd_vel" />
    </node>
</launch>
```

二者可以实现正常通信。
方案 2：将乌龟显示节点的话题设置为/cmd_vel。

```
<launch>
    <node pkg="turtlesim" type="turtlesim_node" name="t1">
        <remap from="/turtle1/cmd_vel" to="/cmd_vel" />
    </node>
    <node pkg="teleop_twist_keyboard" type="teleop_twist_keyboard.py" name=
"key" />
</launch>
```

二者可以实现正常通信。

4.5.3　编码设置话题名称

话题名称与节点的命名空间和节点名称是有一定关系的。
下面结合编码演示具体关系。
1. C++ 实现
演示准备：
（1）初始化节点，设置一个节点名称：

```
ros::init(argc,argv,"hello")
```

（2）设置不同类型的话题。

（3）启动节点时，传递一个 __ns：＝ xxx。

（4）节点启动后，使用 rostopic 查看话题信息。

1）全局名称

格式：以/开头的名称，与节点名称无关，例如/xxx/yyy/zzz。

示例 1：

```
ros::Publisher pub = nh.advertise<std_msgs::String>("/chatter",1000);
```

结果 1：

```
/chatter
```

示例 2：

```
ros::Publisher pub = nh.advertise<std_msgs::String>("/chatter/money",1000);
```

结果 2：

```
/chatter/money
```

2）相对名称

格式：不是以/开头的名称，参考命名空间（与节点名称平级）以确定话题名称。

示例 1：

```
ros::Publisher pub = nh.advertise<std_msgs::String>("chatter",1000);
```

结果 1：

```
xxx/chatter
```

示例 2：

```
ros::Publisher pub = nh.advertise<std_msgs::String>("chatter/money",1000);
```

结果 2：

```
xxx/chatter/money
```

3）私有名称

格式：以～开头的名称。

示例 1：

```
ros::NodeHandle nh("~");
ros::Publisher pub = nh.advertise<std_msgs::String>("chatter",1000);
```

结果 1：

```
/xxx/hello/chatter
```

示例 2：

```
ros::NodeHandle nh("~");
ros::Publisher pub = nh.advertise<std_msgs::String>("chatter/money",1000);
```

结果 2：

```
/xxx/hello/chatter/money
```

提示：当使用～,而话题名称又是以/开头时,话题名称是绝对的。
示例 3：

```
ros::NodeHandle nh("~");
ros::Publisher pub = nh.advertise<std_msgs::String>("/chatter/money",1000);
```

结果 3：

```
/chatter/money
```

2. Python 实现
演示准备：
（1）初始化节点并设置一个节点名称：

```
rospy.init_node("hello")
```

（2）设置不同类型的话题。
（3）启动节点时,传递 __ns：＝ xxx。
（4）节点启动后,使用 rostopic 查看话题信息。
1）全局名称
格式：以/开头的名称,和节点名称无关。
示例 1：

```
pub = rospy.Publisher("/chatter",String,queue_size=1000)
```

结果 1：

```
/chatter
```

示例 2：

```
pub = rospy.Publisher("/chatter/money",String,queue_size=1000)
```

结果 2：

```
/chatter/money
```

2）相对名称
格式：不是以/开头的名称,参考命名空间（与节点名称平级）以确定话题名称。
示例 1：

```
pub = rospy.Publisher("chatter",String,queue_size=1000)
```

结果 1：

```
xxx/chatter
```

示例 2：

```
pub = rospy.Publisher("chatter/money",String,queue_size=1000)
```

结果 2：

```
xxx/chatter/money
```

3）私有名称

格式：以～开头的名称。

示例 1：

```
pub = rospy.Publisher("~chatter",String,queue_size=1000)
```

结果 1：

```
/xxx/hello/chatter
```

示例 2：

```
pub = rospy.Publisher("~chatter/money",String,queue_size=1000)
```

结果 2：

```
/xxx/hello/chatter/money
```

◆ 4.6 ROS 参数名称设置

在 ROS 中，参数名称也可能重名。

当参数名称重名时，就会产生覆盖。如何避免这种情况？

关于参数重名的处理，没有重映射的实现。为了尽量避免参数重名，都是使用为参数名添加前缀的方式，其实现类似于话题名称，有全局、相对和私有 3 种类型之分。

- 全局（参数名称直接参考 ROS 系统，与节点命名空间平级）。
- 相对（参数名称参考节点的命名空间，与节点名称平级）。
- 私有（参数名称参考节点名称，是节点名称的子级）。

设置参数的方式也有 3 种：

- rosrun 命令。
- launch 文件。
- 编码实现。

这 3 种设置方式前面都已经有所涉及，但是还没有涉及命名问题，本节将对三者命名的设置逐一演示。

案例：启动节点时，为参数服务器添加参数（需要注意参数名称设置）。

4.6.1 rosrun 设置参数

rosrun 在启动节点时，也可以设置参数，语法如下：

```
rosrun 包名 节点名称 _参数名:=参数值
```

1. 设置参数

启动乌龟显示节点,并设置参数 A = 100:

```
rosrun turtlesim turtlesim_node _A:=100
```

2. 运行

执行 rosparam list 查看节点信息,显示结果如下:

```
/turtlesim/A
/turtlesim/background_b
/turtlesim/background_g
/turtlesim/background_r
```

结果显示,参数 A 以节点名称为前缀,也就是说 rosrun 执行设置参数时参数名使用的是私有模式。

4.6.2　launch 文件设置参数

通过 launch 文件设置参数的方式前面已经介绍过了,可以在＜node＞标签外或＜node＞标签中通过＜param＞或＜rosparam＞设置参数。在＜node＞标签外设置的参数是全局性质的,参考的是/;在＜node＞标签中设置的参数是私有性质的,参考的是"/命名空间/节点名称"。

1. 设置参数

以＜param＞标签设置参数为例:

```
<launch>
    <param name="p1" value="100" />
    <node pkg="turtlesim" type="turtlesim_node" name="t1">
        <param name="p2" value="100" />
    </node>
</launch>
```

2. 运行

执行 rosparam list 查看节点信息,显示结果如下:

```
/p1
/t1/p1
```

结果与预期一致。

4.6.3　编码设置参数

利用编码的方式可以更方便地设置全局参数、相对参数与私有参数。

1. C++ 实现

在 C++ 中,可以使用 ros::param 或者 ros::NodeHandle 设置参数。

(1) ros::param 设置参数。

设置参数调用的 API 是 ros::param::set。在该函数中,参数 1 传入参数名称,参数 2

传入参数值。参数 1 中的参数名称如果以/开头,那么就是全局参数;如果以～开头,那么就是私有参数;如果既不以/开头也不以～开头,那么就是相对参数。代码示例如下:

```
ros::param::set("/set_A",100);          //全局参数,和命名空间以及节点名称无关
ros::param::set("set_B",100);           //相对参数,参考命名空间
ros::param::set("~set_C",100);          //私有参数,参考命名空间与节点名称
```

运行时,假设设置的命名空间为 xxx,节点名称为 yyy,使用 rosparam list 查看参数,结果如下:

```
/set_A
/xxx/set_B
/xxx/yyy/set_C
```

(2) ros::NodeHandle 设置参数。

设置参数时,首先需要创建 NodeHandle 对象,然后调用该对象的 setParam 函数。该函数的参数 1 为参数名称,参数 2 为要设置的参数值。如果参数名称以/开头,那么就是全局参数。如果参数名称不以/开头,那么该参数是相对参数还是私有参数与 NodeHandle 对象有关:如果 NodeHandle 对象创建时调用的是默认的无参构造,那么该参数是相对参数;如果 NodeHandle 对象创建时使用 ros::NodeHandle nh("～"),那么该参数就是私有参数。代码示例如下:

```
ros::NodeHandle nh;
nh.setParam("/nh_A",100);               //全局参数,和命名空间以及节点名称无关
nh.setParam("nh_B",100);                //相对参数,参考命名空间
ros::NodeHandle nh_private("~");
nh_private.setParam("nh_C",100);        //私有参数,参考命名空间与节点名称
```

运行时,假设设置的命名空间为 xxx,节点名称为 yyy,使用 rosparam list 查看参数,结果如下:

```
/nh_A
/xxx/nh_B
/xxx/yyy/nh_C
```

2. Python 实现

Python 中关于参数设置的语法实现比 C++ 简洁一些,调用的 API 是 rospy.set_param。在该函数中,参数 1 传入参数名称,参数 2 传入参数值。参数 1 中的参数名称如果以/开头,那么就是全局参数;如果以～开头,那么就是私有参数;如果既不以/开头也不以～开头,那么就是相对参数。代码示例如下:

```
rospy.set_param("/py_A",100)            #全局参数,和命名空间以及节点名称无关
rospy.set_param("py_B",100)             #相对参数,参考命名空间
rospy.set_param("~py_C",100)            #私有参数,参考命名空间与节点名称
```

运行时,假设设置的命名空间为 xxx,节点名称为 yyy,使用 rosparam list 查看参数,结果如下:

```
/py_A
```

```
/xxx/py_B
/xxx/yyy/py_C
```

◇ 4.7　ROS 分布式通信

ROS 是一个分布式计算环境。一个运行中的 ROS 系统可以包含分布在多台计算机上的多个节点。根据系统的配置方式,任何节点都可能随时需要与其他节点进行通信。

因此,ROS 对网络配置有以下要求:
- 所有端口上的所有计算机之间必须有完整的双向连接。
- 每台计算机必须通过所有其他计算机都可以解析的名称公告自己。

1. 准备

先要保证不同计算机处于同一网络中,最好分别设置固定 IP 地址。如果为虚拟机,需要将网络适配器改为桥接模式。

2. 配置文件修改

分别修改两台计算机的/etc/hosts 文件,在该文件中加入对方的 IP 地址和计算机名称。

（1）主机端:

```
从机的 IP 地址    从机计算机名称
```

（2）从机端:

```
主机的 IP 地址    主机计算机名称
```

设置完毕,可以通过 ping 命令测试网络通信是否正常。

查看 IP 地址的命令是 ifconfig。

查看计算机名称的命令是 hostname。

3. 配置主机 IP 地址

在～/.bashrc 中追加以下两行:

```
export ROS_MASTER_URI=http://主机 IP 地址:11311
export ROS_HOSTNAME=主机 IP 地址
```

4. 配置从机 IP 地址

从机可以有多台,每台都要在～/.bashrc 中追加以下两行:

```
export ROS_MASTER_URI=http://主机 IP 地址:11311
export ROS_HOSTNAME=从机 IP 地址
```

5. 测试

测试步骤如下:

（1）主机启动 roscore(必须)。

（2）主机启动订阅节点,从机启动发布节点,测试通信是否正常。

（3）反向测试,主机启动发布节点,从机启动订阅节点,测试通信是否正常。

◆ 4.8 本章小结

本章主要介绍了 ROS 的运行管理机制，内容如下：
- 如何通过元功能包关联工作空间下的不同功能包。
- 使用 launch 文件管理维护 ROS 中的节点。
- 在 ROS 中重名是经常出现的，重名时会导致什么情况以及怎么避免重名。
- 如何实现 ROS 分布式通信。

本章的重点是与重名相关的内容：
- 包名重复会导致覆盖。
- 节点名称重复会导致先启动的节点关闭。
- 话题名称重复，无语法异常，但是可能导致通信出现逻辑问题。
- 参数名称重复会导致参数设置的覆盖。

解决重名问题的实现方案有两种：
- 重映射（重命名）。
- 为名称添加前缀。

本章介绍的内容偏向语法层面的实现，第 5 章将介绍 ROS 中内置的常用组件。

第 5 章

ROS 常用组件

在 ROS 中内置一些比较实用的工具,通过这些工具可以方便快捷地实现某个功能或调试程序,从而提高开发效率。本章主要介绍 ROS 中内置的如下组件:

- TF 坐标变换,实现不同类型的坐标系之间的转换。
- rosbag 用于录制 ROS 节点的执行过程并可以重放该过程。
- rqt 工具箱,集成了多款图形化的调试工具。

本章预期达成的学习目标如下:

- 了解 TF 坐标变换的概念以及应用场景。
- 能够独立完成 TF 案例:小乌龟跟随。
- 可以使用 rosbag 命令或编码的形式实现录制与回放。
- 能够熟练使用 rqt 中的图形化工具。

案例演示:

小乌龟跟随是 ROS 的内置案例。在终端上输入启动命令:

```
roslaunch turtle_tf2 turtle_tf2_demo_cpp.launch
```

或

```
roslaunch turtle_tf2 turtle_tf2_demo.launch
```

利用键盘可以控制一只乌龟运动,另一只乌龟跟随运动,如图 5-1 所示。

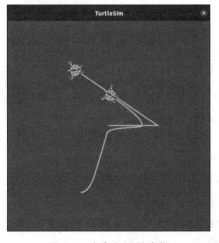

图 5-1 小乌龟跟随案例

◆ 5.1 TF 坐标变换

在机器人系统中有多个传感器，如激光雷达、摄像头等。有的传感器是可以感知机器人周边的物体方位（或者称之为坐标，即横向、纵向和高度的距离信息）的，以协助机器人定位障碍物。可以直接将物体相对于该传感器的方位信息等价于物体相对于机器人系统或机器人其他组件的方位信息吗？显然是不行的，这中间需要一个转换过程。更具体的描述如下。

场景 1：雷达与小车

现有一个移动式机器人底盘，在底盘上安装了一个雷达，雷达相对于底盘的偏移量已知。现雷达检测到一个障碍物的信息，获取的坐标为 (x, y, z)，该坐标是以雷达为参考系的，如何将这个坐标转换成以小车为参考系的坐标呢？雷达与小车的坐标关系及坐标变换分别如图 5-2 和图 5-3 所示。

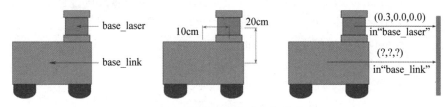

图 5-2　雷达与小车的坐标关系

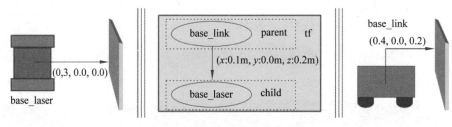

图 5-3　雷达与小车的坐标变换

场景 2：PR2

现有一个带机械臂的机器人 PR2（图 5-4）需要夹取目标物。当前机器人头部的摄像头可以探测到目标物的坐标 (x, y, z)，不过该坐标是以摄像头为参考系的，而实际操作目标物的是机械臂夹具。当前需要将该坐标转换成相对于机械臂夹具的坐标，这个过程如何实现？

当然，根据高中数学知识，在明确了不同坐标系之间的相对关系，就可以实现任何坐标点在不同坐标系之间的转换，但是该计算的实现是较为常用的，且算法也有点复杂，因此在 ROS 中直接封装了相关的模块——tf（坐标变换）。

图 5-4　PR2 机器人

概念：

在 ROS 中是通过坐标系标定物体的，确切地说是通过右手坐标系标定的，如图 5-5 所示。

tf 的作用是在 ROS 中实现不同坐标系之间的点或向量的转换。

案例：

小乌龟跟随案例。

说明：

在 ROS 中，坐标变换最初对应的是 tf。不过从 hydro 版本开始，tf 被弃用，迁移到 tf2，后者更为简洁高效。tf2 的常用功能包如下：

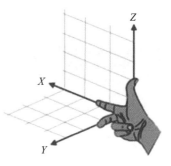

图 5-5　右手坐标系

- **tf2_geometry_msgs**：可以将 ROS 消息转换成 tf2 消息。
- **tf2**：封装了坐标变换的常用消息。
- **tf2_ros**：为 tf2 提供了 roscpp 和 rospy 绑定，封装了坐标变换常用的 API。

5.1.1　坐标 msg 消息

订阅发布模型中数据载体 msg 是一个重要实现。首先需要了解一下在坐标变换的实现中常用的 msg：geometry_msgs/TransformStamped 和 geometry_msgs/PointStamped，前者用于传输坐标系相关位置信息，后者用于传输某个坐标系内坐标点的信息。在坐标变换中，需要频繁地用到坐标系的相对关系以及坐标点信息。

1. geometry_msgs/TransformStamped

在命令行输入

```
rosmsg info geometry_msgs/TransformStamped
```

输出如下：

```
std_msgs/Header header                      #头信息
  uint32 seq                                #序列号
  time stamp                                #时间戳
  string frame_id                           #坐标系 ID
string child_frame_id                       #子坐标系 ID
geometry_msgs/Transform transform           #坐标信息
  geometry_msgs/Vector3 translation         #偏移量
    float64 x                               #X 方向的偏移量
    float64 y                               #Y 方向的偏移量
    float64 z                               #Z 方向的偏移量
  geometry_msgs/Quaternion rotation         #四元数
    float64 x
    float64 y
    float64 z
    float64 w
```

四元数用于表示坐标的相对姿态。

2. geometry_msgs/PointStamped

在命令行输入

```
rosmsg info geometry_msgs/PointStamped
```

输出如下：

```
std_msgs/Header header                      #头
  uint32 seq                                #序号
  time stamp                                #时间戳
  string frame_id                           #所属坐标系的 ID
geometry_msgs/Point point                   #点坐标
  float64 x
  float64 y
  float64 z
```

5.1.2　静态坐标变换

静态坐标变换中的两个坐标系之间的相对位置是固定的。

需求描述

现有一个机器人模型，其核心构成包含主体与雷达，各对应一个坐标系，坐标系的原点分别位于主体与雷达的物理中心。已知雷达原点相对于主体原点的位移关系如下：X 方向为 0.2，Y 方向为 0.0，Z 方向为 0.5。当前，雷达检测到一个障碍物，在雷达坐标系中障碍物的坐标为 (2.0,3.0,5.0)。求出该障碍物相对于主体的坐标。

结果演示

结果如图 5-6 所示。

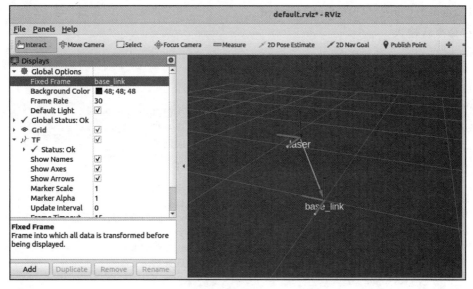

图 5-6　主体与雷达的坐标系关系

实现分析

坐标系相对关系可以通过发布方发布。

订阅方订阅到发布的坐标系相对关系，再传入坐标点信息（可以写死），然后借助于 tf 实现坐标变换，并将结果输出。

实现流程

C++ 与 Python 的实现流程一致：

（1）新建功能包，添加依赖。

（2）编写发布方实现。

（3）编写订阅方实现。

（4）执行并查看结果。

方案 A(C++ 实现)：

1. 创建功能包

创建项目功能包依赖于 tf2、tf2_ros、tf2_geometry_msgs、roscpp rospy std_msgs geometry_msgs。

2. 发布方

静态坐标变换发布方发布关于 laser 坐标系的位置信息。

实现流程如下：

（1）包含头文件。

（2）初始化 ROS 节点。

（3）创建静态坐标转换广播器。

（4）创建坐标系信息。

（5）广播器发布坐标系信息。

（6）回旋。

```cpp
//1.包含头文件
#include "ros/ros.h"
#include "tf2_ros/static_transform_broadcaster.h"
#include "geometry_msgs/TransformStamped.h"
#include "tf2/LinearMath/Quaternion.h"
int main(int argc, char * argv[])
{
    setlocale(LC_ALL,"");
    //2.初始化 ROS 节点
    ros::init(argc,argv,"static_brocast");
    //3.创建静态坐标转换广播器
    tf2_ros::StaticTransformBroadcaster broadcaster;
    //4.创建坐标系信息
    geometry_msgs::TransformStamped ts;
    //设置头信息
    ts.header.seq = 100;
    ts.header.stamp = ros::Time::now();
    ts.header.frame_id = "base_link";
    //设置子级坐标系
    ts.child_frame_id = "laser";
    //设置子级相对于父级的偏移量
    ts.transform.translation.x = 0.2;
    ts.transform.translation.y = 0.0;
    ts.transform.translation.z = 0.5;
    //设置四元数:将欧拉角数据转换成四元数
    tf2::Quaternion qtn;
    qtn.setRPY(0,0,0);
```

```
        ts.transform.rotation.x = qtn.getX();
        ts.transform.rotation.y = qtn.getY();
        ts.transform.rotation.z = qtn.getZ();
        ts.transform.rotation.w = qtn.getW();
        //5.广播器发布坐标系信息
        broadcaster.sendTransform(ts);
        //6.回旋
        ros::spin();
        return 0;
    }
```

配置文件此处略。

3. 订阅方

订阅坐标系信息,生成一个相对于子级坐标系的坐标点数据,转换成父级坐标系中的坐标点。

实现流程

(1) 包含头文件。

(2) 初始化 ROS 节点。

(3) 创建 TF 订阅节点。

(4) 生成一个坐标点(相对于子级坐标系)。

(5) 转换坐标点(相对于父级坐标系)。

(6) 回旋。

订阅方实现代码如下:

```
//1.包含头文件
#include "ros/ros.h"
#include "tf2_ros/transform_listener.h"
#include "tf2_ros/buffer.h"
#include "geometry_msgs/PointStamped.h"
#include "tf2_geometry_msgs/tf2_geometry_msgs.h"
//注意:调用 transform 必须包含该头文件
int main(int argc, char * argv[])
{
    setlocale(LC_ALL,"");
    //2.初始化 ROS 节点
    ros::init(argc,argv,"tf_sub");
    ros::NodeHandle nh;
    //3.创建 TF 订阅节点
    tf2_ros::Buffer buffer;
    tf2_ros::TransformListener listener(buffer);
    ros::Rate r(1);
    while (ros::ok())
    {
        //4.生成一个坐标点(相对于子级坐标系)
        geometry_msgs::PointStamped point_laser;
        point_laser.header.frame_id = "laser";
        point_laser.header.stamp = ros::Time::now();
        point_laser.point.x = 1;
        point_laser.point.y = 2;
```

```
        point_laser.point.z = 7.3;
        //5.转换坐标点(相对于父级坐标系)
        //新建一个坐标点,用于接收转换结果
        //----使用 try 语句或休眠,否则可能由于缓存接收延迟而导致坐标转换失败----
        try
        {
            geometry_msgs::PointStamped point_base;
            point_base = buffer.transform(point_laser,"base_link");
            ROS_INFO("转换后的数据:(%.2f,%.2f,%.2f),参考的坐标系是:",point_base.
                point.x, point_base.point.y, point_base.point.z, point_base.
                header.frame_id.c_str());
        }
        catch(const std::exception& e)
        {
            //std::cerr << e.what() << '\n';
            ROS_INFO("程序异常.....");
        }
        r.sleep();
        ros::spinOnce();
    }
    return 0;
}
```

配置文件此处略。

4. 执行

可以使用命令行或 launch 文件的方式分别启动发布节点与订阅节点。如果程序无异常,控制台将输出坐标转换后的结果。

方案 B(Python 实现):

1. 创建功能包

创建项目功能包依赖于 tf2、tf2_ros、tf2_geometry_msgs、roscpp rospy std_msgs geometry_msgs。

2. 发布方

静态坐标变换发布方发布关于 laser 坐标系的位置信息。

实现流程

(1) 导入功能包。

(2) 初始化 ROS 节点。

(3) 创建静态坐标广播器。

(4) 创建并组织被广播的消息。

(5) 广播器发送消息。

(6) 回旋。

发布方实现代码如下:

```
#! /usr/bin/env python
# 1.导入功能包
import rospy
import tf2_ros
import tf
```

```
from geometry_msgs.msg import TransformStamped
if __name__ == "__main__":
    # 2.初始化 ROS 节点
    rospy.init_node("static_tf_pub_p")
    # 3.创建静态坐标广播器
    broadcaster = tf2_ros.StaticTransformBroadcaster()
    # 4.创建并组织被广播的消息
    tfs = TransformStamped()
    # 头信息
    tfs.header.frame_id = "world"
    tfs.header.stamp = rospy.Time.now()
    tfs.header.seq = 101
    # 子坐标系
    tfs.child_frame_id = "radar"
    # 坐标系相对信息
    # 偏移量
    tfs.transform.translation.x = 0.2
    tfs.transform.translation.y = 0.0
    tfs.transform.translation.z = 0.5
    # 四元数
    qtn = tf.transformations.quaternion_from_euler(0,0,0)
    tfs.transform.rotation.x = qtn[0]
    tfs.transform.rotation.y = qtn[1]
    tfs.transform.rotation.z = qtn[2]
    tfs.transform.rotation.w = qtn[3]
    # 5.广播器发送消息
    broadcaster.sendTransform(tfs)
    # 6.回旋
    rospy.spin()
```

权限设置以及配置文件此处略。

3. 订阅方

订阅坐标系信息,生成一个相对于子级坐标系的坐标点数据,转换成父级坐标系中的坐标点。

实现流程

(1) 导入功能包。

(2) 初始化 ROS 节点。

(3) 创建 TF 订阅对象。

(4) 创建 radar 坐标系中的一个点。

(5) 调用订阅对象的 API,将(4)中的点的坐标转换成 world 坐标系的坐标。

(6) 回旋。

订阅方实现代码如下:

```
#! /usr/bin/env python
# 1.导入功能包
import rospy
import tf2_ros
# 不要使用 geometry_msgs,需要使用 tf2 内置的消息类型
from tf2_geometry_msgs import PointStamped
```

```
# from geometry_msgs.msg import PointStamped
if __name__ == "__main__":
    # 2.初始化 ROS 节点
    rospy.init_node("static_sub_tf_p")
    # 3.创建 TF 订阅对象
    buffer = tf2_ros.Buffer()
    listener = tf2_ros.TransformListener(buffer)
    rate = rospy.Rate(1)
    while not rospy.is_shutdown():
    # 4.创建 radar 坐标系中的一个点
        point_source = PointStamped()
        point_source.header.frame_id = "radar"
        point_source.header.stamp = rospy.Time.now()
        point_source.point.x = 10
        point_source.point.y = 2
        point_source.point.z = 3
        try:
    #5.调用订阅对象的 API,将(4)中的点的坐标转换成 world 坐标系的坐标
            point_target = buffer.transform(point_source,"world")
            rospy.loginfo("转换结果:x = %.2f, y = %.2f, z = %.2f",
                            point_target.point.x,
                            point_target.point.y,
                            point_target.point.z)
        except Exception as e:
            rospy.logerr("异常:%s",e)
    #6.回旋
    rate.sleep()
```

权限设置以及配置文件此处略。

提示：在 tf2 的 Python 实现中,tf2 已经封装了一些消息类型,不可以使用 geometry_msgs.msg 中的类型。

4. 执行

可以使用命令行或 launch 文件的方式分别启动发布节点与订阅节点。如果程序无异常,控制台将输出坐标转换后的结果。

补充 1

当坐标系之间的相对位置固定时,所需参数也是固定的,包括父系坐标名称、子级坐标系名称、X 偏移量、Y 偏移量、Z 偏移量、X 翻滚角度、Y 俯仰角度、Z 偏航角度。而当实现逻辑相同但参数不同时,可以使用 ROS 系统已经封装好的专门节点,使用方式如下：

rosrun tf2_ros static_transform_publisher X 偏移量 Y 偏移量 Z 偏移量 Z 偏航角度 Y 俯仰角度 X 翻滚角度 父级坐标系 子级坐标系

示例：

```
rosrun tf2_ros static_transform_publisher 0.2 0 0.5 0 0 0 /baselink /laser
```

也建议使用该种方式直接实现静态坐标系相对信息发布。

补充 2

可以借助于 RViz 显示坐标系之间的关系,具体操作如下：

(1) 新建窗口,输入命令 rviz。

（2）在启动的 RViz 中设置 Fixed Frame 为 base_link。

（3）单击左下角的 add 按钮,在弹出的窗口中选择 TF 组件,即可显示坐标关系。

5.1.3 动态坐标变换

动态坐标变换中的两个坐标系之间的相对位置是变化的。

需求描述

启动 turtlesim_node 节点,该节点中的窗体有一个世界坐标系(左下角为坐标系原点),乌龟是另一个坐标系,键盘控制乌龟运动,动态发布两个坐标系的相对位置。

结果演示

结果如图 5-7 所示。

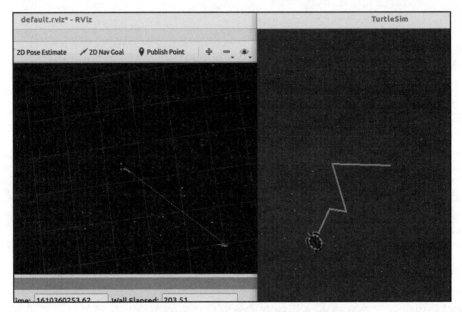

图 5-7　世界坐标系和乌龟坐标系的动态坐标变换

实现分析

（1）乌龟本身不但可以看作坐标系,也是世界坐标系中的一个坐标点。

（2）订阅 turtle1/pose,可以获取乌龟在世界坐标系中的 X 坐标、Y 坐标、偏移量、线速度和角速度。

（3）将 pose 信息转换成坐标系相对信息并发布。

实现流程

C++ 与 Python 的实现流程一致:

（1）新建功能包,添加依赖。

（2）创建坐标相对关系发布方(同时需要订阅乌龟位姿信息)。

（3）创建坐标相对关系订阅方。

（4）执行。

方案 A(C++ 实现):

1. 创建功能包

创建项目功能包依赖于 tf2、tf2＿ros、tf2＿geometry＿msgs、roscpp rospy std＿msgs geometry_msgs、turtlesim。

2. 发布方

动态的坐标系相对姿态发布(一个坐标系相对于另一个坐标系的相对姿态是不断变动的)需求：启动 turtlesim_node,该节点中的窗体有一个世界坐标系(左下角为坐标系原点),乌龟是另一个坐标系,用键盘控制乌龟运动,动态发布两个坐标系的相对位置。

实现分析

(1) 乌龟本身不但可以看作坐标系,也是世界坐标系中的一个坐标点。

(2) 订阅 turtle1/pose,可以获取乌龟在世界坐标系中的 X 坐标、Y 坐标、偏移量、线速度和角速度。

(3) 将 pose 信息转换成坐标系相对信息并发布。

实现流程

(1) 包含头文件。

(2) 初始化 ROS 节点。

(3) 创建 ROS 句柄。

(4) 创建订阅对象。

(5) 回调函数处理订阅到的数据(实现 TF 广播):

① 创建 TF 广播器。

② 创建广播的数据(通过 pose 设置)。

③ 广播器发布数据。

(6) 回旋。

发布方实现代码如下：

```
//1.包含头文件
#include "ros/ros.h"
#include "turtlesim/Pose.h"
#include "tf2_ros/transform_broadcaster.h"
#include "geometry_msgs/TransformStamped.h"
#include "tf2/LinearMath/Quaternion.h"
//5.回调函数处理订阅到的数据(实现 TF 广播)
void doPose(const turtlesim::Pose::ConstPtr& pose){
    //创建 TF 广播器
    static tf2_ros::TransformBroadcaster broadcaster;
    //创建广播的数据(通过 pose 设置)
    geometry_msgs::TransformStamped tfs;
    //  |----头设置
    tfs.header.frame_id = "world";
    tfs.header.stamp = ros::Time::now();
    //  |----坐标系 ID
    tfs.child_frame_id = "turtle1";
    //  |----坐标系相对信息设置
    tfs.transform.translation.x = pose->x;
    tfs.transform.translation.y = pose->y;
    tfs.transform.translation.z = 0.0; //二维实现,pose 中没有 z,z 是 0
```

```
    //  |--------- 四元数设置
    tf2::Quaternion qtn;
    qtn.setRPY(0,0,pose->theta);
    tfs.transform.rotation.x = qtn.getX();
    tfs.transform.rotation.y = qtn.getY();
    tfs.transform.rotation.z = qtn.getZ();
    tfs.transform.rotation.w = qtn.getW();
    //  广播器发布数据
    broadcaster.sendTransform(tfs);
}
int main(int argc, char * argv[])
{
    setlocale(LC_ALL,"");
    //2.初始化 ROS 节点
    ros::init(argc,argv,"dynamic_tf_pub");
    //3.创建 ROS 句柄
    ros::NodeHandle nh;
    //4.创建订阅对象
    ros::Subscriber sub = nh.subscribe<turtlesim::Pose>("/turtle1/pose",1000,
doPose);
    //6.回旋
    ros::spin();
    return 0;
}
```

配置文件此处略。

3. 订阅方

订阅方实现代码如下:

```
//1.包含头文件
#include "ros/ros.h"
#include "tf2_ros/transform_listener.h"
#include "tf2_ros/buffer.h"
#include "geometry_msgs/PointStamped.h"
#include "tf2_geometry_msgs/tf2_geometry_msgs.h"
//注意:调用 transform 必须包含该头文件
int main(int argc, char * argv[])
{
    setlocale(LC_ALL,"");
    //2.初始化 ROS 节点
    ros::init(argc,argv,"dynamic_tf_sub");
    ros::NodeHandle nh;
    //3.创建 TF 订阅节点
    tf2_ros::Buffer buffer;
    tf2_ros::TransformListener listener(buffer);
    ros::Rate r(1);
    while (ros::ok())
    {
        //4.生成一个坐标点(相对于子级坐标系)
        geometry_msgs::PointStamped point_laser;
        point_laser.header.frame_id = "turtle1";
        point_laser.header.stamp = ros::Time();
```

```
        point_laser.point.x = 1;
        point_laser.point.y = 1;
        point_laser.point.z = 0;
        //5.转换坐标点(相对于父级坐标系)
        //新建一个坐标点,用于接收转换结果
        //使用 try 语句或休眠,否则可能由于缓存接收延迟而导致坐标转换失败
        try
        {
            geometry_msgs::PointStamped point_base;
            point_base = buffer.transform(point_laser,"world");
            ROS_INFO("坐标点相对于 world 的坐标为:(%.2f,%.2f,%.2f)",point_base.
                point.x,point_base.point.y,point_base.point.z);
        }
        catch(const std::exception& e)
        {
            //std::cerr << e.what() << '\n';
            ROS_INFO("程序异常:%s",e.what());
        }
        r.sleep();
        ros::spinOnce();
    }
    return 0;
}
```

配置文件此处略。

4. 执行

可以使用命令行或 launch 文件的方式分别启动发布节点与订阅节点。如果程序无异常,与演示结果类似,可以使用 RViz 查看坐标系相对关系。

方案 B(Python 实现):

1. 创建功能包

创建项目功能包依赖于 tf2、tf2_ros、tf2_geometry_msgs、roscpp rospy std_msgs geometry_msgs、turtlesim。

2. 发布方

动态的坐标系相对姿态发布(一个坐标系相对于另一个坐标系的相对姿态是不断变动的)需求:启动 turtlesim_node,该节点中的窗体有一个世界坐标系(左下角为坐标系原点),乌龟是另一个坐标系,用键盘控制乌龟运动,动态发布两个坐标系的相对位置。

实现分析

(1)乌龟本身不但可以看作坐标系,也是世界坐标系中的一个坐标点。

(2)订阅 turtle1/pose,可以获取乌龟在世界坐标系中的 X 坐标、Y 坐标、偏移量、线速度和角速度。

(3)将 pose 信息转换成坐标系相对信息并发布。

实现流程

(1)导入功能包。

(2)初始化 ROS 节点。

(3)订阅 /turtle1/pose 话题消息。

（4）回调函数处理：

① 创建 TF 广播器。

② 创建广播的数据（通过 pose 设置）。

③ 广播器发布数据。

（5）回旋。

发布方实现代码如下：

```python
#! /usr/bin/env python
# 1.导入功能包
import rospy
import tf2_ros
import tf
from turtlesim.msg import Pose
from geometry_msgs.msg import TransformStamped
# 4.回调函数处理
def doPose(pose):
    # 创建 TF 广播器
    broadcaster = tf2_ros.TransformBroadcaster()
    # 创建广播的数据(通过 pose 设置)
    tfs = TransformStamped()
    tfs.header.frame_id = "world"
    tfs.header.stamp = rospy.Time.now()
    tfs.child_frame_id = "turtle1"
    tfs.transform.translation.x = pose.x
    tfs.transform.translation.y = pose.y
    tfs.transform.translation.z = 0.0
    qtn = tf.transformations.quaternion_from_euler(0,0,pose.theta)
    tfs.transform.rotation.x = qtn[0]
    tfs.transform.rotation.y = qtn[1]
    tfs.transform.rotation.z = qtn[2]
    tfs.transform.rotation.w = qtn[3]
    # 广播器发布数据
    broadcaster.sendTransform(tfs)
if __name__ == "__main__":
    # 2.初始化 ROS 节点
    rospy.init_node("dynamic_tf_pub_p")
    # 3.订阅 /turtle1/pose 话题消息
    sub = rospy.Subscriber("/turtle1/pose",Pose,doPose)
    # 5.回旋
    rospy.spin()
```

权限设置以及配置文件此处略。

3. 订阅方

动态的坐标系相对姿态发布（一个坐标系相对于另一个坐标系的相对姿态是不断变动的）需求：启动 turtlesim_node,该节点中的窗体有一个世界坐标系（左下角为坐标系原点），乌龟是另一个坐标系,用键盘控制乌龟运动,动态发布两个坐标系的相对位置。

实现分析

（1）乌龟本身不但可以看作坐标系,也是世界坐标系中的一个坐标点。

（2）订阅 turtle1/pose,可以获取乌龟在世界坐标系的 X 坐标、Y 坐标、偏移量、线速度和角速度。

（3）将 pose 信息转换成坐标系相对信息并发布。

实现流程

（1）导入功能包。

（2）初始化 ROS 节点。

（3）创建 TF 订阅对象。

（4）创建 radar 坐标系中的一个坐标点。

（5）调用订阅对象的 API，将（4）中的点坐标转换成相对于 world 的坐标。

（6）回旋。

订阅方实现代码如下：

```python
#! /usr/bin/env python
# 1.导入功能包
import rospy
import tf2_ros
# 不要使用 geometry_msgs,需要使用 tf2 内置的消息类型
from tf2_geometry_msgs import PointStamped
# from geometry_msgs.msg import PointStamped
if __name__ == "__main__":
    # 2.初始化 ROS 节点
    rospy.init_node("static_sub_tf_p")
    # 3.创建 TF 订阅对象
    buffer = tf2_ros.Buffer()
    listener = tf2_ros.TransformListener(buffer)
    rate = rospy.Rate(1)
    while not rospy.is_shutdown():
    # 4.创建 radar 坐标系中的一个点
        point_source = PointStamped()
        point_source.header.frame_id = "turtle1"
        point_source.header.stamp = rospy.Time.now()
        point_source.point.x = 10
        point_source.point.y = 2
        point_source.point.z = 3
        try:
        #5.调用订阅对象的 API,将第 4 步创建的点坐标转换成相对于 world 的坐标
        point_target=buffer.transform(point_source,"world",rospy.Duration(1))
            rospy.loginfo("转换结果:x = %.2f, y = %.2f, z = %.2f",
                            point_target.point.x,
                            point_target.point.y,
                            point_target.point.z)
        except Exception as e:
            rospy.logerr("异常:%s",e)
        #6.回旋
        rate.sleep()
```

权限设置以及配置文件此处略。

4. 执行

可以使用命令行或 launch 文件的方式分别启动发布节点与订阅节点。如果程序无异常，与演示结果类似，可以使用 RViz 查看坐标系相对关系。

5.1.4 多坐标变换

需求描述

现有坐标系统,父级坐标系统 world 下有两个子级系统 son1 和 son2,son1 相对于 world 以及 son2 相对于 world 的关系是已知的,求出 son1 原点在 son2 中的坐标。又已知在 son1 中一点的坐标,求出该点在 son2 中的坐标。

实现分析

(1) 需要发布 son1 相对于 world 以及 son2 相对于 world 的坐标消息。

(2) 需要订阅坐标发布消息,并取出订阅的消息,借助于 tf2 实现 son1 和 son2 的转换。

(3) 还要实现坐标点的转换。

实现流程

C++ 与 Python 实现流程一致:

(1) 新建功能包,添加依赖。

(2) 创建坐标相对关系发布方(需要发布两个坐标相对关系)。

(3) 创建坐标相对关系订阅方。

(4) 执行。

方案 A(C++ 实现):

1. 创建功能包

创建项目功能包依赖于 tf2、tf2_ros、tf2_geometry_msgs、roscpp rospy std_msgs geometry_msgs、turtlesim。

2. 发布方

为了方便,使用静态坐标变换发布:

```
<launch>
    <node pkg="tf2_ros" type="static_transform_publisher" name="son1" args=
"0.2 0.8 0.3 0 0 0 /world /son1" output="screen" />
    <node pkg="tf2_ros" type="static_transform_publisher" name="son2" args=
"0.5 0 0 0 0 0 /world /son2" output="screen" />
</launch>
```

3. 订阅方

需求:在现有坐标系统中,父级坐标系统 world 下有两子级系统 son1 和 son2,son1 相对于 world,以及 son2 相对于 world 的关系是已知的,求出 son1 与 son2 中的坐标关系。又已知在 son1 中一点的坐标,求出该点在 son2 中的坐标。

实现流程

(1) 包含头文件。

(2) 初始化 ROS 节点。

(3) 创建 ROS 句柄。

(4) 创建 TF 订阅对象。

(5) 解析订阅信息中获取的 son1 坐标系原点在 son2 中的坐标,解析 son1 中的点相对于 son2 的坐标。

（6）回旋。

订阅方实现代码如下：

```cpp
//1.包含头文件
#include "ros/ros.h"
#include "tf2_ros/transform_listener.h"
#include "tf2/LinearMath/Quaternion.h"
#include "tf2_geometry_msgs/tf2_geometry_msgs.h"
#include "geometry_msgs/TransformStamped.h"
#include "geometry_msgs/PointStamped.h"
int main(int argc, char * argv[])
{   setlocale(LC_ALL, "");
    //2.初始化 ROS 节点
    ros::init(argc,argv,"sub_frames");
    //3.创建 ROS 句柄
    ros::NodeHandle nh;
    //4.创建 TF 订阅对象
    tf2_ros::Buffer buffer;
    tf2_ros::TransformListener listener(buffer);
    //5.解析订阅信息中获取的 son1 坐标系原点在 son2 中的坐标
    ros::Rate r(1);
    while (ros::ok())
    {
        try
        {
            //解析 son1 中的点相对于 son2 的坐标
            geometry_msgs::TransformStamped tfs = buffer.lookupTransform
("son2","son1",ros::Time(0));
            ROS_INFO("Son1 相对于 Son2 的坐标关系:父坐标系 ID=%s",tfs.header.
frame_id.c_str());
            ROS_INFO("Son1 相对于 Son2 的坐标关系:子坐标系 ID=%s",tfs.child_frame_
id.c_str());
            ROS_INFO("Son1 相对于 Son2 的坐标关系:x=%.2f,y=%.2f,z=%.2f",
                tfs.transform.translation.x,
                tfs.transform.translation.y,
                tfs.transform.translation.z);
            //坐标点解析
            geometry_msgs::PointStamped ps;
            ps.header.frame_id = "son1";
            ps.header.stamp = ros::Time::now();
            ps.point.x = 1.0;
            ps.point.y = 2.0;
            ps.point.z = 3.0;
            geometry_msgs::PointStamped psAtSon2;
            psAtSon2 = buffer.transform(ps,"son2");
            ROS_INFO("在 Son2 中的坐标:x=%.2f,y=%.2f,z=%.2f",
                psAtSon2.point.x,
                psAtSon2.point.y,
                psAtSon2.point.z);
        }
        catch(const std::exception& e)
        {
            //std::cerr << e.what() << '\n';
```

```
            ROS_INFO("异常信息:%s",e.what());
        }
        r.sleep();
        //6.回旋
        ros::spinOnce();
    }
    return 0;
}
```

配置文件此处略。

4. 执行

可以使用命令行或 launch 文件的方式分别启动发布节点与订阅节点。如果程序无异常,将输出换算后的结果。

方案 B(Python 实现):

1. 创建功能包

创建项目功能包依赖于 tf2、tf2_ros、tf2_geometry_msgs、roscpp rospy std_msgs geometry_msgs、turtlesim。

2. 发布方

为了方便,使用静态坐标变换发布:

```
<launch>
    <node pkg="tf2_ros" type="static_transform_publisher" name="son1" args=
"0.2 0.8 0.3 0 0 0 /world /son1" output="screen" />
    <node pkg="tf2_ros" type="static_transform_publisher" name="son2" args=
"0.5 0 0 0 0 0 /world /son2" output="screen" />
</launch>
```

3. 订阅方

需求:在现有坐标系统中,父级坐标系统 world 下有两子级系统 son1 和 son2,son1 相对于 world 以及 son2 相对于 world 的关系是已知的,求出 son1 与 son2 中的坐标关系。又已知在 son1 中一点的坐标,求出该点在 son2 中的坐标。

实现流程:

(1) 导入功能包。

(2) 初始化 ROS 节点。

(3) 创建 TF 订阅对象。

(4) 调用 API 求出 son1 相对于 son2 的坐标关系。

(5) 创建一个依赖于 son1 的坐标点,调用 API 求出该点在 son2 中的坐标。

(6) 回旋。

订阅方实现代码如下:

```
#!/usr/bin/env python
# 1.导入功能包
import rospy
import tf2_ros
from geometry_msgs.msg import TransformStamped
```

```python
from tf2_geometry_msgs import PointStamped
if __name__ == "__main__":
    # 2.初始化 ROS 节点
    rospy.init_node("frames_sub_p")
    # 3.创建 TF 订阅对象
    buffer = tf2_ros.Buffer()
    listener = tf2_ros.TransformListener(buffer)
    rate = rospy.Rate(1)
    while not rospy.is_shutdown():
        try:
            # 4.调用 API 求出 son1 相对于 son2 的坐标关系
            #lookup_transform(self, target_frame, source_frame, time, timeout=
                rospy.Duration(0.0)):
            tfs = buffer.lookup_transform("son2","son1",rospy.Time(0))
            rospy.loginfo("son1 与 son2 相对关系:")
            rospy.loginfo("父级坐标系:%s",tfs.header.frame_id)
            rospy.loginfo("子级坐标系:%s",tfs.child_frame_id)
            rospy.loginfo("相对坐标:x=%.2f, y=%.2f, z=%.2f",
                        tfs.transform.translation.x,
                        tfs.transform.translation.y,
                        tfs.transform.translation.z,)
            # 5.创建一个依赖于 son1 的坐标点,调用 API 求出该点在 son2 中的坐标
            point_source = PointStamped()
            point_source.header.frame_id = "son1"
            point_source.header.stamp = rospy.Time.now()
            point_source.point.x = 1
            point_source.point.y = 1
            point_source.point.z = 1
            point_target = buffer.transform(point_source,"son2",rospy.Duration
(0.5))
            rospy.loginfo("point_target 所属的坐标系:%s",point_target.header.
frame_id)
            rospy.loginfo("坐标点相对于 son2 的坐标:(%.2f,%.2f,%.2f)",
                        point_target.point.x,
                        point_target.point.y,
                        point_target.point.z)
        except Exception as e:
            rospy.logerr("错误提示:%s",e)
        rate.sleep()
    # 6.回旋
    # rospy.spin()
```

权限设置以及配置文件此处略。

4. 执行

可以使用命令行或 launch 文件的方式分别启动发布节点与订阅节点。如果程序无异常,将输出换算后的结果。

5.1.5 坐标系关系查看

在机器人系统中,涉及的坐标系有多个。为了方便查看,ROS 提供了专门的工具,可以用于生成显示坐标系关系的 pdf 文件,该文件包含树状结构的坐标系图谱。

1. 准备

首先调用 rospack find tf2_tools 查看是否包含该功能包。如果没有，用如下命令安装：

```
sudo apt install ros-noetic-tf2-tools
```

2. 使用

1）生成 pdf 文件

启动坐标系广播程序之后，运行如下命令：

```
rosrun tf2_tools view_frames.py
```

会产生类似于下面的日志信息：

```
[INFO] [1592920556.827549]: Listening to tf data during 5 seconds...
[INFO] [1592920561.841536]: Generating graph in frames.pdf file...
```

查看当前目录，会看到新生成了一个 frames.pdf 文件。

2）查看文件

可以直接进入目录，打开文件，或者调用命令查看 evince frames.pdf 文件内容，如图 5-8 所示。

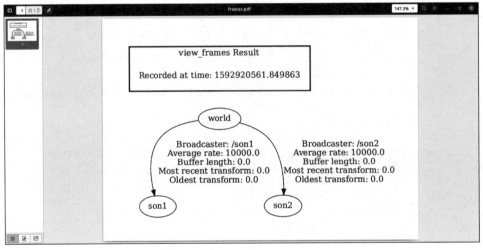

图 5-8　evince frames.pdf 文件

5.1.6　TF 坐标变换实操

需求描述

程序启动之初，产生两只乌龟，分别是位于窗口中间的乌龟（A）和左下角的乌龟（B）。B 会自动运行至 A 的位置，并且当用键盘控制时，只是在控制 A 的运动，B 跟随 A 运行。

结果演示

结果如图 5-9 所示。

实现分析

乌龟跟随案例实现的核心是乌龟 A 和 B 都要发布相对于世界坐标系的坐标信息；然

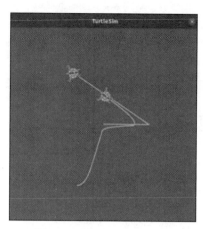

图 5-9 两只乌龟跟随案例

后,在收到订阅的信息时需要转换,以获取 A 相对于 B 坐标系的信息;最后,再生成速度信息,并控制 B 运动。

(1) 启动乌龟显示节点。

(2) 在乌龟显示窗口中生成一只新的乌龟(需要使用服务)。

(3) 创建两只乌龟发布坐标信息的节点。

(4) 创建订阅节点,订阅坐标信息并生成新的相对关系生成速度信息。

实现流程

C++ 与 Python 的实现流程一致:

(1) 新建功能包,添加依赖。

(2) 创建服务客户端,用于生成一只新的乌龟。

(3) 创建发布方,发布两只乌龟的坐标信息。

(4) 创建订阅方,订阅两只乌龟信息,生成速度信息并发布。

(5) 运行。

准备工作

(1) 了解如何创建第二只乌龟,且不受键盘控制。创建第二只乌龟需要使用 rosservice,话题使用的是 spawn:

```
rosservice call /spawn "x: 1.0
y: 1.0
theta: 1.0
name: 'turtle_flow'"
name: "turtle_flow"
```

键盘是无法控制第二只乌龟运动的,因为使用的话题——/第二只乌龟名称/cmd_vel要控制乌龟运动就必须发布对应的话题消息。

(2) 了解如何获取两只乌龟的坐标。这是通过话题 /乌龟名称/pose 获取的:

```
x: 1.0
y: 1.0
```

```
theta: -1.21437060833                        //角度
linear_velocity: 0.0                         //线速度
angular_velocity: 1.0                        //角速度
```

方案 A(C++ 实现)：

1. 创建功能包

创建项目功能包依赖于 tf2、tf2_ros、tf2_geometry_msgs、roscpp rospy std_msgs geometry_msgs、turtlesim。

2. 服务客户端(生成乌龟)

创建第二只小乌龟：

```cpp
#include "ros/ros.h"
#include "turtlesim/Spawn.h"
int main(int argc, char * argv[])
{
    setlocale(LC_ALL,"");
    //初始化
    ros::init(argc,argv,"create_turtle");
    //创建节点
    ros::NodeHandle nh;
    //创建服务客户端
    ros::ServiceClient client = nh.serviceClient<turtlesim::Spawn>("/spawn");
    ros::service::waitForService("/spawn");
    turtlesim::Spawn spawn;
    spawn.request.name = "turtle2";
    spawn.request.x = 1.0;
    spawn.request.y = 2.0;
    spawn.request.theta = 3.12415926;
    bool flag = client.call(spawn);
    if (flag)
    {
        ROS_INFO("乌龟%s 创建成功!",spawn.response.name.c_str());
    }
    else
    {
        ROS_INFO("乌龟 2 创建失败!");
    }
    ros::spin();
    return 0;
}
```

配置文件此处略。

3. 发布方(发布两只乌龟的坐标信息)

可以订阅乌龟的位姿信息,然后再转换成坐标信息。两只乌龟的实现逻辑相同,只是订阅的话题名称、生成的坐标信息等稍有差异。可以将差异部分通过参数传入：

- 该节点需要启动两次。
- 每次启动时都需要传入乌龟节点名称(第一次是 turtle1,第二次是 turtle2)。

该文件实现以下功能：订阅 turtle1 和 turtle2 的位姿信息,然后广播相对于 world 的坐标系信息。

注意：订阅的两只乌龟的信息除了命名空间（turtle1 和 turtle2）不同外，其他的话题名称和实现逻辑都是一样的，所以可以将所需的命名空间通过 args 动态传入。

实现流程

（1）包含头文件。

（2）初始化 ROS 节点。

（3）解析传入的命名空间。

（4）创建 ROS 句柄。

（5）创建订阅对象。

（6）回调函数处理订阅的位姿信息。

① 创建 TF 广播器。

② 将位姿信息转换成 TransFormStamped。

③ 发布。

（7）回旋。

发布方实现代码如下：

```
//1.包含头文件
#include "ros/ros.h"
#include "turtlesim/Pose.h"
#include "tf2_ros/transform_broadcaster.h"
#include "tf2/LinearMath/Quaternion.h"
#include "geometry_msgs/TransformStamped.h"
//6.回调函数处理订阅的位姿信息
std::string turtle_name;
void doPose(const turtlesim::Pose::ConstPtr& pose){
    //创建 TF 广播器----------------------------------注意 static
    static tf2_ros::TransformBroadcaster broadcaster;
    //将位姿信息转换成 TransFormStamped
    geometry_msgs::TransformStamped tfs;
    tfs.header.frame_id = "world";
    tfs.header.stamp = ros::Time::now();
    tfs.child_frame_id = turtle_name;
    tfs.transform.translation.x = pose->x;
    tfs.transform.translation.y = pose->y;
    tfs.transform.translation.z = 0.0;
    tf2::Quaternion qtn;
    qtn.setRPY(0,0,pose->theta);
    tfs.transform.rotation.x = qtn.getX();
    tfs.transform.rotation.y = qtn.getY();
    tfs.transform.rotation.z = qtn.getZ();
    tfs.transform.rotation.w = qtn.getW();
    //发布
    broadcaster.sendTransform(tfs);
}
int main(int argc, char * argv[])
{
    setlocale(LC_ALL,"");
    //2.初始化 ROS 节点
    ros::init(argc,argv,"pub_tf");
    //3.解析传入的命名空间
```

```
    if (argc != 2)
    {
        ROS_ERROR("请传入正确的参数");
    } else {
        turtle_name = argv[1];
        ROS_INFO("乌龟 %s 坐标发送启动",turtle_name.c_str());
    }
    //4.创建 ROS 句柄
    ros::NodeHandle nh;
    //5.创建订阅对象
    ros::Subscriber sub = nh.subscribe<turtlesim::Pose>(turtle_name + "/pose",
1000,doPose);
    //7.回旋
    ros::spin();
    return 0;
}
```

配置文件此处略。

4. 订阅方(解析坐标信息并生成速度信息)

订阅 turtle1 和 turtle2 的 TF 广播信息,查找并转换时间最近的 TF 信息。

将 turtle1 转换成相对于 turtle2 的坐标,再计算线速度和角速度并发布。

实现流程

(1) 包含头文件。

(2) 初始化 ROS 节点。

(3) 创建 ROS 句柄。

(4) 创建 TF 订阅对象。

(5) 处理订阅到的 TF。

(6) 回旋。

```
//1.包含头文件
#include "ros/ros.h"
#include "tf2_ros/transform_listener.h"
#include "geometry_msgs/TransformStamped.h"
#include "geometry_msgs/Twist.h"
int main(int argc, char * argv[])
{
    setlocale(LC_ALL,"");
    //2.初始化 ROS 节点
    ros::init(argc,argv,"sub_TF");
    //3.创建 ROS 句柄
    ros::NodeHandle nh;
    //4.创建 TF 订阅对象
    tf2_ros::Buffer buffer;
    tf2_ros::TransformListener listener(buffer);
    //5.处理订阅到的 TF
    //需要创建发布 /turtle2/cmd_vel 的 publisher 对象
    ros::Publisher pub = nh.advertise<geometry_msgs::Twist>("/turtle2/cmd_
vel",1000);
    ros::Rate rate(10);
```

```
    while (ros::ok())
    {
        try
        {
            //获取 turtle1 相对于 turtle2 的坐标信息
            geometry_msgs::TransformStamped tfs = buffer.lookupTransform
("turtle2","turtle1",ros::Time(0));
            //根据坐标信息生成速度信息 -- geometry_msgs/Twist.h
            geometry_msgs::Twist twist;
            twist.linear.x = 0.5 * sqrt(pow(tfs.transform.translation.x,2) +
pow(tfs.transform.translation.y,2));
            twist.angular.z = 4 * atan2(tfs.transform.translation.y,tfs.
transform.translation.x);
            //发布速度信息 -- 需要提前创建 publish 对象
            pub.publish(twist);
        }
        catch(const std::exception& e)
        {
            //std::cerr << e.what() << '\n';
            ROS_INFO("错误提示:%s",e.what());
        }
        rate.sleep();
        //6.回旋
        ros::spinOnce();
    }
    return 0;
}
```

配置文件此处略。

5. 运行

使用 launch 文件组织需要运行的节点,用 tf2 实现小乌龟跟随案例的内容示例如下:

```
<launch>
    <!-- 启动乌龟节点与键盘控制节点 -->
    <node pkg="turtlesim" type="turtlesim_node" name="turtle1" output=
"screen" />
    <node pkg="turtlesim" type="turtle_teleop_key" name="key_control" output=
"screen"/>
    <!-- 启动创建第二只乌龟的节点 -->
    <node pkg="demo_tf2_test" type="Test01_Create_Turtle2" name="turtle2"
output="screen" />
    <!-- 启动两个坐标发布节点 -->
    <node pkg="demo_tf2_test" type="Test02_TF2_Caster" name="caster1" output=
"screen" args="turtle1" />
    <node pkg="demo_tf2_test" type="Test02_TF2_Caster" name="caster2" output=
"screen" args="turtle2" />
    <!-- 启动坐标转换节点 -->
    <node pkg="demo_tf2_test" type="Test03_TF2_Listener" name="listener"
output="screen" />
</launch>
```

方案 B(Python 实现)：

1. 创建功能包

创建项目功能包依赖于 tf2、tf2_ros、tf2_geometry_msgs、roscpp rospy std_msgs geometry_msgs、turtlesim。

2. 服务客户端(生成乌龟)

调用 service 服务在窗体指定位置生成一只乌龟。

实现流程

(1) 导入功能包。

(2) 初始化 ROS 节点。

(3) 创建服务客户端。

(4) 等待服务启动。

(5) 创建请求数据。

(6) 发送请求并处理响应。

服务客户端实现代码如下：

```python
#! /usr/bin/env python
#1.导入功能包
import rospy
from turtlesim.srv import Spawn, SpawnRequest, SpawnResponse
if __name__ == "__main__":
    # 2.初始化 ROS 节点
    rospy.init_node("turtle_spawn_p")
    # 3.创建服务客户端
    client = rospy.ServiceProxy("/spawn",Spawn)
    # 4.等待服务启动
    client.wait_for_service()
    # 5.创建请求数据
    req = SpawnRequest()
    req.x = 1.0
    req.y = 1.0
    req.theta = 3.14
    req.name = "turtle2"
    # 6.发送请求并处理响应
    try:
        response = client.call(req)
        rospy.loginfo("乌龟创建成功,名字是:%s",response.name)
    except Exception as e:
        rospy.loginfo("服务调用失败...")
```

权限设置以及配置文件此处略。

3. 发布方(发布两只乌龟的坐标信息)

发布方实现以下功能：需要订阅 turtle1 和 turtle2 的位姿信息,然后广播相对于 world 的坐标系信息。

注意：订阅的两只乌龟的信息除了命名空间(turtle1 和 turtle2)不同外,其他的话题名称和实现逻辑都是一样的,所以可以将所需的命名空间通过 args 动态传入。

实现流程

(1) 导入功能包。

（2）初始化 ROS 节点。

（3）解析传入的命名空间。

（4）创建订阅对象。

（5）回调函数处理订阅的位姿信息。

① 创建 TF 广播器。

② 将位姿信息转换成 TransFormStamped。

③ 发布。

（6）回旋。

发布方实现代码如下：

```python
#! /usr/bin/env python
# 1.导入功能包
import rospy
import sys
from turtlesim.msg import Pose
from geometry_msgs.msg import TransformStamped
import tf2_ros
import tf_conversions
turtle_name = ""
def doPose(pose):
    # rospy.loginfo("x = %.2f",pose.x)
    #1.创建坐标系广播器
    broadcaster = tf2_ros.TransformBroadcaster()
    #将位姿信息转换成 TransformStamped
    tfs = TransformStamped()
    tfs.header.frame_id = "world"
    tfs.header.stamp = rospy.Time.now()
    tfs.child_frame_id = turtle_name
    tfs.transform.translation.x = pose.x
    tfs.transform.translation.y = pose.y
    tfs.transform.translation.z = 0.0
    qtn = tf_conversions.transformations.quaternion_from_euler(0, 0, pose.theta)
    tfs.transform.rotation.x = qtn[0]
    tfs.transform.rotation.y = qtn[1]
    tfs.transform.rotation.z = qtn[2]
    tfs.transform.rotation.w = qtn[3]
    #广播器发布 tfs
    broadcaster.sendTransform(tfs)
if __name__ == "__main__":
    # 2.初始化 ROS 节点
    rospy.init_node("sub_tfs_p")
    # 3.解析传入的命名空间
    rospy.loginfo("------------------------------%d",len(sys.argv))
    if len(sys.argv) < 2:
        rospy.loginfo("请传入参数:乌龟的命名空间")
    else:
        turtle_name = sys.argv[1]
    rospy.loginfo("///////////////////乌龟:%s",turtle_name)
    rospy.Subscriber(turtle_name + "/pose",Pose,doPose)
    #4.创建订阅对象
```

```
#5.回调函数处理订阅的位姿信息
#创建 TF 广播器
#将位姿信息转换成 TransFormStamped
#发布
#6.回旋
rospy.spin()
```

权限设置以及配置文件此处略。

4. 订阅方（解析坐标信息并生成速度信息）

订阅 turtle1 和 turtle2 的 TF 广播信息，查找并转换时间最近的 TF 信息，将 turtle1 转换成相对于 turtle2 的坐标，再计算线速度和角速度并发布。

实现流程

（1）导入功能包。

（2）初始化 ROS 节点。

（3）创建 TF 订阅对象。

（4）处理订阅的 TF。

① 查找坐标系的相对关系。

② 生成速度信息，然后发布。

订阅方实现代码如下：

```
#! /usr/bin/env python
# 1.导入功能包
import rospy
import tf2_ros
from geometry_msgs.msg import TransformStamped, Twist
import math
if __name__ == "__main__":
    # 2.初始化 ROS 节点
    rospy.init_node("sub_tfs_p")
    # 3.创建 TF 订阅对象
    buffer = tf2_ros.Buffer()
    listener = tf2_ros.TransformListener(buffer)
    # 4.处理订阅的 TF
    rate = rospy.Rate(10)
    # 创建速度发布对象
    pub = rospy.Publisher("/turtle2/cmd_vel",Twist,queue_size=1000)
    while not rospy.is_shutdown():
        rate.sleep()
        try:
            #def lookup_transform(self, target_frame, source_frame, time,
timeout=rospy.Duration(0.0)):
            trans = buffer.lookup_transform("turtle2","turtle1",rospy.Time(0))
            # rospy.loginfo("相对坐标:(%.2f,%.2f,%.2f)",
            #               trans.transform.translation.x,
            #               trans.transform.translation.y,
            #               trans.transform.translation.z
            #              )
            # 根据转换后的坐标计算出速度和角速度信息
            twist = Twist()
```

```
            # 间距 = x^2 + y^2,然后开方
            twist.linear.x = 0.5 * math.sqrt(math.pow(trans.transform.
translation.x,2) + math.pow(trans.transform.translation.y,2))
            twist.angular.z = 4 * math.atan2(trans.transform.translation.y,
trans.transform.translation.x)
            pub.publish(twist)
        except Exception as e:
            rospy.logwarn("警告:%s",e)
```

权限设置以及配置文件此处略。

5. 运行

使用 launch 文件组织需要运行的节点,内容示例如下:

```
<launch>
    <node pkg="turtlesim" type="turtlesim_node" name="turtle1" output=
"screen" />
    <node pkg="turtlesim" type="turtle_teleop_key" name="key_control" output=
"screen"/>
    <node pkg="demo06_test_flow_p" type="test01_turtle_spawn_p.py" name="
turtle_spawn" output="screen"/>
    <node pkg="demo06_test_flow_p" type="test02_turtle_tf_pub_p.py" name="tf_
pub1" args="turtle1" output="screen"/>
    <node pkg="demo06_test_flow_p" type="test02_turtle_tf_pub_p.py" name="tf_
pub2" args="turtle2" output="screen"/>
    <node pkg="demo06_test_flow_p" type="test03_turtle_tf_sub_p.py" name="tf_
sub" output="screen"/>
</launch>
```

5.1.7　TF2 与 TF

1. TF2 与 TF 的比较

TF2 与 TF 两者相比有以下不同:

- TF2 已经替换了 TF,TF2 是 TF 的超集,建议学习 TF2 而非 TF。
- TF2 的功能包增强了内聚性。TF 与 TF2 所依赖的功能包是不同的,TF 对应的是 tf 包,TF2 对应的是 tf2 包和 tf2_ros 包。在 TF2 中,不同类型的 API 实现作了分 包处理。
- TF2 实现效率更高,例如在 TF2 的静态坐标实现、TF2 坐标变换监听器中的 Buffer 实现等。

2. TF2 实现静态坐标变换

接下来,通过静态坐标变换演示 TF2 的实现效率。

1) 启动 TF2 与 TF 两个版本的静态坐标变换

TF2 版本的静态坐标变换:

```
rosrun tf2_ros static_transform_publisher 0 0 0 0 0 0 /base_link /laser
```

TF 版本的静态坐标变换:

```
rosrun tf static_transform_publisher 0 0 0 0 0 0 /base_link /laser 100
```

会发现,TF 版本的最后多了一个参数,该参数指定发布频率。

2)运行结果比对

使用 rostopic 查看话题,包含/tf 与/tf_static,前者是 TF 发布的话题,后者是 TF2 发布的话题,分别调用命令打印两者的话题消息:

- rostopic echo /tf:循环输出当前坐标系信息。
- rostopic echo /tf_static:坐标系信息只输出一次。

3)结论

如果是静态坐标转换,那么不同坐标系之间的相对状态是固定的。既然是固定的,就没有必要重复发布坐标系的转换消息。很显然,tf2 的实现较之于 tf 更为高效。

5.1.8 小结

坐标变换在机器人系统中是一个极其重要的组成模块。在 ROS 中,TF2 组件是专门用于实现坐标变换的。关于 TF2 实现的具体内容主要介绍了如下几部分:

(1)静态坐标变换广播器。它以编码或调用内置功能包的方式实现(建议采用后者),适用于相对固定的坐标系关系。

(2)动态坐标变换广播器。它以编码的方式广播坐标系之间的相对关系,适用于易变的坐标系关系。

(3)坐标变换监听器。用于监听广播器广播的坐标系消息,可以实现不同坐标系之间或同一点在不同坐标系之间的变换。

(4)机器人系统中的各坐标系之间的关系是较为复杂的,还可以通过 tf2_tools 工具包生成 ROS 中的坐标系关系图。

(5)当前 TF2 已经替换了 TF,官网建议直接学习 TF2,并且 TF 与 TF2 的使用流程与实现 API 比较类似,只要有任意一个的使用经验,另一个也可以做到触类旁通。

◆ 5.2 rosbag

对于机器人传感器获取的信息,有时需要实时进行处理,有时可能只是采集数据,事后分析,例如:

在机器人导航实现中,可能需要绘制导航所需的全局地图。地图绘制实现有两种方式:方式 1 是控制机器人运动,对机器人传感器感知的数据进行实时处理,生成地图信息;方式 2 同样是控制机器人运动,将机器人传感器感知的数据留存,事后再重新读取数据,生成地图信息。两种方式比较,显然方式 2 使用上更为灵活方便。

在 ROS 中为数据的留存以及读取实现提供了专门的工具:rosbag。

概念

rosbag 是用于录制和回放 ROS 主题的一个工具集。

作用

实现了数据的复用,方便调试、测试。

本质

rosbag 本质上也是 ROS 的节点。当录制时,rosbag 是一个订阅节点,可以订阅话题消息并将订阅的数据写入磁盘文件；当重放时，rosbag 是一个发布节点，可以读取磁盘文件，发布文件中的话题消息。

5.2.1　在命令行使用 rosbag

需求

调用 ROS 内置的乌龟案例并操作，操作过程中使用 rosbag 录制，录制结束后实现重放。

实现

（1）准备。创建目录以保存录制的文件。命令格式如下：

```
mkdir ./xxx
cd xxx
```

（2）开始录制。命令格式如下：

```
rosbag record -a -O 目标文件
```

操作小乌龟一段时间，结束录制使用 Ctrl＋C 组合键，在创建的目录中会生成 bag 文件。

（3）查看文件。命令格式如下：

```
rosbag info 文件名
```

（4）回放文件。命令格式如下：

```
rosbag play 文件名
```

重启乌龟节点，会发现乌龟按照录制时的轨迹运动。

5.2.2　rosbag 的编码实现

命令实现不够灵活，可以使用编码的方式增强录制与回放的灵活性。本节将通过简单的读写操作演示 rosbag 的编码实现。

方案 A(C++ 实现)：

（1）写入 bag 文件。实现代码如下：

```cpp
#include "ros/ros.h"
#include "rosbag/bag.h"
#include "std_msgs/String.h"
int main(int argc, char * argv[])
{
    ros::init(argc, argv, "bag_write");
    ros::NodeHandle nh;
    //创建 bag 对象
    rosbag::Bag bag;
    //打开
    bag.open("/home/rosdemo/demo/test.bag", rosbag::BagMode::Write);
    //写
    std_msgs::String msg;
```

```
    msg.data = "hello world";
    bag.write("/chatter",ros::Time::now(),msg);
    bag.write("/chatter",ros::Time::now(),msg);
    bag.write("/chatter",ros::Time::now(),msg);
    bag.write("/chatter",ros::Time::now(),msg);
    //关闭
    bag.close();
    return 0;
}
```

（2）读取 bag 文件。实现代码如下：

```
#include "ros/ros.h"
#include "rosbag/bag.h"
#include "rosbag/view.h"
#include "std_msgs/String.h"
#include "std_msgs/Int32.h"
int main(int argc, char * argv[])
{
    setlocale(LC_ALL,"");
    ros::init(argc,argv,"bag_read");
    ros::NodeHandle nh;
    //创建 bag 对象
    rosbag::Bag bag;
    //打开 bag 文件
    bag.open("/home/rosdemo/demo/test.bag",rosbag::BagMode::Read);
    //读数据
    for (rosbag::MessageInstance const m : rosbag::View(bag))
    {
        std_msgs::String::ConstPtr p = m.instantiate<std_msgs::String>();
        if(p != nullptr){
            ROS_INFO("读取的数据:%s",p->data.c_str());
        }
    }
    //关闭文件流
    bag.close();
    return 0;
}
```

方案 B(Python 实现)：

（1）写入 bag 文件。实现代码如下：

```
#! /usr/bin/env python
import rospy
import rosbag
from std_msgs.msg import String
if __name__ == "__main__":
    #初始化节点
    rospy.init_node("w_bag_p")
    # 创建 rosbag 对象
    bag = rosbag.Bag("/home/rosdemo/demo/test.bag",'w')
    # 写数据
    s = String()
```

```
    s.data= "hahahaha"
    bag.write("chatter",s)
    bag.write("chatter",s)
    bag.write("chatter",s)
    # 关闭流
    bag.close()
```

（2）读取 bag 文件。实现代码如下：

```
#! /usr/bin/env python
import rospy
import rosbag
from std_msgs.msg import String
if __name__ == "__main__":
    #初始化节点
    rospy.init_node("w_bag_p")
    # 创建 rosbag 对象
    bag = rosbag.Bag("/home/rosdemo/demo/test.bag",'r')
    # 读数据
    bagMessage = bag.read_messages("chatter")
    for topic,msg,t in bagMessage:
        rospy.loginfo("%s,%s,%s",topic,msg,t)
    # 关闭流
    bag.close()
```

◆ 5.3　rqt 工具箱

前面已经使用了一些 ROS 中的实用的工具，例如，ros_bag 用于录制与回放，tf2_tools 可以生成 TF 树。这些工具大大提高了开发的便利性，但是也存在一些问题：这些工具的启动和使用过程中涉及一些命令操作，应用起来不够方便。在 ROS 中，还提供了 rqt 工具箱，在调用工具时以图形化操作代替了命令操作，使用更便利，提高了操作效率，优化了用户体验。

概念

ROS 基于 QT 框架，针对机器人开发提供了一系列可视化的工具，这些工具的集合就是 rqt。

作用

可以方便地实现 ROS 可视化调试，并且在同一窗口中打开多个部件，提高开发效率，优化用户体验。

组成

rqt 工具箱由 3 部分组成：

- rqt。核心实现，开发人员无须关注。
- rqt_common_plugins。rqt 中常用的工具套件。
- rqt_robot_plugins。运行中和机器人交互的插件（例如 RViz）。

5.3.1 rqt 安装、启动与基本使用

1. 安装

一般只要安装的是 desktop-full 版本,就会自带 rqt 工具箱。

如果需要安装,可以如下方式安装:

```
$ sudo apt-get install ros-noetic-rqt
$ sudo apt-get install ros-noetic-rqt-common-plugins
```

2. 启动

rqt 的启动方式有两种:

- 方式 1: rqt。
- 方式 2: rosrun rqt_gui rqt_gui。

3. 基本使用

启动 rqt 之后,可以通过 Plugins 菜单中的选项添加所需的插件,如图 5-10 所示。

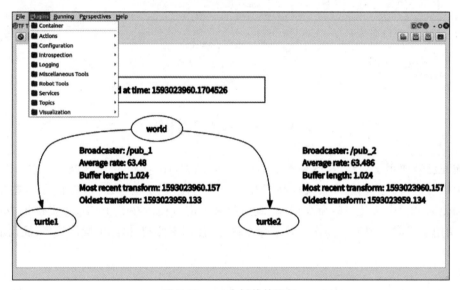

图 5-10　rqt 中插件的添加

下面介绍 4 种 rqt 常用插件。

5.3.2 rqt_graph

简介: rqt_graph 用于可视化显示计算图。

启动: 可以在 rqt 的 Plugins 中添加,也可以使用 rqt_graph 启动。

rqt 插件 rqt_graph 如图 5-11 所示。

5.3.3 rqt_console

简介: rqt_console 是 ROS 中用于显示和过滤日志的图形化插件。

准备: 编写节点输出各个级别的日志信息,代码如下:

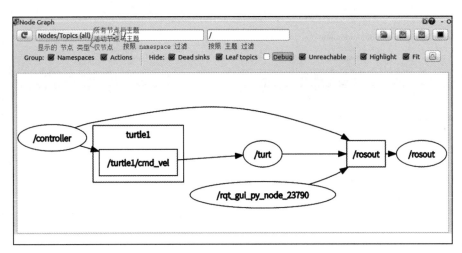

图 5-11　rqt 插件 rqt_graph

```
/*
    ROS 节点:输出各种级别的日志信息
*/
#include "ros/ros.h"
int main(int argc, char * argv[])
{
    ros::init(argc, argv, "log_demo");
    ros::NodeHandle nh;
    ros::Rate r(0.3);
    while (ros::ok())
    {
        ROS_DEBUG("Debug message d");
        ROS_INFO("Info message oooooooooooooo");
        ROS_WARN("Warn message wwwww");
        ROS_ERROR("Erroe message EEEEEEEEEEEEEEEEEEEE");
        ROS_FATAL("Fatal message FFFFFFFFFFFFFFFFFFFFFFFFFFFFFF");
        r.sleep();
    }
    return 0;
}
```

启动:可以在 rqt 的 Plugins 中添加,也可以使用 rqt_console 启动。

rqt 插件 rqt_console 如图 5-12 所示。

5.3.4　rqt_plot

简介:rqt_plot 是图形绘制插件,可以以 2D 绘图的方式绘制发布在话题上的数据。

准备:启动 turtlesim 乌龟节点与键盘控制节点,通过 rqt_plot 获取乌龟位姿。

启动:可以在 rqt 的 Plugins 中添加,也可以使用 rqt_plot 启动。

图 5-12　rqt 插件 rqt_console

rqt 插件 rqt_plot 如图 5-13 所示。

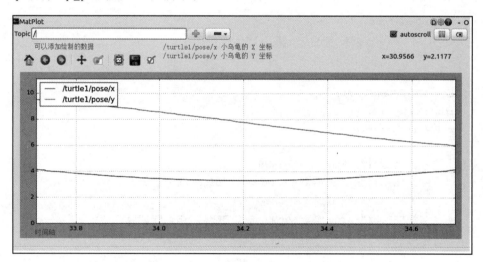

图 5-13　rqt 插件 rqt_plot

5.3.5　rqt_bag

简介：rqt_bag 是录制和重放 bag 文件的图形化插件。

准备：启动 turtlesim 乌龟节点与键盘控制节点。

启动：可以在 rqt 的 Plugins 中添加，也可以使用 rqt_bag 启动。

rqt 插件 rqt_bag 的录制如图 5-14 所示。

rqt 插件 rqt_bag 的重放如图 5-15 所示。

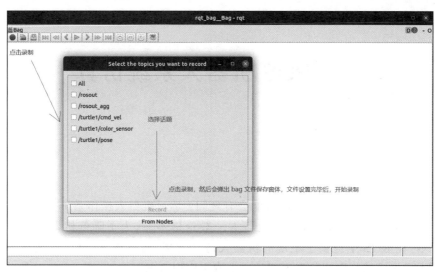

图 5-14　rqt 插件 rqt_bag 的录制

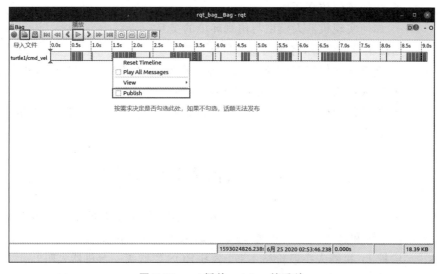

图 5-15　rqt 插件 rqt_bag 的重放

◆ 5.4　本 章 小 结

本章主要介绍了 ROS 中的常用组件,内容如下:

- TF 坐标变换(重点)。
- rosbag,用于 ROS 话题的录制与回放。
- rqt 工具箱,以图形化方式调用组件,提高操作效率以及易用性。

其中 TF 坐标变换是重点,也是难点,需要大家熟练掌握坐标变换的应用场景以及代码实现。第 6 章将介绍 ROS 机器人系统仿真,开始在仿真环境下创建机器人,控制机器人运动,搭建仿真环境,并以机器人的视角感知世界。

ROS 机器人系统仿真

对于 ROS 新手而言,可能会有疑问:学习机器人操作系统,实体机器人是必须有的吗?答案是否定的,机器人一般价格不菲,为了降低机器人学习、调试成本,在 ROS 中提供了系统的机器人仿真实现,通过仿真,可以实现大部分需求。本章主要就是围绕仿真展开的。本章主要内容如下:

- 如何创建并显示机器人模型。
- 如何搭建仿真环境。
- 如何实现机器人模型与仿真环境的交互。

通过本章的学习,将实现以下目标:

- 能够独立使用 URDF 创建机器人模型,并在 RViz 和 Gazebo 中分别显示。
- 能够使用 Gazebo 搭建仿真环境。
- 能够使用机器人模型中的传感器(雷达、摄像头、编码器等)获取仿真环境数据。

◆ 6.1 机器人系统仿真概述

机器人操作系统学习、开发与测试过程中,如果所有的工作都在实体的机器人硬件系统和真实环境中开展,势必会遇到诸多问题,例如:

场景 1:机器人一般价格不菲,学习 ROS 要购买一台机器人吗?

场景 2:机器人与之交互的外界环境具有多样性,如何实现复杂的环境设计?

场景 3:测试时,直接将未经验证的程序部署到实体机器人运行,安全吗?

……

为了解决这些问题,ROS 中的仿真就显得尤为重要了。

6.1.1 机器人系统仿真的概念

机器人系统仿真是通过计算机对实体机器人系统进行模拟的技术。在 ROS 中,仿真实现涉及的内容主要有以下 3 项:

(1) 对机器人建模(URDF)。

(2) 创建仿真环境(Gazebo)。

(3) 感知环境和虚拟机器人的系统性实现(RViz)。

6.1.2　机器人系统仿真的作用

1. 仿真的优势

仿真在机器人系统研发过程中具有举足轻重的地位。在研发与测试中较之于实体机器人实现,仿真有如下几个显著优势:

(1) 低成本。当前机器人成本居高不下,动辄几十万元。仿真可以在大部分开发工作中替代实体机器人,从而大大降低成本。

(2) 高效率。人为搭建的仿真环境更为多样,能够根据需求进行灵活配置,可以提高测试效率和测试覆盖率。

(3) 高安全性。虚拟仿真环境中,开发阶段的机器人系统即使发生意外,也几乎不会造成实际的财物损失。

2. 仿真的劣势

即使机器人系统仿真具有诸多优势,能够满足绝大部分开发和测试所需的场景要求,但现阶段机器人在仿真环境与实际环境下的表现仍然存在较大差异,无法覆盖所有的需求。换言之,仿真并不能完全做到模拟真实的物理世界,存在一些失真的情况,其原因主要有两方面。

(1) 仿真器所使用的物理引擎目前还不能够完全精确模拟真实世界的物理情况。

(2) 仿真器构建的是关节驱动器(电机和齿轮箱)、传感器与信号通信的绝对理想情况,目前不支持模拟实际硬件缺陷或者一些临界状态等特殊情形。

6.1.3　相关组件

1. URDF

URDF 是 Unified Robot Description Format 的首字母缩写,直译为统一(标准化)机器人描述格式。它可以以一种 XML 的方式描述机器人的部分结构,例如底盘、摄像头、激光雷达、机械臂以及不同关节的自由度等。该文件可以被 C++ 内置的解释器转换成可视化的机器人模型,是 ROS 中实现机器人仿真的重要组件。

2. RViz

RViz 是 ROS visualization tool 的缩写,直译为机器人操作系统可视化工具。它的主要目的是以三维方式显示 ROS 消息,从而对数据进行可视化的表达。例如,可以通过三维数字模型的方式直接显示机器人模型;可以以图像的方式显示激光测距仪(Laser Range Finder,LRF)传感器中的传感器到障碍物的距离,显示 RealSense、Kinect 或 Xtion 等三维距离传感器的点云数据(Point Cloud Data,PCD);还可以显示摄像头采集到的图像数据……功能丰富的 RViz 工具已经成为 ROS 机器人开发的重要工具。

以 ros-[ROS_DISTRO]-desktop-full 命令安装 ROS(即安装 ROS 桌面完整版)时,RViz 会默认被安装。在已经安装好 RViz 工具的 ROS 计算机上启动 ROS 核心,再执行 rviz 或 rosrun rviz rviz 命令即可启动 RViz 工具的可视化窗口。

如果没有安装 RViz 工具,可以调用以下命令进行安装:

```
sudo apt install ros-[ROS_DISTRO]-rviz
```

其中，[ROS_DISTRO]为对应的 ROS 发行版本号，如 Noetic、Kernel 等。

3. Gazebo

Gazebo 是一款三维动态模拟器，用于显示机器人模型并创建仿真环境，能够在复杂的室内和室外环境中准确、有效地模拟机器人。与游戏引擎提供高保真度的视觉模拟类似，Gazebo 提供高保真度的物理模拟，并提供一整套传感器模型，还提供了对用户和程序都非常友好的交互方式。

与 RViz 类似，在安装了桌面完整版 ROS 的计算机上启动 ROS 核心后，即可通过 gazebo 或 rosrun gazebo_ros gazebo 命令直接启动 Gazebo 工具。

如果计算机中安装的 ROS 发行版没有集成 Gazebo，则可以通过以下方式安装。

第 1 步，添加源：

```
sudo sh -c 'echo "deb http://packages.osrfoundation.org/gazebo/Ubuntu-stable
'lsb_release -cs' main" > /etc/apt/sources.list.d/gazebo-stable.list'
wget http://packages.osrfoundation.org/gazebo.key -O - | sudo apt-key add -
```

第 2 步，安装：

```
sudo apt update
sudo apt install gazebo11
sudo apt install libgazebo11-dev
```

注意：在 Ubuntu 20.04 与 ROS Noetic 环境下，Gazebo 启动时会抛出一些异常。常见的 3 种可能的异常及其解决方式总结如下。

问题 1：VMware：vmw_ioctl_command error Invalid argument（无效的参数）。

解决：

```
echo "export SVGA_VGPU10=0" >> ~/.bashrc
source .bashrc
```

问题 2：[Err][REST.cc：205] Error in REST request。

解决：通过命令

```
sudo gedit ~/.ignition/fuel/config.yaml
```

打开相应的.yaml 配置文件，找到如下命令：

```
url: https://api.ignitionfuel.org
```

在其行首添加 # 将其注释掉，之后添加新的一行：

```
url: https://api.ignitionrobotics.org
```

问题 3：[gazebo-2] process has died [pid xxx, exit code 255, cmd…]。

解决：使用 killall gzserver 和 killall gzclient 命令杀死相应进程后重启。

6.1.4 机器人系统仿真综合说明

机器人系统仿真是一种集成实现，主要包含 3 部分：

- URDF，用于创建机器人模型。

- Gazebo,用于搭建仿真环境。
- RViz,以图形化的方式显示机器人各种传感器感知的环境信息。

在实际应用中,只创建 URDF 意义不大,一般需要结合 Gazebo 或 RViz 使用,在 Gazebo 或 RViz 中可以将 URDF 文件解析为图形化的机器人模型,一般的使用组合如下:

- 如果非仿真环境,那么使用 URDF 结合 RViz 直接显示感知的真实环境信息。
- 如果是仿真环境,那么需要使用 URDF 结合 Gazebo 搭建仿真环境,并结合 RViz 显示感知的虚拟环境信息。

在后续内容中,将首先介绍 URDF 与 RViz 的集成使用,除了关注在 RViz 中显示机器人模型的方法外,还重点介绍 URDF 语法;然后通过介绍 URDF 与 Gazebo 的集成,关注 URDF 仿真相关语法以及仿真环境搭建;最后集成 URDF、Gazebo 和 RViz,实现综合应用。

◆ 6.2　URDF 集成 RViz 基本流程

在 6.1 节中介绍过,URDF 不能单独使用,需要结合 RViz 或 Gazebo 才能完成相应的工作。实际上,URDF 只是一个文件,需要在 RViz 或 Gazebo 中渲染成图形化的机器人模型才能进行显示。在本节中,首先演示 URDF 与 RViz 的集成使用,因为 URDF 与 RViz 的集成较之于 URDF 与 Gazebo 的集成更为简单。在 6.3 节中,基于 RViz 的集成实现,再进一步介绍 URDF 语法。

需求描述

在 RViz 中显示一个盒状机器人。

结果演示

显示结果如图 6-1 所示。

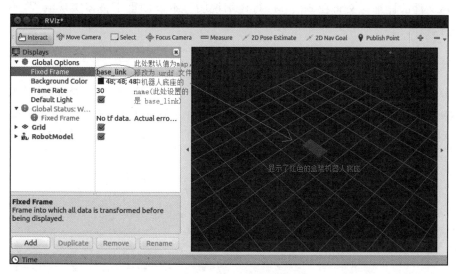

图 6-1　在 RViz 中显示盒状机器人

实现流程

(1) 准备:创建功能包并导入依赖包。

（2）核心 1：编写 URDF 文件。

（3）核心 2：在 launch 文件中集成 URDF 与 RViz。

（4）结果显示：在 RViz 中显示机器人模型。

6.2.1　创建功能包并导入依赖包

创建一个新的功能包，名称自定义，导入依赖包：urdf 与 xacro。创建完成后，再在新功能包下创建如下 4 个目录：

- urdf：存储 URDF 文件的目录。
- meshes：机器人模型渲染文件（暂不使用）。
- config：配置文件。
- launch：存储 launch 启动文件。

6.2.2　编写 URDF 文件

在新建的 urdf 子级文件中添加一个 URDF 文件，复制如下内容：

```
<robot name="mycar">
    <link name="base_link">
        <visual>
            <geometry>
                <box size="0.5 0.2 0.1" />
            </geometry>
        </visual>
    </link>
</robot>
```

上述文件的详细含义将在 6.3 节进行详细说明。本节侧重于整体实现流程，不对代码含义进行解释。

6.2.3　在 launch 文件中集成 URDF 与 RViz

在 launch 目录下新建一个 launch 文件，该 launch 文件需要启动 RViz，并导入 URDF 文件，RViz 启动后可以自动载入并解析 URDF 文件，并显示机器人模型。核心问题是如何导入 URDF 文件。在 ROS 中，可以将 URDF 文件的路径设置到参数服务器上，使用的参数名是 robot_description，示例代码如下：

```
<launch>
    <!-- 设置参数 -->
    <param name="robot_description" textfile="$(find 包名)/urdf/urdf/urdf01_
HelloWorld.urdf" />
    <!-- 启动 rviz -->
    <node pkg="rviz" type="rviz" name="rviz" />
</launch>
```

6.2.4　在 RViz 中显示机器人模型

RViz 启动后，会发现并没有盒装的机器人模型，这是因为默认情况下没有添加机器人显示组件,需要手动添加。添加方式为在 RViz 界面中选择 Add→RobotModel→OK,具体操作过程如图 6-2 所示。

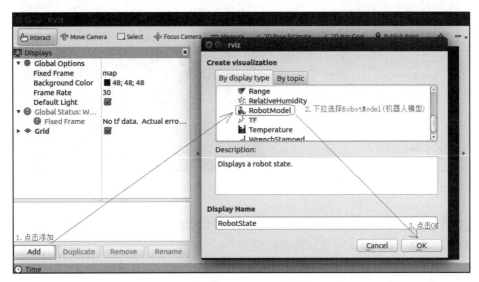

图 6-2　添加机器人模型

设置完成后,即可在 RViz 的可视化窗口中看到加载的机器人模型了,如图 6-3 所示。

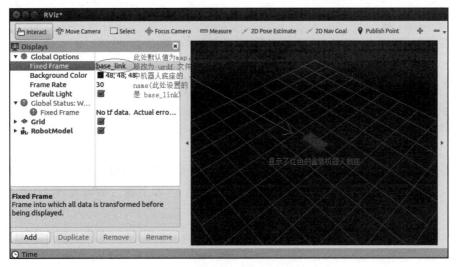

图 6-3　RViz 加载机器人模型成功

6.2.5　优化 RViz 启动

重复启动 launch 文件时,RViz 之前的组件配置信息不会自动保存,需要重复执行 6.2.4 节的操作,费时费力。为了方便使用,可以将 RViz 中以图形化界面方式设置的各种配置保存为以 RViz 为扩展名的本地文件,在下次使用时直接加载该文件即可完成相同的设置。

首先在需要保存相应配置的 RViz 窗口中选择 File→Save Config As,具体操作可参考

图 6-4。

图 6-4　在 RViz 中保存配置

在保存相应的 RViz 配置文件后,即可在 launch 文件中为 RViz 的启动添加参数实现, args 属性的设置方式为"-d 配置文件路径"。

```
<launch>
    <param name="robot_description" textfile="$(find 包名)/urdf/urdf/ urdf01_
HelloWorld.urdf" />
    <node pkg="rviz" type="rviz" name="rviz" args="-d $(find 包名)/ config/
rviz/show_mycar.rviz" />
</launch>
```

如此一来,再启动 RViz 时,就可以包含之前的组件配置了,使用时更方便快捷。

◆ 6.3　URDF 语法详解

URDF 文件是一个标准的 XML 文件。在 ROS 中预定义了一系列标签用于描述机器人模型,这些文件以 XML 文件为载体,URDF 便是一种用于存储这些描述的 XML 文件。机器人模型可能较为复杂,但是 ROS 的 URDF 中机器人的组成却是较为简单的,它可以简化描述为两部分:连杆(link 标签)与关节(joint 标签)。本节通过案例梳理 URDF 中的几种标签:

- robot。根标签,类似于 launch 文件中的 launch 标签,用于声明 URDF 描述的起止。
- link。连杆标签。
- joint。关节标签。
- gazebo。集成 Gazebo 需要使用的标签。

需要指出,gazebo 标签在后续小节中集成 Gazebo 仿真时才会使用到,它用于配置仿真环境所需参数,例如机器人材料属性、Gazebo 插件等。gazebo 标签不是机器人模型必需的,只有在仿真时才需设置。

6.3.1　robot

XML 文件中每个标签的定义需要关注属性和子标签两方面,本节后续对各个标签的介绍也按照这个逻辑进行。

在 URDF 中,为了保证 XML 语法的完整性,使用 robot 标签作为根标签,所有的 link 和 joint 以及其他标签都必须包含在 robot 标签内。在 robot 标签内,可以通过 name 属性设置机器人模型的名称,并以子标签的形式按层级为 robot 添加各个组件。

1. 属性

对于作为根标签的 robot 标签,只需要关注 name 属性,其作用是为机器人模型添加名称。

2. 子标签

在一个 URDF 中,其他所有标签都是 robot 标签的子标签。事实上,robot 标签的作用也正在于此:声明后续的各个组件都属于一个单元,即此处定义的 robot。

6.3.2 link

URDF 中的 link 标签用于描述机器人某个部件(即刚体部分)的外观和物理属性,例如机器人底座、轮子、激光雷达、摄像头,每一个独立部件都对应一个 link 标签。在 link 标签内,可以设计该部件的形状、尺寸、颜色、惯性矩阵、碰撞参数等一系列属性。如图 6-5 所示,方框内的部分均为 link 标签所涵盖的内容。

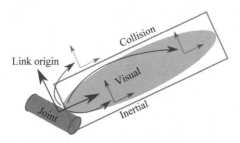

图 6-5 link 标签逻辑关系

特别指出,link 标签可以直观理解为连杆,即机械原理意义上一个独立运动的构件,而非直译的"连接"。连杆之间连接关系的定义方式在 6.3.3 节单独介绍。

1. 属性

name:为连杆命名。

2. 子标签

visual:描述外观(对应的数据是可视的)。

■ geometry:设置连杆的形状。

　◆ 标签 1:box(盒状)。

　　• 属性:size,即长(x)、宽(y)、高(z)。

　◆ 标签 2:cylinder(圆柱)。

　　• 属性:radius(半径),length(高度)。

　◆ 标签 3:sphere(球体)。

　　• 属性:radius(半径)。

　◆ 标签 4:mesh(为连杆添加皮肤)。

- 属性：filename(资源路径，格式为 package：//＜packagename＞/＜path＞/文件)。
- origin：设置偏移量与倾斜弧度。
  - 属性 1：xyz(在 X、Y、Z 方向的偏移)。
  - 属性 2：rpy(r 为翻滚，p 为俯仰，y 为偏航，单位是弧度)。
- material：设置材料属性(颜色)。
  - 属性：name。
  - 标签：color。
    - 属性：rgba(红、绿、蓝权重值与透明度，每个权重值以及透明度在[0,1]区间取值)。

collision：连杆的碰撞属性。

inertial：连杆的惯性矩阵。

3. 案例

分别生成长方体、圆柱与球体的机器人部件，相应的 XML 文件如下：

```
<link name="base_link">
    <visual>
        <!-- 形状 -->
        <geometry>
            <!-- 长方体的长、宽、高 -->
            <!-- <box size="0.5 0.3 0.1" /> -->
            <!-- 圆柱的半径和长度 -->
            <!-- <cylinder radius="0.5" length="0.1" /> -->
            <!-- 球体的半径-->
            <!-- <sphere radius="0.3" /> -->
        </geometry>
        <!-- 坐标与翻滚、俯仰、偏航角度(弧度) -->
        <origin xyz="0 0 0" rpy="0 0 0" />
        <!-- 颜色: r=red g=green b=blue a=alpha -->
        <material name="black">
            <color rgba="0.7 0.5 0 0.5" />
        </material>
    </visual>
</link>
```

6.3.3   joint

URDF 中的 joint 标签用于描述机器人关节的运动学和动力学属性，还可以指定关节运动的安全极限。机器人的两个部件(分别称为 parent link 与 child link)以关节的形式相连接。不同的关节有不同的运动形式，如旋转、滑动、固定、旋转速度限制、旋转角度限制。举例来说，安装在底座上的轮子可以 360°旋转，而摄像头则可能完全固定在底座上。joint 标签逻辑关系可参考图 6-6。

需要指出，joint 标签对应的数据在模型中是不可见的(与前面的 visual 标签不同)，定义的只是模型内各组件的逻辑连接关系和动力学特性。

1. 属性

name：为关节命名。

type：关节运动形式。

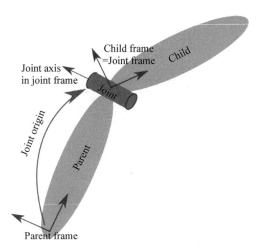

图 6-6　**joint** 标签逻辑关系

- continuous：旋转关节,可以绕单轴无限旋转。
- revolute：旋转关节,类似于 continues,但是有旋转角度限制。
- prismatic：滑动关节,沿某一轴线移动,有位置极限。
- planer：平面关节,允许在平面正交方向上平移或旋转。
- floating：浮动关节,允许进行平移、旋转运动。
- fixed：固定关节,不允许运动的特殊关节。

2. 子标签

parent：父级连杆(必需的)。
- 属性：parent link(父级连杆的名字),是这个连杆在机器人结构树中的名字。

child：子级连杆(必需的)。
- 属性：child link(子级连杆的名字),是这个连杆在机器人结构树中的名字。

origin：原点。
- 属性：xyz(各轴线上的偏移量),rpy(各轴线上的偏移弧度)。

axis：轴。
- 属性：xyz(用于设置围绕哪个关节轴运动)。

3. 案例

需求：创建机器人模型,底盘为长方体,在长方体的前面添加一个摄像头,摄像头可以沿着 Z 轴作 360°旋转。

URDF 文件示例如下：

```
<robot name="mycar">
    <!-- 底盘 -->
    <link name="base_link">
        <visual>
            <geometry>
                <box size="0.5 0.2 0.1" />
            </geometry>
            <origin xyz="0 0 0" rpy="0 0 0" />
```

```
            <material name="blue">
                <color rgba="0 0 1.0 0.5" />
            </material>
        </visual>
    </link>
    <!-- 摄像头 -->
    <link name="camera">
        <visual>
            <geometry>
                <box size="0.02 0.05 0.05" />
            </geometry>
            <origin xyz="0 0 0" rpy="0 0 0" />
            <material name="red">
                <color rgba="1 0 0 0.5" />
            </material>
        </visual>
    </link>
    <!-- 关节 -->
    <joint name="camera2baselink" type="continuous">
        <parent link="base_link"/>
        <child link="camera" />
        <!-- 需要计算两个连杆的物理中心之间的偏移量 -->
        <origin xyz="0.2 0 0.075" rpy="0 0 0" />
        <axis xyz="0 0 1" />
    </joint>
</robot>
```

为了使上述 URDF 文件显示在 RViz 中，可以将其集成在 launch 文件中，相应的 launch 文件实现方式如下：

```
<launch>
    < param name="robot_description" textfile="$(find urdf_rviz_demo)/urdf/
urdf/urdf03_joint.urdf" />
    <node pkg="rviz" type="rviz" name="rviz" args="-d $(find urdf_rviz_demo)/
config/helloworld.rviz" />
    <!-- 添加关节状态发布节点 -->
    <node pkg="joint_state_publisher" type="joint_state_publisher" name=
"joint_state_publisher" />
    <!-- 添加机器人状态发布节点 -->
    <node pkg="robot_state_publisher" type="robot_state_publisher" name=
"robot_state_publisher" />
    <!-- 可选:用于控制关节运动的节点 -->
    < node pkg="joint_state_publisher_gui" type="joint_state_publisher_gui"
name="joint_state_publisher_gui" />
</launch>
```

在上述的 launch 文件实现中，状态发布节点是必需的。只有状态发布节点从 URDF 文件中读取并发布 robot 状态和 joint 状态，RViz 才能接收到相应的消息，从而将机器人模型显示出来。

关节运动控制节点并非必需。该节点的作用是启动一个图形化窗口，通过该窗口中的按键和光标即可发布关节运动的相关消息，从而检查关节能否成功按照设计意图运动。

4. base_footprint 优化 URDF

仔细观察可以发现,前面实现的机器人模型是半沉到地下的。因为在默认情况下底盘的中心点位于地图原点,所以会导致这种情况。为了解决这个问题,可以将初始连杆设置为一个尺寸极小的连杆(例如半径为 0.001m 的球体,或边长为 0.001m 的立方体),然后再在初始连杆上添加底盘等刚体。这样,虽然仍然存在初始连杆半沉的现象,但它并不属于实际所需建立的机器人模型。而且由于它体积非常小,基本上可以忽略。这个初始连杆一般称为 base_footprint。增加 base_footprint 后的实现代码如下:

```
<!--
    使用 base_footprint 优化
-->
<robot name="mycar">
    <!-- 设置一个原点(机器人中心点的投影) -->
    <link name="base_footprint">
        <visual>
            <geometry>
                <sphere radius="0.001" />
            </geometry>
        </visual>
    </link>
    <!-- 添加底盘 -->
    <link name="base_link">
        <visual>
            <geometry>
                <box size="0.5 0.2 0.1" />
            </geometry>
            <origin xyz="0 0 0" rpy="0 0 0" />
            <material name="blue">
                <color rgba="0 0 1.0 0.5" />
            </material>
        </visual>
    </link>
    <!-- 底盘与原点连接的关节 -->
    <joint name="base_link2base_footprint" type="fixed">
        <parent link="base_footprint" />
        <child link="base_link" />
        <origin xyz="0 0 0.05" />
    </joint>
    <!-- 添加摄像头 -->
    <link name="camera">
        <visual>
            <geometry>
                <box size="0.02 0.05 0.05" />
            </geometry>
            <origin xyz="0 0 0" rpy="0 0 0" />
            <material name="red">
                <color rgba="1 0 0 0.5" />
            </material>
        </visual>
    </link>
    <!-- 关节 -->
```

```
    <joint name="camera2baselink" type="continuous">
        <parent link="base_link"/>
        <child link="camera" />
        <origin xyz="0.2 0 0.075" rpy="0 0 0" />
        <axis xyz="0 0 1" />
    </joint>
</robot>
```

可以使用之前的 launch 文件继续启动该实现。

5. 常见问题及解决方法

问题 1：

命令行输出如下错误提示：

```
    UnicodeEncodeError: 'ascii' codec can't encode characters in position 463-
464: ordinal not in range(128)
    [joint_state_publisher-3] process has died [pid 4443, exit code 1, cmd /opt/
ros/melodic/lib/joint_state_publisher/joint_state_publisher __name:=joint_
state_publisher __log:=/home/rosmelodic/.ros/log/b38967c0-0acb-11eb-aee3-
0800278ee10c/joint_state_publisher-3.log].
    log file: /home/rosmelodic/.ros/log/b38967c0-0acb-11eb-aee3-0800278ee10c/
joint_state_publisher-3*.log
```

其含义为：RViz 提示坐标变换异常，导致机器人部件显示结构异常。

原因：中文字符不匹配引起的编码问题。

解决方法：取出 URDF 中的中文注释。

问题 2：［ERROR］［1584370263.037038］：Could not find the GUI，install the 'joint_state_publisher_gui' package。

解决方法：

```
sudo apt install ros-noetic-joint-state-publisher-gui
```

6.3.4 URDF 练习

需求描述

创建一个四轮圆柱状机器人模型，机器人参数如下：底盘为圆柱状，半径为 10cm，高为 8cm，四轮由两个驱动轮和两个万向支撑轮组成，两个驱动轮半径为 3.25cm，轮胎宽度为 1.5cm，两个万向支撑轮为球状，半径为 0.75cm，底盘离地间距为 1.5cm（与万向支撑轮直径一致）。

结果演示

URDF 练习结果如图 6-7 所示。

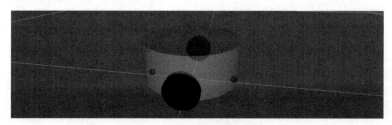

图 6-7 URDF 练习结果

实现流程

创建机器人模型可以分 4 个步骤实现。

(1) 新建 URDF 文件以及 launch 文件。

URDF 文件框架:

```
<robot name="mycar">
    <!-- 设置 base_footprint  -->
    <link name="base_footprint">
        <visual>
            <geometry>
                <sphere radius="0.001" />
            </geometry>
        </visual>
    </link>
    <!-- 添加底盘 -->
    <!-- 添加驱动轮 -->
    <!-- 添加万向轮(支撑轮) -->
</robot>
```

使用 launch 文件进行集成:

```
<launch>
    <!-- 将 URDF 文件内容设置进参数服务器 -->
    <param name="robot_description" textfile="$(find demo01_urdf_helloworld)/
urdf/urdf/test.urdf" />
    <!-- 启动 rivz -->
    <node pkg="rviz" type="rviz" name="rviz_test" args="-d $(find demo01_urdf_
helloworld)/config/helloworld.rviz" />
    <!-- 启动机器人状态和关节状态发布节点 -->
    <node pkg="robot_state_publisher" type="robot_state_publisher" name=
"robot_state_publisher" />
    <node pkg="joint_state_publisher" type="joint_state_publisher" name=
"joint_state_publisher" />
    <!-- 启动图形化的控制关节运动节点 -->
    <node pkg="joint_state_publisher_gui" type="joint_state_publisher_gui"
name="joint_state_publisher_gui" />
</launch>
```

(2) 底盘搭建。将下列内容添加到上一步搭建的 RUDF 框架中的相应位置即可。

```
<!--
        参数
            形状:圆柱
            半径:10      cm
            高度:8       cm
            离地:1.5     cm

    -->
    <link name="base_link">
        <visual>
            <geometry>
                <cylinder radius="0.1" length="0.08" />
            </geometry>
```

```
            <origin xyz="0 0 0" rpy="0 0 0" />
            <material name="yellow">
                <color rgba="0.8 0.3 0.1 0.5" />
            </material>
        </visual>
    </link>
    <joint name="base_link2base_footprint" type="fixed">
        <parent link="base_footprint" />
        <child link="base_link" />
        <origin xyz="0 0 0.055" />
    </joint>
```

（3）添加驱动轮。

```
<!-- 添加驱动轮 -->
    <!--
        驱动轮是侧翻的圆柱
        参数
            半径：3.25 cm
            宽度：1.5  cm
            颜色：黑色
        关节设置：
            x = 0
            y = 底盘半径 + 轮胎宽度 / 2
            z = 离地间距 + 底盘长度 / 2 - 轮胎半径 = 1.5 + 4 - 3.25 = 2.25(cm)
            axis = 0 1 0
    -->
    <link name="left_wheel">
        <visual>
            <geometry>
                <cylinder radius="0.0325" length="0.015" />
            </geometry>
            <origin xyz="0 0 0" rpy="1.5705 0 0" />
            <material name="black">
                <color rgba="0.0 0.0 0.0 1.0" />
            </material>
        </visual>
    </link>
    <joint name="left_wheel2base_link" type="continuous">
        <parent link="base_link" />
        <child link="left_wheel" />
        <origin xyz="0 0.1 -0.0225" />
        <axis xyz="0 1 0" />
    </joint>
    <link name="right_wheel">
        <visual>
            <geometry>
                <cylinder radius="0.0325" length="0.015" />
            </geometry>
            <origin xyz="0 0 0" rpy="1.5705 0 0" />
            <material name="black">
                <color rgba="0.0 0.0 0.0 1.0" />
            </material>
```

6.6.2　URDF 集成 Gazebo 相关设置

较之于 RViz，Gazebo 在集成 URDF 时需要做些许修改。例如，必须添加 collision（碰撞）属性相关参数、必须添加 inertial（惯性矩阵）相关参数。另外，如果直接移植 RViz 中机器人的颜色设置是没有显示的，颜色设置也必须做相应的变更。

1. 碰撞设置

如果机器人的连杆是标准的几何体形状，那么 collision 的设置和连杆的 visual 属性设置保持一致即可。

2. 惯性设置

惯性矩阵的设置需要结合连杆的质量与外形参数动态生成，标准的球体、圆柱与立方体的惯性矩阵设置如下（已经封装为 Xacro 实现）。

球体惯性矩阵设置：

```
<!-- Macro for inertia matrix -->
    <xacro:macro name="sphere_inertial_matrix" params="m r">
        <inertial>
            <mass value="${m}" />
            <inertia ixx="${2 * m * r * r/5}" ixy="0" ixz="0"
                iyy="${2 * m * r * r/5}" iyz="0"
                izz="${2 * m * r * r/5}" />
        </inertial>
    </xacro:macro>
```

圆柱惯性矩阵设置：

```
<xacro:macro name="cylinder_inertial_matrix" params="m r h">
        <inertial>
            <mass value="${m}" />
            <inertia ixx="${m * (3 * r * r+h * h)/12}" ixy = "0" ixz = "0"
                iyy="${m * (3 * r * r+h * h)/12}" iyz = "0"
                izz="${m * r * r/2}" />
        </inertial>
    </xacro:macro>
```

立方体惯性矩阵设置：

```
<xacro:macro name="Box_inertial_matrix" params="m l w h">
    <inertial>
            <mass value="${m}" />
            <inertia ixx="${m * (h * h + l * l)/12}" ixy = "0" ixz = "0"
                iyy="${m * (w * w + l * l)/12}" iyz= "0"
                izz="${m * (w * w + h * h)/12}" />
    </inertial>
</xacro:macro>
```

需要注意的是，原则上，除了 base_footprint 外，机器人的每个刚体部分都需要设置惯性矩阵，且惯性矩阵必须经计算得出。如果随意定义刚体部分的惯性矩阵，那么可能导致机器人在 Gazebo 中出现抖动、移动等现象。

3. 颜色设置

在 Gazebo 中要显示连杆的颜色,必须使用指定的标签:

```
<gazebo reference="link 节点名称">
    <material>Gazebo/Blue</material>
</gazebo>
```

注意:在 material 标签中设置的值区分大小写,颜色可以设置为 Red、Blue、Green、Black 等。

6.6.3　URDF 集成 Gazebo 实操

需求描述

将之前的机器人模型(Xacro 版)显示在 Gazebo 中。

结果演示

在 Gazebo 中显示的机器人模型如图 6-16 所示。

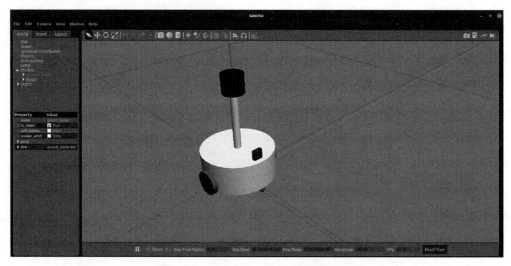

图 6-16　在 Gazebo 中显示的机器人模型

实现流程

(1) 编写封装惯性矩阵算法的 Xacro 文件:

```
<robot name="base" xmlns:xacro="http://wiki.ros.org/xacro">
    <!-- Macro for inertia matrix -->
    <xacro:macro name="sphere_inertial_matrix" params="m r">
        <inertial>
            <mass value="${m}" />
            <inertia ixx="${2 * m * r * r/5}" ixy="0" ixz="0"
                iyy="${2 * m * r * r/5}" iyz="0"
                izz="${2 * m * r * r/5}" />
        </inertial>
    </xacro:macro>
    <xacro:macro name="cylinder_inertial_matrix" params="m r h">
        <inertial>
```

```
                <mass value="${m}" />
                <inertia ixx="${m * (3 * r * r+h * h)/12}" ixy = "0" ixz = "0"
                        iyy="${m * (3 * r * r+h * h)/12}" iyz = "0"
                        izz="${m * r * r/2}" />
            </inertial>
        </xacro:macro>
        <xacro:macro name="Box_inertial_matrix" params="m l w h">
            <inertial>
                <mass value="${m}" />
                <inertia ixx="${m * (h * h + l * l)/12}" ixy = "0" ixz = "0"
                        iyy="${m * (w * w + l * l)/12}" iyz = "0"
                        izz="${m * (w * w + h * h)/12}" />
            </inertial>
        </xacro:macro>
    </robot>
```

(2) 编写 Xacro 文件，并设置 collision、inertial 以及 color 等参数。

底盘 Xacro 文件：

```
<!--
    使用 Xacro 优化 URDF 版的小车底盘实现
    实现思路：
    1.将一些常量、变量封装为 xacro:property
        例如 PI 值、小车底盘半径、离地高度、车轮半径、宽度等
    2.使用宏封装驱动轮以及支撑轮实现,调用相关宏生成驱动轮与支撑轮

-->
<!-- 根标签,必须声明 xmlns:xacro -->
<robot name="my_base" xmlns:xacro="http://www.ros.org/wiki/xacro">
    <!-- 封装变量、常量 -->
    <!-- PI 值设置精度需要高一些,否则后续车轮翻转量计算时可能会出现肉眼不能察觉的车
轮倾斜,从而导致模型抖动 -->
    <xacro:property name="PI" value="3.1415926"/>
    <!-- 宏:黑色设置 -->
    <material name="black">
        <color rgba="0.0 0.0 0.0 1.0" />
    </material>
    <!-- 底盘属性 -->
    <xacro:property name="base_footprint_radius" value="0.001" />
<!-- base_footprint 半径   -->
    <xacro:property name="base_link_radius" value="0.1" />
<!-- base_link 半径 -->
    <xacro:property name="base_link_length" value="0.08" />
<!-- base_link 长 -->
    <xacro:property name="ground_clearance" value="0.015" /> <!-- 离地高度 -->
    <xacro:property name="base_link_m" value="0.5" /> <!-- 质量   -->
    <!-- 底盘 -->
    <link name="base_footprint">
      <visual>
        <geometry>
          <sphere radius="${base_footprint_radius}" />
        </geometry>
      </visual>
```

```
      </link>
    <link name="base_link">
      <visual>
        <geometry>
          <cylinder radius="${base_link_radius}" length="${base_link_length}" />
        </geometry>
        <origin xyz="0 0 0" rpy="0 0 0" />
        <material name="yellow">
          <color rgba="0.5 0.3 0.0 0.5" />
        </material>
      </visual>
      <collision>
        <geometry>
          <cylinder radius="${base_link_radius}" length="${base_link_length}" />
        </geometry>
        <origin xyz="0 0 0" rpy="0 0 0" />
      </collision>
      <xacro:cylinder_inertial_matrix m="${base_link_m}" r="${base_link_radius}" h="${base_link_length}" />
    </link>
    <joint name="base_link2base_footprint" type="fixed">
      <parent link="base_footprint" />
      <child link="base_link" />
      <origin xyz="0 0 ${ground_clearance + base_link_length / 2 }" />
    </joint>
    <gazebo reference="base_link">
        <material>Gazebo/Yellow</material>
    </gazebo>
    <!-- 驱动轮 -->
    <!-- 驱动轮属性 -->
    <xacro:property name="wheel_radius" value="0.0325" /><!-- 半径 -->
    <xacro:property name="wheel_length" value="0.015" /><!-- 宽度 -->
    <xacro:property name="wheel_m" value="0.05" /> <!-- 质量   -->
    <!-- 驱动轮宏实现 -->
    <xacro:macro name="add_wheels" params="name flag">
      <link name="${name}_wheel">
        <visual>
          <geometry>
            <cylinder radius="${wheel_radius}" length="${wheel_length}" />
          </geometry>
          <origin xyz="0.0 0.0 0.0" rpy="${PI / 2} 0.0 0.0" />
          <material name="black" />
        </visual>
        <collision>
          <geometry>
            <cylinder radius="${wheel_radius}" length="${wheel_length}" />
          </geometry>
          <origin xyz="0.0 0.0 0.0" rpy="${PI / 2} 0.0 0.0" />
        </collision>
        <xacro:cylinder_inertial_matrix m="${wheel_m}" r="${wheel_radius}" h="${wheel_length}" />
      </link>
      <joint name="${name}_wheel2base_link" type="continuous">
```

```xml
        <parent link="base_link" />
        <child link="${name}_wheel" />
        <origin xyz="0 ${flag * base_link_radius} ${-(ground_clearance + base_
link_length / 2 - wheel_radius) }" />
        <axis xyz="0 1 0" />
    </joint>
    <gazebo reference="${name}_wheel">
        <material>Gazebo/Red</material>
    </gazebo>
  </xacro:macro>
  <xacro:add_wheels name="left" flag="1" />
  <xacro:add_wheels name="right" flag="-1" />
  <!-- 支撑轮 -->
  <!-- 支撑轮属性 -->
  <xacro:property name="support_wheel_radius" value="0.0075" />
<!-- 支撑轮半径 -->
  <xacro:property name="support_wheel_m" value="0.03" /> <!-- 质量   -->
  <!-- 支撑轮宏 -->
  <xacro:macro name="add_support_wheel" params="name flag" >
    <link name="${name}_wheel">
      <visual>
        <geometry>
            <sphere radius="${support_wheel_radius}" />
        </geometry>
        <origin xyz="0 0 0" rpy="0 0 0" />
        <material name="black" />
      </visual>
      <collision>
        <geometry>
            <sphere radius="${support_wheel_radius}" />
        </geometry>
        <origin xyz="0 0 0" rpy="0 0 0" />
      </collision>
      <xacro:sphere_inertial_matrix m="${support_wheel_m}" r="${support_
wheel_radius}" />
    </link>
    <joint name="${name}_wheel2base_link" type="continuous">
        <parent link="base_link" />
        <child link="${name}_wheel" />
        <origin xyz="${flag * (base_link_radius - support_wheel_radius)} 0
${-(base_link_length / 2 + ground_clearance / 2)}" />
        <axis xyz="1 1 1" />
    </joint>
    <gazebo reference="${name}_wheel">
        <material>Gazebo/Red</material>
    </gazebo>
  </xacro:macro>
  <xacro:add_support_wheel name="front" flag="1" />
  <xacro:add_support_wheel name="back" flag="-1" />
</robot>
```

注意：如果机器人模型在 Gazebo 中产生了抖动、滑动、缓慢位移等情况，可以按照以下
两点检查：

- 是否设置了惯性矩阵,且设置是否正确、合理。
- 车轮翻转依赖于 PI 值。如果 PI 值精度偏低,也可能导致上述情况产生。

摄像头 Xacro 文件:

```xml
<!-- 摄像头相关的 Xacro 文件 -->
<robot name="my_camera" xmlns:xacro="http://wiki.ros.org/xacro">
    <!-- 摄像头属性 -->
    <xacro:property name="camera_length" value="0.01" /> <!-- 摄像头长度(x) -->
    <xacro:property name="camera_width" value="0.025" /> <!-- 摄像头宽度(y) -->
    <xacro:property name="camera_height" value="0.025" /> <!-- 摄像头高度(z) -->
    <xacro:property name="camera_x" value="0.08" /> <!-- 摄像头安装的 x 坐标 -->
    <xacro:property name="camera_y" value="0.0" /> <!-- 摄像头安装的 y 坐标 -->
    <xacro:property name="camera_z" value="${base_link_length / 2 + camera_
     height / 2}" /> <!-- 摄像头安装的 z 坐标:底盘高度 / 2 + 摄像头高度 / 2 -->
    <xacro:property name="camera_m" value="0.01" /> <!-- 摄像头质量 -->
    <!-- 摄像头关节以及连杆 -->
    <link name="camera">
        <visual>
            <geometry>
                <box size="${camera_length} ${camera_width} ${camera_height}" />
            </geometry>
            <origin xyz="0.0 0.0 0.0" rpy="0.0 0.0 0.0" />
            <material name="black" />
        </visual>
        <collision>
            <geometry>
                <box size="${camera_length} ${camera_width} ${camera_height}" />
            </geometry>
            <origin xyz="0.0 0.0 0.0" rpy="0.0 0.0 0.0" />
        </collision>
        <xacro:Box_inertial_matrix m="${camera_m}" l="${camera_length}" w=
         "${camera_width}" h="${camera_height}" />
    </link>
    <joint name="camera2base_link" type="fixed">
        <parent link="base_link" />
        <child link="camera" />
        <origin xyz="${camera_x} ${camera_y} ${camera_z}" />
    </joint>
    <gazebo reference="camera">
        <material>Gazebo/Blue</material>
    </gazebo>
</robot>
```

雷达 Xacro 文件:

```xml
<!--
    小车底盘添加雷达
-->
<robot name="my_laser" xmlns:xacro="http://wiki.ros.org/xacro">

    <!-- 雷达支架 -->
    <xacro:property name="support_length" value="0.15" /> <!-- 支架长度 -->
    <xacro:property name="support_radius" value="0.01" /> <!-- 支架半径 -->
```

```xml
<xacro:property name="support_x" value="0.0" /> <!-- 支架安装的 x 坐标 -->
<xacro:property name="support_y" value="0.0" /> <!-- 支架安装的 y 坐标 -->
<xacro:property name="support_z" value="${base_link_length / 2 + support_
length / 2}" /> <!-- 支架安装的 z 坐标:底盘高度 / 2 + 支架高度 / 2  -->
<xacro:property name="support_m" value="0.02" /> <!-- 支架质量 -->
<link name="support">
    <visual>
        <geometry>
            <cylinder radius="${support_radius}" length="${support_
            length}" />
        </geometry>
        <origin xyz="0.0 0.0 0.0" rpy="0.0 0.0 0.0" />
        <material name="red">
            <color rgba="0.8 0.2 0.0 0.8" />
        </material>
    </visual>
    <collision>
        <geometry>
            <cylinder radius="${support_radius}" length="${support_
            length}" />
        </geometry>
        <origin xyz="0.0 0.0 0.0" rpy="0.0 0.0 0.0" />
    </collision>
    <xacro:cylinder_inertial_matrix m="${support_m}" r="${support_radius}"
     h="${support_length}" />
</link>
<joint name="support2base_link" type="fixed">
    <parent link="base_link" />
    <child link="support" />
    <origin xyz="${support_x} ${support_y} ${support_z}" />
</joint>
<gazebo reference="support">
    <material>Gazebo/White</material>
</gazebo>
<!-- 雷达属性 -->
<xacro:property name="laser_length" value="0.05" /> <!-- 雷达长度 -->
<xacro:property name="laser_radius" value="0.03" /> <!-- 雷达半径 -->
<xacro:property name="laser_x" value="0.0" /> <!-- 雷达安装的 x 坐标 -->
<xacro:property name="laser_y" value="0.0" /> <!-- 雷达安装的 y 坐标 -->
<xacro:property name="laser_z" value="${support_length / 2 + laser_length /
  2}" /> <!-- 雷达安装的 z 坐标:支架高度 / 2 + 雷达高度 / 2  -->
<xacro:property name="laser_m" value="0.1" /> <!-- 雷达质量 -->
<!-- 雷达关节以及连杆 -->
<link name="laser">
    <visual>
        <geometry>
            <cylinder radius="${laser_radius}" length="${laser_length}" />
        </geometry>
        <origin xyz="0.0 0.0 0.0" rpy="0.0 0.0 0.0" />
        <material name="black" />
    </visual>
    <collision>
        <geometry>
```

```
                    <cylinder radius="${laser_radius}" length="${laser_length}" />
                </geometry>
                <origin xyz="0.0 0.0 0.0" rpy="0.0 0.0 0.0" />
            </collision>
            <xacro:cylinder_inertial_matrix m="${laser_m}" r="${laser_radius}" h=
             "${laser_length}" />
        </link>
        <joint name="laser2support" type="fixed">
            <parent link="support" />
            <child link="laser" />
            <origin xyz="${laser_x} ${laser_y} ${laser_z}" />
        </joint>
        <gazebo reference="laser">
            <material>Gazebo/Black</material>
        </gazebo>
    </robot>
```

组合底盘、摄像头与雷达的 Xacro 文件：

```
<!-- 组合小车底盘与摄像头 -->
<robot name="my_car_camera" xmlns:xacro="http://wiki.ros.org/xacro">
    <xacro:include filename="my_head.urdf.xacro" />
    <xacro:include filename="my_base.urdf.xacro" />
    <xacro:include filename="my_camera.urdf.xacro" />
    <xacro:include filename="my_laser.urdf.xacro" />
</robot>
```

（3）在 launch 文件中启动 Gazebo 并添加机器人模型。

launch 文件：

```
<launch>
    <!-- 将 URDF 文件的内容加载到参数服务器 -->
    <param name="robot_description" command="$(find xacro)/xacro $(find demo02_
     urdf_gazebo)/urdf/xacro/my_base_camera_laser.urdf.xacro" />
    <!-- 启动 Gazebo -->
    <include file="$(find gazebo_ros)/launch/empty_world.launch" />
    <!-- 在 Gazebo 中显示机器人模型 -->
    <node pkg="gazebo_ros" type="spawn_model" name="model" args="-urdf -model
     mycar -param robot_description"  />
</launch>
```

6.6.4 Gazebo 仿真环境搭建

到目前为止，已经可以将机器人模型显示在 Gazebo 中了。但是，在当前的默认情况下，Gazebo 中的机器人模型是在 empty world 中的，并没有房间、家具、道路、树木等仿真物。如何在 Gazebo 中创建仿真环境呢？

在 Gazebo 中创建仿真环境的实现方式有两种：

· 方式 1：直接添加内置组件并创建仿真环境。

· 方式 2：自定义（手动绘制）仿真环境（更为灵活）。

除此以外，还可以直接下载并使用官方或第三方提供的仿真环境插件。

1. 添加内置组件并创建仿真环境

（1）启动 Gazebo 并添加组件。

在 Gazebo 图形界面中，直接使用 Insert 菜单或工具栏上的图标，即可添加相应的组件，如图 6-17 所示。读者可根据需求自行添加所需组件，所有操作均为图形化方式，本书不对此进行赘述。

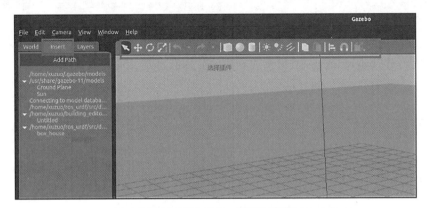

图 6-17　在 Gazebo 中添加组件

（2）保存仿真环境。

添加完毕后，选择 File→Save World as 选项，选择保存路径（功能包下的 World 目录），文件名自定义，扩展名设置为.world 即可，如图 6-18 所示。

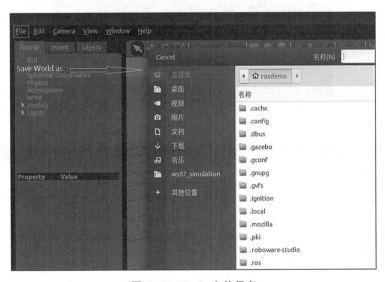

图 6-18　World 文件保存

（3）启动。

```
<launch>
    <!-- 将 URDF 文件的内容加载到参数服务器 -->
    <param name="robot_description" command="$(find xacro)/xacro $(find demo02_
    urdf_gazebo)/urdf/xacro/my_base_camera_laser.urdf.xacro" />
```

```
<!-- 启动 Gazebo -->
<include file="$(find gazebo_ros)/launch/empty_world.launch">
   <arg name="world_name" value="$(find demo02_urdf_gazebo)/worlds/hello.
    world" />
</include>
<!-- 在 Gazebo 中显示机器人模型 -->
<node pkg="gazebo_ros" type="spawn_model" name="model" args="-urdf -model
  mycar -param robot_description"  />
</launch>
```

核心代码是启动 empty_world 后再根据 arg 加载自定义的仿真环境：

```
<include file="$(find gazebo_ros)/launch/empty_world.launch">
   < arg name="world_name" value="$(find demo02_urdf_gazebo)/worlds/hello.
world" />
</include>
```

2. 自定义仿真环境

（1）启动 Gazebo，打开构建面板，如图 6-19 所示。绘制仿真环境，如图 6-20 所示。

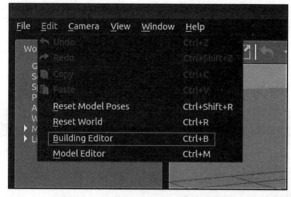

图 6-19 启动 Gazebo 并打开构建面板

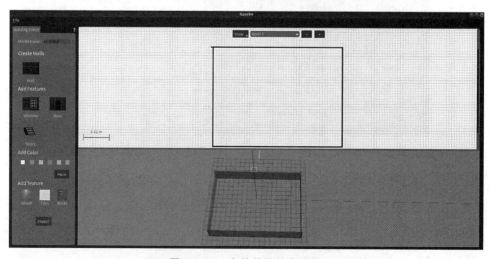

图 6-20 一个简单的仿真环境

（2）保存构建的环境。

选择 File→Save（保存路径功能包下的 models），然后选择 File→Exit Building Editor 即可。

（3）保存为 world 文件。

可以像方式 1 一样再添加一些插件，然后保存为 world 文件（保存路径功能包下的 worlds）。

（4）启动。

启动方法与方式 1 相同，可参考方式 1 中的实现。

3. 使用官方提供的插件

当前 Gazebo 提供的仿真道具有限，如果还需要更丰富的仿真道具，可以下载官方模型库，它可以提供更为丰富的仿真实现。

（1）下载官方模型库：

```
git clone https://github.com/osrf/gazebo_models
```

注意：此过程可能比较耗时，取决于网络环境。

（2）将模型库复制到 Gazebo 中。

将得到的 gazebo_models 目录的内容复制到/usr/share/gazebo-＊/models 即可。

（3）使用。

重启 Gazebo，选择菜单栏的 Insert 就可以插入相关的仿真道具了。

6.7　URDF、Gazebo 与 RViz 综合应用

关于 URDF（Xacro）、RViz 和 Gazebo 三者的关系，前面已经进行过阐述：URDF 用于创建机器人模型；RViz 可以显示机器人感知到的环境信息；Gazebo 用于仿真，可以模拟外界环境以及机器人的一些传感器。那么，如何在 Gazebo 中运行这些传感器，并显示这些传感器的数据（机器人的视角）呢？本节的重点就是将三者结合：通过 Gazebo 模拟机器人的传感器，然后在 RViz 中显示这些传感器感知的数据。

本节主要内容包括：

- 运动控制以及里程计数据显示。
- 雷达数据仿真以及显示。
- 摄像头数据仿真以及显示。
- kinect 数据仿真以及显示。

6.7.1　机器人运动控制以及里程计数据显示

截至目前，在 Gazebo 中已经可以正常显示机器人模型了，但是，如何像在 RViz 中一样控制机器人运动呢？在此，需要涉及 ROS 中的组件 ros_control。

1. ros_control 简介

考虑如下场景：同一套 ROS 程序，如何部署在不同的机器人系统上。例如，在开发阶段，为了提高效率，是在仿真平台上测试的，部署时又有不同的实体机器人平台，不同平台的

实现是有差异的。如何保证 ROS 程序的可移植性？ROS 内置的解决方式是 ros_control。

　　ros_control 是一组软件包，它包含了控制器接口、控制器管理器、传输和硬件接口。ros_control 是一套机器人控制的中间件，是一套规范，不同的机器人平台只要按照这套规范实现，就可以保证与 ROS 程序兼容。通过这套规范，实现了一种可插拔的架构设计方式，大大提高了程序设计的效率与灵活性。

　　Gazebo 已经实现了 ros_control 的相关接口，如果需要在 Gazebo 中控制机器人运动，直接调用相关接口即可。

2. 运动控制实现流程（Gazebo）

运动控制基本流程可概括如下。

（1）机器人模型创建完毕，编写一个单独的 Xacro 文件，为机器人模型的关节添加传动装置以及控制器。

　　两轮差速配置如下：

```xml
<robot name="my_car_move" xmlns:xacro="http://wiki.ros.org/xacro">
    <!-- 传动实现:用于连接控制器与关节 -->
    <xacro:macro name="joint_trans" params="joint_name">
        <!-- Transmission is important to link the joints and the controller -->
        <transmission name="${joint_name}_trans">
            <type>transmission_interface/SimpleTransmission</type>
            <joint name="${joint_name}">
                <hardwareInterface>hardware_interface/VelocityJointInterface
                </hardwareInterface>
            </joint>
            <actuator name="${joint_name}_motor">
                <hardwareInterface>hardware_interface/VelocityJointInterface
                </hardwareInterface>
                <mechanicalReduction>1</mechanicalReduction>
            </actuator>
        </transmission>
    </xacro:macro>
    <!-- 每一个驱动轮都需要配置传动装置 -->
    <xacro:joint_trans joint_name="left_wheel2base_link" />
    <xacro:joint_trans joint_name="right_wheel2base_link" />
    <!-- 控制器 -->
    <gazebo>
        <plugin name="differential_drive_controller" filename="libgazebo_ros_
        diff_drive.so">
            <rosDebugLevel>Debug</rosDebugLevel>
            <publishWheelTF>true</publishWheelTF>
            <robotNamespace>/</robotNamespace>
            <publishTf>1</publishTf>
            <publishWheelJointState>true</publishWheelJointState>
            <alwaysOn>true</alwaysOn>
            <updateRate>100.0</updateRate>
            <legacyMode>true</legacyMode>
```

```
            <leftJoint>left_wheel2base_link</leftJoint> <!-- 左轮 -->
            <rightJoint>right_wheel2base_link</rightJoint> <!-- 右轮 -->
            <wheelSeparation>${base_link_radius * 2}</wheelSeparation>
<!-- 车轮间距 -->
            <wheelDiameter>${wheel_radius * 2}</wheelDiameter>
<!-- 车轮直径 -->
            <broadcastTF>1</broadcastTF>
            <wheelTorque>30</wheelTorque>
            <wheelAcceleration>1.8</wheelAcceleration>
            <commandTopic>cmd_vel</commandTopic> <!-- 运动控制话题 -->
            <odometryFrame>odom</odometryFrame>
            <odometryTopic>odom</odometryTopic> <!-- 里程计话题 -->
            <robotBaseFrame>base_footprint</robotBaseFrame> <!-- 根坐标系 -->
        </plugin>
    </gazebo>
</robot>
```

（2）Xacro 文件集成。

还需要将上述 Xacro 文件集成到总的机器人模型文件中，代码示例如下：

```
<!-- 组合小车底盘与摄像头 -->
<robot name="my_car_camera" xmlns:xacro="http://wiki.ros.org/xacro">
    <xacro:include filename="my_head.urdf.xacro" />
    <xacro:include filename="my_base.urdf.xacro" />
    <xacro:include filename="my_camera.urdf.xacro" />
    <xacro:include filename="my_laser.urdf.xacro" />
    <xacro:include filename="move.urdf.xacro" />
</robot>
```

其中的关键是包含控制器以及传动配置的 Xacro 文件：

```
<xacro:include filename="move.urdf.xacro" />
```

（3）启动 Gazebo 并发布/cmd_vel 消息控制机器人运动。

launch 文件如下：

```
<launch>
    <!-- 将 URDF 文件的内容加载到参数服务器 -->
    <param name="robot_description" command="$(find xacro)/xacro $(find demo02_
    urdf_gazebo)/urdf/xacro/my_base_camera_laser.urdf.xacro" />
    <!-- 启动 Gazebo -->
    <include file="$(find gazebo_ros)/launch/empty_world.launch">
        <arg name="world_name" value="$(find demo02_urdf_gazebo)/worlds/hello.
        world" />
    </include>
    <!-- 在 Gazebo 中显示机器人模型 -->
    <node pkg="gazebo_ros" type="spawn_model" name="model" args="-urdf -model
    mycar -param robot_description"  />
</launch>
```

启动 launch 文件，使用 topic list 查看话题列表，命令行显示的话题列表中包含/cmd_vel 类型。在此基础上发布 cmd_vel 消息控制，即可使用命令控制机器人运动（也可以编写单独的节点控制机器人运动）：

```
rostopic pub - r 10 /cmd_vel geometry_msgs/Twist '{linear: {x: 0.2, y: 0, z: 0},
angular: {x: 0, y: 0, z: 0.5}}'
```

接下来会发现机器人模型在 Gazebo 环境中已经正常运动了,如图 6-21 所示。

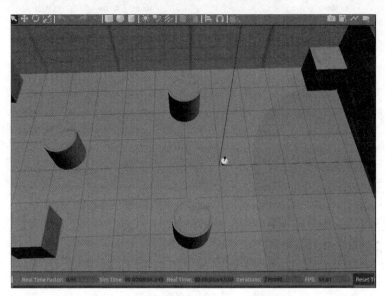

图 6-21　机器人模型在 Gazebo 环境中运动

3. RViz 查看里程计数据

在 Gazebo 的仿真环境中,机器人的里程计数据以及运动朝向等数据是无法获取的。可以通过 RViz 显示机器人的里程计数据以及运动朝向。

里程计包含了机器人相对于出发点坐标系的位姿状态(坐标以及朝向)的数据。

(1) 启动 RViz。

launch 文件:

```
<launch>
    <!-- 启动 RViz -->
    <node pkg="rviz" type="rviz" name="rviz" />
    <!-- 关节以及机器人状态发布节点 -->
    <node name="joint_state_publisher" pkg="joint_state_publisher" type=
      "joint_state_publisher" />
    <node name="robot_state_publisher" pkg="robot_state_publisher" type=
      "robot_state_publisher" />
</launch>
```

(2) 添加组件。

执行 launch 文件后,在 RViz 中添加如图 6-22 所示的组件。

6.7.2　雷达数据仿真以及显示

本节通过 Gazebo 模拟雷达传感器,并在 RViz 中显示雷达数据。

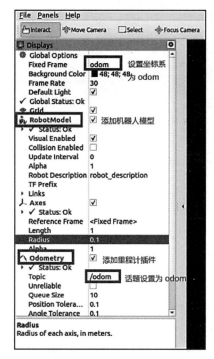

图 6-22　在 RViz 中添加组件

实现流程

（1）为已经创建完毕的机器人模型编写一个单独的 Xacro 文件，为机器人模型添加雷达配置。

（2）将此文件集成到 Xacro 文件。

（3）启动 Gazebo，使用 RViz 显示雷达数据。

1. Gazebo 仿真雷达

（1）新建 Xacro 文件，配置雷达传感器。

```
<robot name="my_sensors" xmlns:xacro="http://wiki.ros.org/xacro">
  <!-- 雷达 -->
  <gazebo reference="laser">
    <sensor type="ray" name="rplidar">
      <pose>0 0 0 0 0 0</pose>
      <visualize>true</visualize>
      <update_rate>5.5</update_rate>
      <ray>
        <scan>
          <horizontal>
            <samples>360</samples>
            <resolution>1</resolution>
            <min_angle>-3</min_angle>
            <max_angle>3</max_angle>
          </horizontal>
        </scan>
        <range>
```

```
          <min>0.10</min>
          <max>30.0</max>
          <resolution>0.01</resolution>
        </range>
        <noise>
          <type>gaussian</type>
          <mean>0.0</mean>
          <stddev>0.01</stddev>
        </noise>
      </ray>
      <plugin name="gazebo_rplidar" filename="libgazebo_ros_laser.so">
        <topicName>/scan</topicName>
        <frameName>laser</frameName>
      </plugin>
    </sensor>
  </gazebo>
</robot>
```

（2）Xacro 文件集成。

将上面建立的 Xacro 文件集成到总的机器人模型文件中,代码示例如下:

```
<!-- 组合小车底盘与传感器 -->
<robot name="my_car_camera" xmlns:xacro="http://wiki.ros.org/xacro">
    <xacro:include filename="my_head.urdf.xacro" />
    <xacro:include filename="my_base.urdf.xacro" />
    <xacro:include filename="my_camera.urdf.xacro" />
    <xacro:include filename="my_laser.urdf.xacro" />
    <xacro:include filename="move.urdf.xacro" />
    <!-- 雷达仿真的 Xacro 文件 -->
    <xacro:include filename="my_sensors_laser.urdf.xacro" />
</robot>
```

（3）启动仿真环境。

编写 launch 文件,启动 Gazebo,可参考前面的 launch 文件。

2. RViz 显示雷达数据

先启动 RViz,添加雷达数据显示插件,结果如图 6-23 所示。

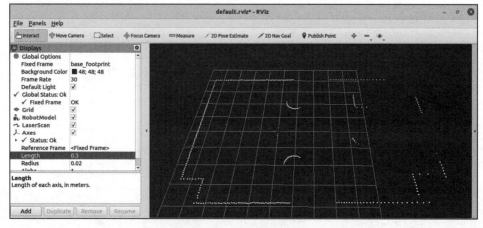

图 6-23　显示雷达数据

6.7.3　摄像头数据仿真以及显示

通过 Gazebo 模拟摄像头传感器，并在 RViz 中显示摄像头数据。

实现流程

（1）为机器人模型编写一个单独的 Xacro 文件，并为机器人模型添加摄像头配置。

（2）将此文件集成到 Xacro 文件中。

（3）启动 Gazebo，使用 RViz 显示摄像头数据。

1. Gazebo 仿真摄像头

（1）新建 Xacro 文件，配置摄像头传感器：

```xml
<robot name="my_sensors" xmlns:xacro="http://wiki.ros.org/xacro">
  <!-- 被引用的连杆-->
  <gazebo reference="camera">
    <!-- 类型设置为 camera -->
    <sensor type="camera" name="camera_node">
      <update_rate>30.0</update_rate> <!-- 更新频率 -->
      <!-- 摄像头基本信息设置 -->
      <camera name="head">
        <horizontal_fov>1.3962634</horizontal_fov>
        <image>
          <width>1280</width>
          <height>720</height>
          <format>R8G8B8</format>
        </image>
        <clip>
          <near>0.02</near>
          <far>300</far>
        </clip>
        <noise>
          <type>gaussian</type>
          <mean>0.0</mean>
          <stddev>0.007</stddev>
        </noise>
      </camera>
      <!-- 核心插件 -->
      <plugin name="gazebo_camera" filename="libgazebo_ros_camera.so">
        <alwaysOn>true</alwaysOn>
        <updateRate>0.0</updateRate>
        <cameraName>/camera</cameraName>
        <imageTopicName>image_raw</imageTopicName>
        <cameraInfoTopicName>camera_info</cameraInfoTopicName>
        <frameName>camera</frameName>
        <hackBaseline>0.07</hackBaseline>
        <distortionK1>0.0</distortionK1>
        <distortionK2>0.0</distortionK2>
        <distortionK3>0.0</distortionK3>
        <distortionT1>0.0</distortionT1>
        <distortionT2>0.0</distortionT2>
      </plugin>
    </sensor>
```

```
    </gazebo>
</robot>
```

（2）Xacro 文件集成。

将步骤（1）的 Xacro 文件集成到总的机器人模型文件中，代码示例如下：

```
<!-- 组合小车底盘与传感器 -->
<robot name="my_car_camera" xmlns:xacro="http://wiki.ros.org/xacro">
    <xacro:include filename="my_head.urdf.xacro" />
    <xacro:include filename="my_base.urdf.xacro" />
    <xacro:include filename="my_camera.urdf.xacro" />
    <xacro:include filename="my_laser.urdf.xacro" />
    <xacro:include filename="move.urdf.xacro" />
    <!-- 摄像头仿真的 Xacro 文件 -->
    <xacro:include filename="my_sensors_camera.urdf.xacro" />
</robot>
```

（3）启动仿真环境。

编写 launch 文件，启动 Gazebo，同上，此处略。

2. RViz 显示摄像头数据

执行 Gazebo 并启动 RViz，在 RViz 中添加摄像头组件，如图 6-24 所示。结果如图 6-25 所示。

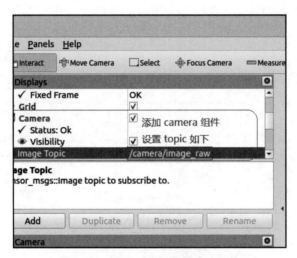

图 6-24　在 RViz 中添加摄像头组件

6.7.4　kinect 数据仿真以及显示

通过 Gazebo 模拟 kinect 摄像头，并在 RViz 中显示 kinect 摄像头数据。

实现流程

（1）为机器人模型编写一个单独的 Xacro 文件，为机器人模型添加 kinect 摄像头配置。

（2）将此文件集成到 Xacro 文件中。

（3）启动 Gazebo，使用 RViz 显示 kinect 摄像头信息。

图 6-25　摄像头数据显示实例

1. Gazebo 仿真 kinect

（1）新建 Xacro 文件，配置 kinect 传感器。

```xml
<robot name="my_sensors" xmlns:xacro="http://wiki.ros.org/xacro">
    <gazebo reference="kinect link 名称">
      <sensor type="depth" name="camera">
      <always_on>true</always_on>
      <update_rate>20.0</update_rate>
      <camera>
        <horizontal_fov>${60.0 * PI/180.0}</horizontal_fov>
        <image>
          <format>R8G8B8</format>
          <width>640</width>
          <height>480</height>
        </image>
        <clip>
          <near>0.05</near>
          <far>8.0</far>
        </clip>
      </camera>
      <plugin name="kinect_camera_controller" filename="libgazebo_ros_
        openni_kinect.so">
        <cameraName>camera</cameraName>
        <alwaysOn>true</alwaysOn>
        <updateRate>10</updateRate>
        <imageTopicName>rgb/image_raw</imageTopicName>
        <depthImageTopicName>depth/image_raw</depthImageTopicName>
        <pointCloudTopicName>depth/points</pointCloudTopicName>
        <cameraInfoTopicName>rgb/camera_info</cameraInfoTopicName>
        <depthImageCameraInfoTopicName>depth/camera_info
        </depthImageCameraInfoTopicName>
        <frameName>kinect link 名称</frameName>
        <baseline>0.1</baseline>
        <distortion_k1>0.0</distortion_k1>
        <distortion_k2>0.0</distortion_k2>
```

```
        <distortion_k3>0.0</distortion_k3>
        <distortion_t1>0.0</distortion_t1>
        <distortion_t2>0.0</distortion_t2>
        <pointCloudCutoff>0.4</pointCloudCutoff>
      </plugin>
    </sensor>
  </gazebo>
</robot>
```

（2）Xacro 文件集成。

将步骤（1）的 Xacro 文件集成到总的机器人模型文件中，代码示例如下：

```
<!-- 组合小车底盘与传感器 -->
<robot name="my_car_camera" xmlns:xacro="http://wiki.ros.org/xacro">
    <xacro:include filename="my_head.urdf.xacro" />
    <xacro:include filename="my_base.urdf.xacro" />
    <xacro:include filename="my_camera.urdf.xacro" />
    <xacro:include filename="my_laser.urdf.xacro" />
    <xacro:include filename="move.urdf.xacro" />
    <!-- kinect 仿真的 Xacro 文件 -->
    <xacro:include filename="my_sensors_kinect.urdf.xacro" />
</robot>
```

（3）启动仿真环境。

编写 launch 文件，启动 Gazebo，此处略。

2. RViz 显示 kinect 数据

启动 RViz，添加 kinect 摄像头组件并选择相应的话题，如图 6-26 所示。查看数据，如图 6-27 所示。

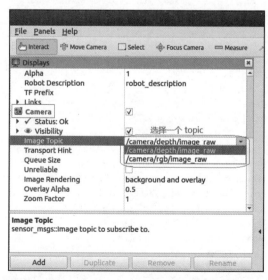

图 6-26　在 RViz 中添加 kinect 摄像头组件并选择相应的话题

3. kinect 点云数据显示

在 kinect 中也可以点云的方式显示周围环境,实现方式为在 RViz 中添加 PointCloud2 组件,可参考图 6-28。

图 6-27　kinect 摄像头显示示例

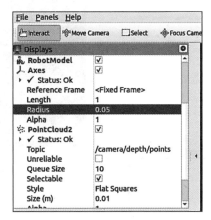

图 6-28　点云显示组件

然而,显示点云时常常因为坐标系不统一造成图像偏转,不能达到理想的显示效果,如图 6-29 所示。

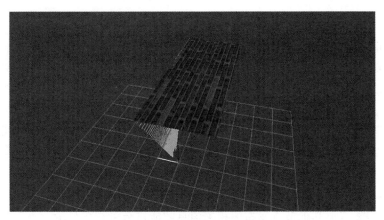

图 6-29　不正常的点云图像

这是因为,kinect 中的图像数据与点云数据使用了两个坐标系,且这两个坐标系位姿并不一致。为此,可按如下步骤解决:

(1) 在插件中为 kinect 设置坐标系,修改配置文件的<frameName>标签内容:

```
<frameName>support_depth</frameName>
```

(2) 在启动 RViz 的 launch 中发布新设置的坐标系到 kinect 连杆的坐标变换关系。

```
<node pkg="tf2_ros" type="static_transform_publisher" name="static_transform_
publisher" args="0 0 0 -1.57 0 -1.57 /support /support_depth" />
```

（3）启动 RViz，重新显示点云数据，如图 6-30 所示。

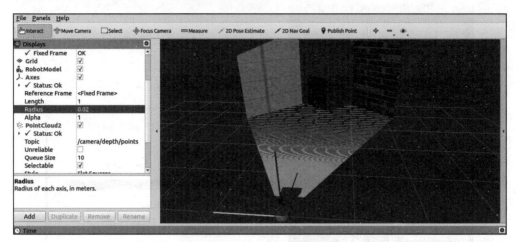

图 6-30　正常显示的点云数据

💠 6.8　本 章 小 结

本章主要介绍了 ROS 中仿真实现涉及的三大工具：

- URDF（Xacro）。
- RViz。
- Gazebo。

URDF 是用于描述机器人模型的 XML 文件，使用不同的标签代表不同含义。但是，用 URDF 编写机器人模型时代码效率较低。使用 Xacro 可以优化 URDF 实现，使代码实现更为精简、高效、易读。

在使用场景上容易混淆的是 RViz 与 Gazebo，在此着重比较二者的区别并对其特点进行梳理：

- RViz 是三维可视化工具，强调把已有的数据可视化显示。
- Gazebo 是三维物理仿真平台，强调的是创建一个虚拟的仿真环境。
- RViz 需要读取其他节点发布的相关消息才能进行可视化显示。
- RViz 提供了很多插件，这些插件可以显示图像、模型、路径等数据，但是前提都是这些数据已经以话题、参数的形式发布，RViz 做的事情就是订阅这些数据，并完成可视化的渲染，让开发者更容易理解数据的意义。
- Gazebo 不是用于可视化显示的专门工具，它更主要的作用是仿真环境，因此，Gazebo 不依赖其他数据——Gazebo 自身就是创造数据的工具。

通过 Gazebo，可以自由创建一个机器人世界。在这个虚拟世界中，不仅可以仿真机器人的运动功能，还可以仿真机器人的传感器数据，而这些数据就放到 RViz 中显示。所以，使用 Gazebo 时,经常也会和 RViz 配合使用。当没有现成的机器人硬件或实验环境难以搭建时,仿真往往是非常有用的利器。

　　综上,如果已经有机器人硬件平台,并且在其上可以完成需要的功能,用 RViz 基本上就可以满足开发需求;如果没有机器人硬件,或者想在仿真环境中做一些算法、应用的测试,Gazebo+RViz 的组合是必不可少的。另外,RViz 配合其他功能包也可以建立一个简单的仿真环境,如 Rviz+Arbotix,但这种方式并不常用。

## 第7章

仿真环境下的机器人导航

导航是机器人系统中最重要的模块之一。例如,现在较为流行的服务型室内机器人就是依赖于机器人导航实现室内自主移动的。本章主要介绍仿真环境下的导航实现,主要内容如下:

- 与导航相关的概念。
- 导航实现。包括机器人建图、地图服务、定位、路径规划等,以可视化操作为主。
- 导航消息。了解地图、里程计、雷达、摄像头等相关消息格式。

本章预期达成的学习目标如下:

- 了解导航模块的各组成部分以及相关概念。
- 能够在仿真环境下独立完成机器人导航。

◆ 7.1 概　　述

1. 概念

在 ROS 中,机器人导航(navigation)由多个功能包组合实现,在 ROS 中又称之为导航功能包集。关于导航模块,官方介绍如下:一个二维导航堆栈,它接收来自里程计、传感器流和目标姿态的信息,并输出发送到移动底盘的安全速度命令。

更通俗地讲,导航其实就是机器人自主地从 A 点移动到 B 点的过程。

2. 作用

秉承着"不重复发明轮子"的原则,ROS 中与导航相关的功能包集为机器人导航提供了一套通用的实现,开发者不再需要关注导航算法、硬件交互等偏复杂、偏底层的实现,因为这些实现都由更专业的研发人员管理、迭代和维护,开发者可以更专注于上层功能。而对于导航功能的调用,只需要根据自身机器人相关参数合理设置各模块的配置文件即可。当然,如果有必要,也可以基于现有的功能包进行二次开发,以实现一些定制化需求,这样可以大大提高研发效率,缩短产品落地时间。总而言之,对于一般开发者而言,ROS 的导航功能包集优势如下:

- 安全。由专业团队开发和维护。
- 功能。功能更稳定且全面。
- 高效。解放开发者,让开发者更专注于上层功能实现。

另请参考 http://wiki.ros.org/navigation。

7.1.1　导航模块简介

机器人是如何实现导航的呢？换言之,机器人是如何从 A 点移动到 B 点的呢？ROS 官方提供了导航功能包集架构,如图 7-1 所示,其中包括 ROS 导航的一些关键技术。

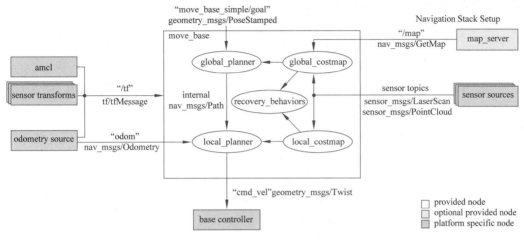

图 7-1　导航功能包集架构

假定当前已经以特定方式配置了机器人,导航功能包集将使其可以运动。图 7-1 概要地描述了这种配置方式。中间方框中的部分是必须有且已实现的组件,amcl 和 map_server 是可选且已实现的组件,其余部分是必须为每一个机器人平台创建的组件。

总结下来,机器人导航涉及的关键技术如下:

(1) 全局地图。

(2) 自身定位。

(3) 路径规划。

(4) 运动控制。

(5) 环境感知。

机器人导航实现与无人驾驶类似,关键技术也是由上述 5 点组成的,只是无人驾驶是基于室外的,而本章介绍的机器人导航主要是基于室内的。

1. 全局地图

在现实生活中,当需要实现导航时,可能会首先参考一张全局性质的地图,然后根据地图确定自身的位置和目的地,并且也会根据地图规划一条大致的路线。对于机器人导航而言,也是如此,在机器人导航中,地图是一个重要的组成元素。当然,如果要使用地图,首先需要绘制地图。地图建模技术不断涌现,其中 SLAM 理论脱颖而出。

(1) SLAM(Simultaneous Localization And Mapping,即时定位与地图构建),也称为 CML (Concurrent Mapping and Localization,并发建图与定位)。SLAM 问题可以描述为:机器人在未知环境中从一个未知位置开始移动,在移动过程中根据位置估计和地图进行自身定位,同时在自身定位的基础上建造增量式地图,以绘制出外部环境的完整地图。

(2) 在 ROS 中,较为常用的 SLAM 实现也比较多,例如 gmapping、hector_slam、cartographer、rgbdslam、ORB_SLAM 等。

（3）当然，如果要完成 SLAM，机器人必须具备感知外界环境的能力，尤其是要具备获取周围环境深度信息的能力。感知的实现需要依赖传感器，例如激光雷达、摄像头、RGB-D 摄像头等。

（4）SLAM 可以用于地图生成，而生成的地图还需要被保存以待后续使用，在 ROS 中保存地图的功能包是 map_server。

另外，还要注意，SLAM 虽然是机器人导航的重要技术之一，但是二者并不等价。确切地讲，SLAM 只实现地图构建和即时定位。

2. 自身定位

导航开始和导航过程中，机器人都需要确定当前自身的位置。如果在室外，那么 GPS 是一个不错的选择，而如果室内、隧道、地下或一些屏蔽 GPS 信号的特殊区域，由于 GPS 信号弱化甚至完全不可用，那么就必须另辟蹊径了，例如前面的 SLAM 就可以实现自身定位。除此之外，ROS 中还提供了一个用于定位的 amcl 功能包。

amcl(adaptive Monte Carlo localization，自适应的蒙特卡洛定位)是用于平面移动机器人的概率定位系统。它实现了自适应（或 KLD 采样）蒙特卡洛定位方法，该方法使用粒子过滤器根据已知地图跟踪机器人的姿态。

3. 路径规划

导航就是机器人从 A 点运动至 B 点的过程。在这一过程中，机器人需要根据目标位置计算全局运动路线，并且在运动过程中还需要实时根据出现的一些动态障碍物调整运动路线，直至到达目标点，该过程就称为路径规划。在 ROS 中提供了 move_base 功能包以实现路径规则，该功能包主要由两大规划器组成：

（1）全局规划器(global_planner)。根据给定的目标点和全局地图实现总体的路径规划，使用 Dijkstra 算法或 A* 算法进行全局路径规划，计算最优路径作为全局路径。

（2）本地规划器(local_planner)。在实际导航过程中，机器人可能无法按照给定的全局最优路线运行。例如，机器人在运行中可能会随时出现一定的障碍物。本地规划的作用就是使用一定的算法——动态窗口法(Dynamic Window Approach，DWA)实现对障碍物的规避，并选取当前最优路径，以尽量符合全局最优路径。

全局路径规划与本地路径规划是相对的，全局路径规划侧重于全局、宏观实现，而本地路径规划侧重于当前、微观实现。

4. 运动控制

假定导航功能包集可以通过话题 cmd_vel 发布 geometry_msgs/Twist 类型的消息，这个消息基于机器人的基座坐标系，它传递的是运动控制指令。这意味着必须有一个节点订阅 cmd_vel 话题，将该话题上的速度命令转换为电机命令并发送。

5. 环境感知

利用摄像头、激光雷达、编码器等感知周围环境信息。其中，摄像头、激光雷达可以用于感知外界环境的深度信息；编码器可以感知电机的转速信息，进而可以获取速度信息并生成里程计信息。

在导航功能包集中，环境感知也是一个重要的模块实现，它为其他模块提供了支持。其他模块，如 SLAM、amcl、move_base 等，都需要依赖环境感知。

7.1.2　导航中的坐标系

1. 简介

定位是导航中的重要功能实现之一。所谓定位,就是参考某个坐标系(称之为参考系,例如以机器人的出发点为原点创建的坐标系)标注机器人,也就是在该坐标系中标注机器人。定位原理看似简单,但是这个坐标系不是客观存在的,人也无法以上帝视角确定机器人的位姿,定位实现需要依赖于机器人自身,机器人需要逆向推导参考系原点并计算坐标系之间的相对关系,该过程常用实现方式有两种:

(1) 通过里程计定位。实时收集机器人的速度信息,计算并发布机器人坐标系与父级参考系的相对关系。

(2) 通过传感器定位。通过传感器收集外界环境信息,通过匹配计算并发布机器人坐标系与父级参考系的相对关系。

这两种方式在导航中都会经常使用。

2. 特点

两种定位方式有各自的优缺点。

里程计定位的优点是里程计定位信息是连续的,没有离散的跳跃。该方式的缺点是里程计存在累计误差,不利于长距离或长期定位。

传感器定位的优点是比里程计定位更精准。该方式的缺点是传感器定位会出现跳变的情况,且在标志物较少的环境下传感器的定位精度会大打折扣。

这两种定位方式优缺点互补,应用时一般二者结合使用。

3. 坐标系变换

在上述两种定位实现中,机器人的坐标系一般使用机器人模型中的根坐标系(base_link 或 base_footprint)。如果通过里程计定位,父级参考系一般称为 odom;如果通过传感器定位,父级参考系一般称为 map。当二者结合使用时,odom 和 map 都是机器人模型根坐标系的父级,这是不符合坐标变换中单继承原则的,所以一般会将转换关系设置为 map->doom->base_link 或 base_footprint。

另请参考 https://www.ros.org/reps/rep-0105.html。

7.1.3　导航条件说明

1. 硬件

虽然导航功能包集被设计成尽可能通用,但是在使用时仍然有 3 个主要的硬件限制:

(1) 它是为差速驱动的轮式机器人设计的。假设底盘受到理想的运动命令的控制并可实现预期的结果,命令的格式为

```
x 速度分量, y 速度分量, 角速度(theta)分量
```

(2) 导航功能包集要求机器人在底盘上安装一个单线激光雷达,这个激光雷达用于构建地图和定位。

(3) 导航功能包集是为正方形的机器人开发的,所以方形或圆形的机器人将是性能最好的。它也可以工作在任意形状和大小的机器人上,但是较大的机器人将很难通过狭窄的

空间。

2. 软件

导航功能实现之前,需要搭建一些软件环境:

(1) 必须先安装 ROS。

(2) 本章的机器人导航基于仿真环境,还要保证第 6 章的机器人系统仿真可以正常执行。

在仿真环境下,机器人可以正常接收 cmd_vel 消息,并发布里程计消息,传感器消息发布也正常,即导航模块中的运动控制和环境感知实现完毕。

后续导航实现中主要关注使用 SLAM 绘制地图、地图服务、自身定位与路径规划等问题。

◈ 7.2 导航实现

本节主要介绍导航的完整实现,旨在展示机器人导航的基本流程。本节的主要内容如下:

- SLAM 建图(选用较为常见的 gmapping 算法)。
- 地图服务(可以保存和重现地图)。
- 机器人定位。
- 路径规划。

上述流程介绍完毕,还会进一步实现探索式(即机器人自主移动)的 SLAM 建图。

首先需要安装相关的 ROS 功能包,安装步骤如下:

(1) 安装 gmapping 包(用于构建地图):

```
sudo apt install ros-<ROS 版本>-gmapping
```

(2) 安装地图服务包(用于保存与读取地图):

```
sudo apt install ros-<ROS 版本>-map-server
```

(3) 安装 navigation 包(用于定位以及路径规划):

```
sudo apt install ros-<ROS 版本>-navigation
```

(4) 新建功能包,并导入依赖:gmapping、map_server、amcl、move_base。

7.2.1 SLAM 建图

SLAM 算法有多种,这里选用 gmapping,后续会再介绍其他几种常用的 SLAM 实现。

1. gmapping 简介

gmapping 是 ROS 开源社区中较为常用且比较成熟的 SLAM 算法之一,它可以根据移动机器人里程计数据和雷达数据绘制二维的栅格地图。相应地,gmapping 对硬件也有一定的要求:

- 移动机器人需要发布里程计消息。
- 机器人需要发布雷达消息(该消息可以通过水平固定安装的雷达发布,也可以将深度相机消息转换成雷达消息）。

里程计与雷达数据在仿真环境中可以正常获取,不再赘述。栅格地图数据的读取见7.2.2 节。

gmapping 的安装前面也有介绍,命令如下:

```
sudo apt install ros-<ROS 版本>-gmapping
```

2. gmapping 节点说明

gmapping 功能包中的核心节点是 slam_gmapping。为了方便调用,需要先了解该节点订阅的话题、发布的话题、服务以及相关参数。

1) 订阅的话题

tf(tf/tfMessage):用于雷达、底盘与里程计之间的坐标变换消息。

scan(sensor_msgs/LaserScan):SLAM 所需的雷达信息。

2) 发布的话题

scan(sensor_msgs/LaserScan):地图元数据,包括地图的宽度、高度、分辨率等,该消息会定期更新。

map(nav_msgs/OccupancyGrid):地图栅格数据,一般会在 RViz 中以图形化的方式显示。

~entropy(std_msgs/Float64):机器人姿态分布熵估计(值越大,不确定性越大)。

3) 服务

dynamic_map(nav_msgs/GetMap):用于获取地图数据。

4) 参数

~base_frame(string, default:"base_link"):机器人基坐标系。

~map_frame(string, default:"map"):地图坐标系。

~odom_frame(string, default:"odom"):里程计坐标系。

~map_update_interval(float, default:5.0):地图更新频率,根据指定的值设计更新间隔。

~maxUrange(float, default:80.0):激光探测的最大可用范围(超出此阈值时将被截断)。

~maxRange(float):激光探测的最大范围。

gmapping 节点的参数较多,上面是较为常用的参数,其他参数介绍可参考官网。

5) 所需的坐标变换

所需的坐标变换有两个:

(1) 雷达坐标系→基坐标系,一般由 robot_state_publisher 或 static_transform_publisher 发布。

(2) 基坐标系→里程计坐标系,一般由里程计节点发布。

6) 发布的坐标变换

发布的坐标变换有一个:地图坐标系→里程计坐标系,是地图坐标系到里程计坐标系之间的变换。

3. gmapping 的使用

(1) 编写 gmapping 节点相关 launch 文件。

launch 文件的编写可以参考 github 的演示 launch 文件:https://github.com/ros-perception/slam_gmapping/blob/melodic-devel/gmapping/launch/slam_gmapping_pr2.launch。

复制该文件并修改如下：

```xml
<launch>
<param name="use_sim_time" value="true"/>
    <node pkg="gmapping" type="slam_gmapping" name="slam_gmapping" output=
    "screen">
      <remap from="scan" to="scan"/>                          <!--雷达话题-->
      <param name="base_frame" value="base_footprint"/>  <!--底盘坐标系-->
      <param name="odom_frame" value="odom"/>               <!--里程计坐标系-->
      <param name="map_update_interval" value="5.0"/>
      <param name="maxUrange" value="16.0"/>
      <param name="sigma" value="0.05"/>
      <param name="kernelSize" value="1"/>
      <param name="lstep" value="0.05"/>
      <param name="astep" value="0.05"/>
      <param name="iterations" value="5"/>
      <param name="lsigma" value="0.075"/>
      <param name="ogain" value="3.0"/>
      <param name="lskip" value="0"/>
      <param name="srr" value="0.1"/>
      <param name="srt" value="0.2"/>
      <param name="str" value="0.1"/>
      <param name="stt" value="0.2"/>
      <param name="linearUpdate" value="1.0"/>
      <param name="angularUpdate" value="0.5"/>
      <param name="temporalUpdate" value="3.0"/>
      <param name="resampleThreshold" value="0.5"/>
      <param name="particles" value="30"/>
      <param name="xmin" value="-50.0"/>
      <param name="ymin" value="-50.0"/>
      <param name="xmax" value="50.0"/>
      <param name="ymax" value="50.0"/>
      <param name="delta" value="0.05"/>
      <param name="llsamplerange" value="0.01"/>
      <param name="llsamplestep" value="0.01"/>
      <param name="lasamplerange" value="0.005"/>
      <param name="lasamplestep" value="0.005"/>
    </node>
    <node pkg="joint_state_publisher" name="joint_state_publisher" type=
    "joint_state_publisher" />
    <node pkg="robot_state_publisher" name="robot_state_publisher" type=
    "robot_state_publisher" />
    <node pkg="rviz" type="rviz" name="rviz" />
    <!-- 可以保存 rviz 配置并后期直接使用-->
    <!--
    <node pkg="rviz" type="rviz" name="rviz" args="-d $(find my_nav_sum)/rviz/
    gmapping.rviz"/>
    -->
</launch>
```

（2）执行。

① 启动 Gazebo 仿真环境（此过程略）。

② 启动地图绘制的 launch 文件，命令格式如下：

```
roslaunch 包名 launch 文件名
```

③ 启动键盘控制节点，用于控制机器人运动建图，命令如下：

```
rosrun teleop_twist_keyboard teleop_twist_keyboard.py
```

④ 在 RViz 中添加组件，显示栅格地图，如图 7-2 所示。

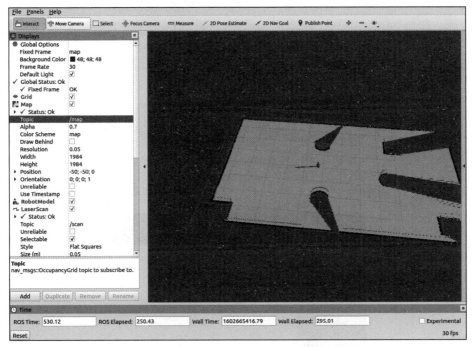

图 7-2　显示栅格地图

最后，就可以通过键盘控制 Gazebo 中的机器人运动。此时，在 RViz 中就可以显示 gmapping 发布的栅格地图数据了。下一步，还需要将地图单独保存。

另请参考 http://wiki.ros.org/gmapping。

7.2.2　地图服务

7.2.1 节已经实现了通过 gmapping 构建地图并在 RViz 中显示地图，不过，7.2.1 节中地图数据是保存在内存中的，当节点关闭时，数据也会被一并释放（丢失），因此需要将栅格地图序列化到磁盘上以持久化存储，后期还要通过反序列化读取磁盘上的地图数据再执行后续操作。在 ROS 中，地图数据的序列化与反序列化可以通过 map_server 功能包实现。

1. map_server 简介

map_server 功能包中提供了两个节点：map_saver 和 map_server，前者用于将栅格地图保存到磁盘，后者读取磁盘上的栅格地图并以服务的方式对外提供。

map_server 的安装前面也有介绍，命令如下：

```
sudo apt install ros <ROS 版本>-map-server
```

2. map_saver 节点

（1）map_saver 节点说明。

订阅的主题：map(nav_msgs/OccupancyGrid)，订阅此话题用于生成地图文件。

（2）地图保存 launch 文件。

地图保存的语法比较简单，编写一个 launch 文件，内容如下：

```
<launch>
    <arg name="filename" value="$(find mycar_nav)/map/nav" />
    <node name="map_save" pkg="map_server" type="map_saver" args="- f $(arg
    filename)" />
</launch>
```

其中，filename 是指地图的保存路径以及保存的文件名称。

SLAM 建图完毕后，执行该 launch 文件即可。测试步骤如下：

① 参考 7.2.1 节，依次启动仿真环境、键盘控制节点与 SLAM 节点。

② 通过键盘控制机器人运动并绘图。

③ 通过上述地图保存方式保存地图。

在指定路径下会生成两个文件，即 xxx.pgm 与 xxx.yaml，如图 7-3 所示。

图 7-3　地图保存

（3）对保存结果的解释。

xxx.pgm 本质上是一张图片，直接使用图片查看程序即可打开。

xxx.yaml 保存的是地图的元数据信息，用于描述图片，内容格式如下：

```
image: /home/rosmelodic/ws02_nav/src/mycar_nav/map/nav.pgm
resolution: 0.050000
origin: [-50.000000, -50.000000, 0.000000]
negate: 0
occupied_thresh: 0.65
free_thresh: 0.196
```

数据参数解释如下：

- image：被描述的图片资源路径，既可以是绝对路径也可以是相对路径。
- resolution：图片分辨率（单位为米/像素）。

- origin：地图中左下像素的二维姿态，为(x,y,偏航)，偏航以逆时针旋转为正向(偏航为 0 表示无旋转)。
- occupied_thresh：占用率大于此阈值的像素被视为完全占用。
- free_thresh：占用率小于此阈值的像素被视为完全空闲。
- negate：是否交换白色/黑色以及自由/占用的语义。

map_server 中障碍物的计算规则如下：

(1) 地图中的每一个像素取值区间为[0,255]，黑色为 0，白色为 255，该值设为 x。

(2) map_server 会将像素值作为判断是否是障碍物的依据，首先计算比例：

$$p = (255 - x)/255$$

白色为 0，黑色为 1(若 negate 为 true，则 $p = x/255$)。

(3) 根据步骤(2)计算的比例判断是否是障碍物。如果 $p >$ occupied_thresh，那么视其为障碍物；如果 $p <$ free_thresh，那么认为无障碍物。

备注：图片也可以根据需求编辑。

3. map_server 节点

(1) map_server 节点说明。

发布的话题：

- map_metadata(nav_msgs / MapMetaData)，地图元数据。
- map(nav_msgs / OccupancyGrid)，地图数据。

服务：static_map(nav_msgs / GetMap)，通过此服务获取地图。

参数：～frame_id，为字符串，默认值为"map"，地图坐标系。

(2) 地图读取。

通过 map_server 功能包中的 map_server 节点可以读取栅格地图数据。编写 launch 文件如下：

```
<launch>
    <!-- 设置地图的配置文件 -->
    <arg name="map" default="nav.yaml" />
    <!-- 运行地图服务器，并且加载设置的地图-->
    <node name="map_server" pkg="map_server" type="map_server" args="$(find
    mycar_nav)/map/$(arg map)"/>
</launch>
```

其中，参数 map 是地图描述文件的资源路径。执行该 launch 文件，map_server 节点会发布话题 map(nav_msgs/OccupancyGrid)。

(3) 地图显示。

在 RViz 中使用 map 组件可以显示栅格地图，如图 7-4 所示。

另请参考 http://wiki.ros.org/map_server。

7.2.3　定位

所谓定位就是推算机器人自身在全局地图中的位置，当然 SLAM 中也包含定位算法实现，不过 SLAM 的定位是用于构建全局地图的，是属于导航开始之前的阶段，而当前定位是

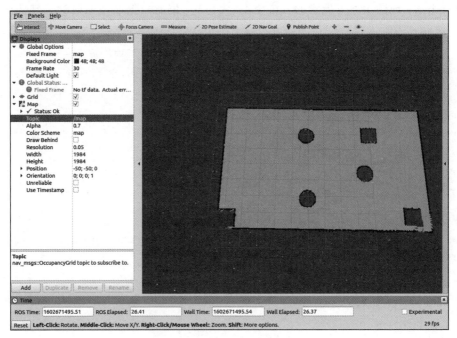

图 7-4 显示栅格地图

用于导航过程中的。导航时机器人需要按照设定的路线运动,通过定位可以判断机器人的实际轨迹是否符合预期。在 ROS 的导航功能包集 navigation 中提供了 amcl 功能包,用于实现导航中的机器人定位。

1. amcl 简介

amcl 是用于平面移动机器人的概率定位系统,它可以根据已有的地图使用粒子滤波器推算机器人的位置。

amcl 已经被集成到了 navigation 包中,navigation 导航功能包集的安装在前面也有介绍,命令如下:

```
sudo apt install ros-<ROS 版本>-navigation
```

2. amcl 节点说明

amcl 功能包中的核心节点是 amcl。为了方便调用,需要先了解该节点订阅的话题、发布的话题、服务以及相关参数。

(1) 订阅的话题有以下 4 个:

- scan(sensor_msgs/LaserScan),激光雷达数据。
- tf(tf/tfMessage),坐标变换消息。
- initialpose(geometry_msgs/PoseWithCovarianceStamped),用来初始化粒子滤波器的均值和协方差。
- map(nav_msgs/OccupancyGrid),获取地图数据。

(2) 发布的话题有以下 3 个:

- amcl_pose(geometry_msgs/PoseWithCovarianceStamped),机器人在地图中的位姿

估计。

- particlecloud（geometry_msgs/PoseArray），位姿估计集合，在 RViz 中可以被 PoseArray 订阅，然后图形化显示机器人的位姿估计集合。
- tf（tf/tfMessage），发布从 odom 到 map 的转换。

（3）提供的服务有以下 3 个：

- global_localization（std_srvs/Empty），初始化全局定位的服务。
- particlecloud（geometry_msgs/PoseArray），手动执行更新和发布更新的粒子的服务。
- set_map（nav_msgs/SetMap），手动设置新地图和姿态的服务。

（4）调用的服务：static_map（nav_msgs/GetMap），调用此服务获取地图数据。

（5）参数。

- ~odom_model_type（string, default："diff"），里程计模型选择，可选项为"diff"、"omni"、"diff-corrected"和"omni-corrected"，其中 diff 为差速，omni 为全向轮。
- ~odom_frame_id（string, default："odom"），里程计坐标系。
- ~base_frame_id（string, default："base_link"），机器人极坐标系。
- ~global_frame_id（string, default："map"），地图坐标系。

amcl 节点的参数较多，上面是较为常用的参数，其他参数介绍可参考官网。

（6）坐标变换。

里程计也可以协助机器人定位，不过里程计存在累计误差且在一些特殊情况下（如车轮打滑）会出现定位错误的问题。amcl 则可以通过估算机器人在地图坐标系中的姿态，再结合里程计提高定位准确度。两者的对比如图 7-5 所示。其中：

- 里程计定位只通过里程计数据实现/odom_frame 与/base_frame 之间的坐标变换。
- amcl 定位可以提供/map_frame、/odom_frame 与/base_frame 之间的坐标变换。

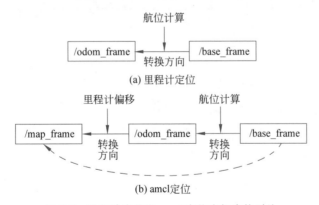

图 7-5　里程计定位和 amcl 定位坐标变换对比

3. amcl 的使用

（1）编写 amcl 节点相关的 launch 文件。

关于 launch 文件的实现，在 amcl 功能包下的 example 目录中已经给出了示例，可以作为参考，查看示例的具体操作如下：

```
roscd amcl
ls examples
```

该目录下会列出两个文件：amcl_diff.launch 和 amcl_omni.launch 文件，前者适用于差分移动机器人，后者适用于全向移动机器人，可以按需选择。此处参考前者，新建 launch 文件，复制 amcl_diff.launch 文件的内容并修改如下：

```
<launch><node pkg="amcl" type="amcl" name="amcl" output="screen">
<!-- Publish scans from best pose at a max of 10 Hz -->
<param name="odom_model_type" value="diff"/><!-- 里程计模式为差分 -->
<param name="odom_alpha5" value="0.1"/>
<param name="transform_tolerance" value="0.2" />
<param name="gui_publish_rate" value="10.0"/>
<param name="laser_max_beams" value="30"/>
<param name="min_particles" value="500"/>
<param name="max_particles" value="5000"/>
<param name="kld_err" value="0.05"/>
<param name="kld_z" value="0.99"/>
<param name="odom_alpha1" value="0.2"/>
<param name="odom_alpha2" value="0.2"/>
<!-- translation std dev, m -->
<param name="odom_alpha3" value="0.8"/>
<param name="odom_alpha4" value="0.2"/>
<param name="laser_z_hit" value="0.5"/>
<param name="laser_z_short" value="0.05"/>
<param name="laser_z_max" value="0.05"/>
<param name="laser_z_rand" value="0.5"/>
<param name="laser_sigma_hit" value="0.2"/>
<param name="laser_lambda_short" value="0.1"/>
<param name="laser_lambda_short" value="0.1"/>
<param name="laser_model_type" value="likelihood_field"/>
<!-- <param name="laser_model_type" value="beam"/> -->
<param name="laser_likelihood_max_dist" value="2.0"/>
<param name="update_min_d" value="0.2"/>
<param name="update_min_a" value="0.5"/>

<param name="odom_frame_id" value="odom"/><!-- 里程计坐标系 -->
<param name="base_frame_id" value="base_footprint"/>
<!-- 添加机器人基坐标系 -->
<param name="global_frame_id" value="map"/><!-- 添加地图坐标系 -->
<param name="resample_interval" value="1"/>
<param name="transform_tolerance" value="0.1"/>
<param name="recovery_alpha_slow" value="0.0"/>
<param name="recovery_alpha_fast" value="0.0"/></node></launch>
```

（2）编写测试 launch 文件。

amcl 节点是不能单独运行的。运行 amcl 节点之前，需要先加载全局地图，然后启动 RViz 显示定位结果。上述节点可以集成进 launch 文件，内容示例如下：

```
<launch>
    <!-- 设置地图的配置文件 -->
    <arg name="map" default="nav.yaml" />
```

```
<!-- 运行地图服务器,并且加载设置的地图 -->
<node name="map_server" pkg="map_server" type="map_server" args="$(find
mycar_nav)/map/$(arg map)"/>
<!-- 启动 amcl 节点 -->
<include file="$(find mycar_nav)/launch/amcl.launch" />
<!-- 运行 rviz -->
<node pkg="rviz" type="rviz" name="rviz"/>
</launch>
```

当然,在 launch 文件中,地图服务节点和 amcl 节点中的包名、文件名需要根据自己的设置修改。

(3) 执行。

① 启动 Gazebo 仿真环境(此过程略)。

② 启动键盘控制节点:

```
rosrun teleop_twist_keyboard teleop_twist_keyboard.py
```

③ 启动步骤(2)中集成地图服务、amcl 与 RViz 的 launch 文件。

④ 在启动的 RViz 中,添加 RobotModel、Map 组件,分别显示机器人模型与地图,添加 PoseArray 插件,设置话题为 particlecloud 以显示 amcl 预估的当前机器人的位姿,箭头越密集,说明机器人当前处于此位置的概率越高。

⑤ 通过键盘控制机器人运动,会发现 PoseArray 也随之改变。

amcl 测试结果如图 7-6 所示。

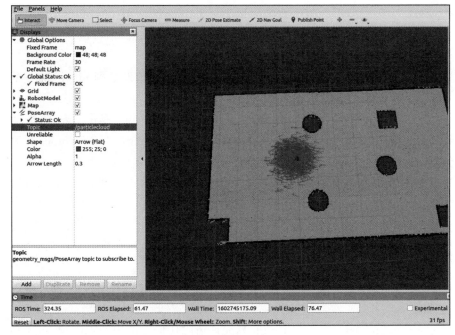

图 7-6　amcl 测试结果

另请参考 http://wiki.ros.org/amcl。

7.2.4　路径规划

毋庸置疑,路径规划是导航中的核心功能之一,在 ROS 的导航功能包集 navigation 中提供了 move_base 功能包,用于实现此功能。

1. move_base 简介

move_base 功能包提供了基于动作(action)的路径规划实现。move_base 可以根据给定的目标点,控制机器人底盘运动至目标位置,并且在运动过程中会连续反馈机器人自身的姿态与目标点的状态信息。如 7.1 节所述,move_base 主要由全局路径规划与本地路径规划组成。

move_base 已经被集成到 navigation 功能包集中,navigation 的安装前面也有介绍,命令如下:

```
sudo apt install ros-<ROS 版本>-navigation
```

2. move_base 节点说明

move_base 功能包中的核心节点是 move_base。为了方便调用,需要先了解该节点的动作、订阅的话题、发布的话题、服务以及相关参数。

(1) 动作。

动作订阅:

- move_base/goal(move_base_msgs/MoveBaseActionGoal),move_base 的运动规划目标。
- move_base/cancel(actionlib_msgs/GoalID),取消目标。

动作发布:

- move_base/feedback(move_base_msgs/MoveBaseActionFeedback),连续反馈的信息,包含机器人底盘坐标。
- move_base/status(actionlib_msgs/GoalStatusArray),发送到 move_base 的目标状态信息。
- move_base/result(move_base_msgs/MoveBaseActionResult),操作结果(此处为空)。

(2) 订阅的话题:move_base_simple/goal(geometry_msgs/PoseStamped),运动规划目标(与动作相比,没有连续反馈,无法追踪机器人执行状态)。

(3) 发布的话题:cmd_vel(geometry_msgs/Twist),输出到机器人底盘的运动控制消息。

(4) 服务:

- ~make_plan(nav_msgs/GetPlan),请求该服务,可以获取给定目标的规划路径,但是并不执行该路径规划。
- ~clear_unknown_space(std_srvs/Empty),允许用户直接清除机器人周围的未知空间。
- ~clear_costmaps(std_srvs/Empty),允许清除代价地图中的障碍物,可能会导致机器人与障碍物碰撞,应慎用。

(5) 参数。

move_base 节点的参数请参考官网。

3. move_base 与代价地图

1) 概念

机器人导航(尤其是路径规划模块)是依赖于地图的,地图在前面已经有所介绍。ROS 中的地图其实就是一张图片,这张图片有宽度、高度、分辨率等元数据,在图片中使用灰度值表示障碍物存在的概率。不过 SLAM 构建的地图在导航中是不可以直接使用的,这是因为以下两个原因:

(1) SLAM 构建的地图是静态地图。而在导航过程中,障碍物信息是可变的,可能障碍物被移走了,也可能添加了新的障碍物,导航中需要实时获取障碍物信息。

(2) 在靠近障碍物边缘时,虽然此处是空闲区域,但是机器人在进入该区域后可能由于其他一些因素,例如惯性或者不规则形体的机器人,转弯时可能会与障碍物产生碰撞。为安全起见,最好在地图的障碍物边缘设置警戒区,尽量禁止机器人进入。

所以,静态地图无法直接应用于导航,在其基础之上需要添加一些辅助信息的地图,例如实时获取的障碍物数据、基于静态地图添加的膨胀区等数据。

2) 组成

代价地图有两张:global_costmap(全局代价地图)和 local_costmap(本地代价地图),前者用于全局路径规划,后者用于本地路径规划。

两张代价地图都可以多层叠加,一般有以下层级:

- 静态地图层(static map layer):是 SLAM 构建的静态地图。
- 障碍地图层(obstacle map layer):是传感器感知的障碍物信息。
- 膨胀层(inflation layer):是在以上两层地图上进行膨胀(向外扩张)得到的,以避免机器人的外壳撞上障碍物。
- 其他层:是自定义的代价地图。

多个层可以按需自由叠加。

导航静态效果如图 7-7 所示。

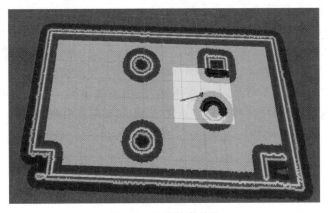

图 7-7 导航静态效果

3) 碰撞算法

在 ROS 中,如何计算代价值呢? 碰撞算法的原理如图 7-8 所示。

在图 7-8 中,横轴是与机器人中心的距离,纵轴是代价地图中栅格的灰度值(整数)。

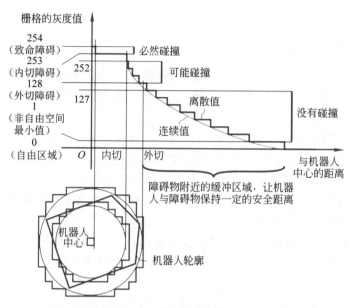

图 7-8　碰撞算法的原理

- 致命障碍：栅格值为 254，此时障碍物与机器人中心重叠，必然发生碰撞。
- 内切障碍：栅格值为 253，此时障碍物处于机器人的内切圆内，必然发生碰撞。
- 外切障碍：栅格值为 [128,252]，此时障碍物处于机器人的外切圆内，处于碰撞临界范围，不一定发生碰撞。
- 非自由空间：栅格值为 (0,127]，此时机器人处于障碍物附近，属于危险警戒区，进入此区域，将来可能会发生碰撞。
- 自由区域：栅格值为 0，此处机器人可以自由通过。
- 未知区域：栅格值为 255，还没有探明是否有障碍物。

膨胀半径的设置可以参考非自由空间。

4. move_base 的使用

路径规划算法已经封装在 move_base 功能包的 move_base 节点中，但是还不可以直接调用，因为该算法虽然已经封装，但是它面向的是各种类型支持 ROS 的机器人。不同类型的机器人可能尺寸不同，传感器不同，速度不同，应用场景不同……最后可能会导致不同的路径规划结果。因此，在调用路径规划节点之前，还需要配置机器人参数。具体实现如下：

（1）编写 launch 文件模板。

（2）编写配置文件。

（3）集成导航相关的 launch 文件。

（4）测试。

1）launch 文件

关于 move_base 节点调用的 launch 模板，模板如下：

```
<launch>
  <node pkg="move_base" type="move_base" respawn="false" name="move_base"
  output="screen" clear_params="true">
```

```
        <rosparam file="$(find 功能包)/param/costmap_common_params.yaml"
          command="load" ns="global_costmap" />
        <rosparam file="$(find 功能包)/param/costmap_common_params.yaml"
          command="load" ns="local_costmap" />
        <rosparam file="$(find 功能包)/param/local_costmap_params.yaml" command=
          "load" />
        <rosparam file="$(find 功能包)/param/global_costmap_params.yaml"
          command="load" />
        <rosparam file="$(find 功能包)/param/base_local_planner_params.yaml"
          command="load" />
    </node>
</launch>
```

对该 launch 文件解释如下：

启动了 move_base 功能包下的 move_base 节点，respawn 为 false，意味着该节点关闭后，不会被重启；clear_params 为 true，意味着每次启动该节点都要清空私有参数再重新载入；通过 rosparam 会载入若干 yaml 文件用于配置参数，这些 yaml 文件的配置以及作用详见下面的内容。

2）配置文件

关于配置文件的编写，可以参考一些成熟的机器人路径规划实现，例如 turtlebot3，github 链接为 https://github.com/ROBOTIS-GIT/turtlebot3/tree/master/turtlebot3_navigation/param，先下载这些配置文件备用。

在功能包下新建 param 目录，复制下载的以下文件到此目录：costmap_common_params_burger.yaml、local_costmap_params.yaml、global_costmap_params.yaml、base_local_planner_params.yaml，并将 costmap_common_params_burger.yaml 重命名为 costmap_common_params.yaml。

配置文件修改以及解释如下。

（1）costmap_common_params.yaml 文件。

该文件是 move_base 在全局路径规划与本地路径规划时调用的通用参数，包括机器人的尺寸、与障碍物的安全距离、传感器信息等。配置参考如下：

```
# 机器人几何参数。如果机器人是圆形,设置 robot_radius;如果是其他形状,设置 footprint
robot_radius: 0.12              #圆形
# footprint: [[-0.12, -0.12], [-0.12, 0.12], [0.12, 0.12], [0.12, -0.12]]
                               # 其他形状
obstacle_range: 3.0            # 用于障碍物探测。例如,值为 3.0
                               # 意味着检测到距离小于 3m 的障碍物时,就会引入代价地图
raytrace_range: 3.5           # 用于清除障碍物。例如,值为 3.5
                               # 意味着清除代价地图中 3.5m 以外的障碍物
# 膨胀半径,用于指定扩展在碰撞区域以外的代价区域,使得机器人规划路径避开障碍物
inflation_radius: 0.2
# 代价比例系数,越大则代价值越小
cost_scaling_factor: 3.0
# 地图类型
map_type: costmap
# 导航包所需的传感器
observation_sources: scan
```

```
# 对传感器的坐标系和数据进行配置。这些也会用于在代价地图中添加和清除障碍物
# 例如,可以用激光雷达传感器在代价地图中添加障碍物,再添加 kinect 用于导航和清除障碍物。
scan: {sensor_frame: laser, data_type: LaserScan, topic: scan, marking: true,
clearing: true}
        <rosparam file="$(find 功能包)/param/local_costmap_params.yaml" command=
        "load" />
        <rosparam file="$(find 功能包)/param/global_costmap_params.yaml"
          command="load" />
        <rosparam file="$(find 功能包)/param/base_local_planner_params.yaml"
          command="load" />
```

（2）global_costmap_params.yaml 文件。

该文件用于全局代价地图参数设置：

```
global_costmap:
  global_frame: map                  # 地图坐标系
  robot_base_frame: base_footprint   #机器人坐标系
  # 以此实现坐标变换
  update_frequency: 1.0              # 代价地图的更新频率
  publish_frequency: 1.0             # 代价地图的发布频率
  transform_tolerance: 0.5           # 等待坐标变换发布信息的超时时间
  static_map: true                   # 是否使用一个地图或者地图服务器初始化全局代价地图
                                     # 如果不使用静态地图,这个参数为 false
```

（3）local_costmap_params.yaml 文件。

该文件用于局部代价地图参数设置,内容如下：

```
local_costmap:
  global_frame: odom                 # 里程计坐标系
  robot_base_frame: base_footprint   # 机器人坐标系
  update_frequency: 10.0             # 代价地图的更新频率
  publish_frequency: 10.0            # 代价地图的发布频率
  transform_tolerance: 0.5           # 等待坐标变换发布信息的超时时间
  static_map: false                  # 不需要静态地图,可以提升导航效果
  rolling_window: true               # 是否使用动态窗口
                                     # 默认为 false,在静态全局地图中地图不会变化
  width: 3                           # 局部地图宽度,单位是 m
  height: 3                          # 局部地图高度,单位是 m
  resolution: 0.05       # 局部地图分辨率,单位是 m/pixel,一般与静态地图分辨率保持一致
```

（4）base_local_planner_params.yaml 文件。

该文件用于基本的局部规划器参数配置,设定机器人的最大/最小速度限制值和加速度的阈值。

```
TrajectoryPlannerROS:
# 机器人配置参数
max_vel_x: 0.5                        # X 方向最大速度
min_vel_x: 0.1                        # X 方向最小速速
max_vel_theta:  1.0 #
min_vel_theta: -1.0
min_in_place_vel_theta: 1.0
  acc_lim_x: 1.0                      # X 加速限制
```

```
    acc_lim_y: 0.0                          # Y 加速限制
    acc_lim_theta: 0.6                      # 角速度加速限制
# 目标公差参数
xy_goal_tolerance: 0.10
yaw_goal_tolerance: 0.05
# 差速传动机器人配置
# 是否是全向移动机器人
holonomic_robot: false
# 前进模拟参数
sim_time: 0.8
vx_samples: 18
vtheta_samples: 20
sim_granularity: 0.05
```

（5）参数配置技巧。

以上配置在实操中可能会出现机器人在本地路径规划时与全局路径规划不符而进入膨胀区域导致假死的情况。如何尽量避免这种情形呢？

全局路径规划与本地路径规划虽然设置的参数是一样的，但是二者路径规划和避障的职能不同，可以采用不同的参数设置策略：

- 全局代价地图可以将膨胀半径和障碍物系数设置得偏大一些。
- 本地代价地图可以将膨胀半径和障碍物系数设置得偏小一些。

这样，在全局路径规划时，规划的路径会尽量远离障碍物；而在本地路径规划时，机器人即便偏离全局路径也会和障碍物之间保留更大的自由空间，从而避免了陷入假死的情形。

3）launch 文件集成

如果要实现导航，需要集成地图服务、amcl、move_base 与 RViz 等，集成示例如下：

```
<launch>
    <!-- 设置地图的配置文件 -->
    <arg name="map" default="nav.yaml" />
    <!-- 运行地图服务器，并且加载设置的地图-->
    <node name="map_server" pkg="map_server" type="map_server" args="$(find
     mycar_nav)/map/$(arg map)"/>
    <!-- 启动 AMCL 节点 -->
    <include file="$(find mycar_nav)/launch/amcl.launch" />
    <!-- 运行 move_base 节点 -->
    <include file="$(find mycar_nav)/launch/path.launch" />
    <!-- 运行 RViz -->
    <node pkg="rviz" type="rviz" name="rviz" args="-d $(find mycar_nav)/rviz/
     nav.rviz" />
</launch>
```

4）测试

（1）先启动 Gazebo 仿真环境（此过程略）。

（2）启动导航相关的 launch 文件。

（3）添加 RViz 组件（参考演示结果），可以将配置数据保存起来，后期直接调用。

全局代价地图与本地代价地图组件配置如图 7-9 所示。

全局路径规划与本地路径规划组件配置如图 7-10 所示。

（1）通过 RViz 工具栏的 2D Nav Goal 设置目的地实现导航。

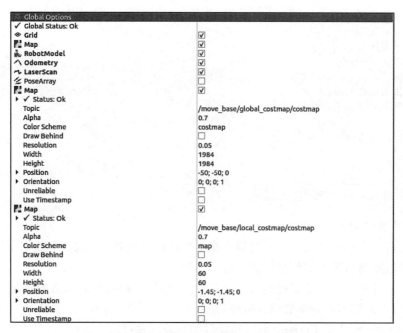

图 7-9　全局代价地图与本地代价地图组件配置

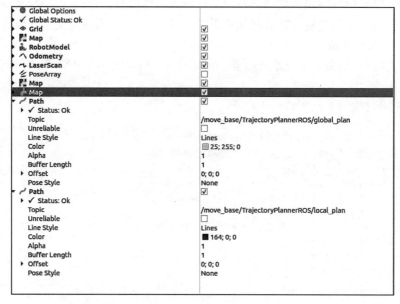

图 7-10　全局路径规划与本地路径规划组件配置

（2）也可以在导航过程中添加新的障碍物，机器人也可以自动躲避障碍物。

另请参考 http://wiki.ros.org/move_base。

7.2.5　导航与 SLAM 建图

场景：在 7.2.1 节中，是通过键盘控制机器人移动实现建图的，后续又介绍了机器人的自主移动实现。那么,是否可以将二者结合,实现机器人自主移动的 SLAM 建图?

上述需求是可行的。有人可能会有疑问:导航时需要地图信息,在前面导航实现时,是通过 map_server 功能包的 map_server 节点发布地图信息的。如果不先通过 SLAM 建图,那么如何发布地图信息呢? SLAM 建图过程本身就会实时发布地图信息,所以无须再使用 map_server 节点,SLAM 已经发布了话题为/map 的地图消息了,且导航需要定位模块,SLAM 本身也是可以实现定位的。

该过程的实现比较简单,步骤如下:

(1) 编写 launch 文件,集成 SLAM 与 move_base 的相关节点。

(2) 执行 launch 文件并测试。

1. 编写 launc 文件

当前 launch 文件实现无须调用 map_server 的相关节点,只需要启动 SLAM 节点与 move_base 节点,示例内容如下:

```
<launch>
    <!-- 启动 SLAM 节点 -->
    <include file="$(find mycar_nav)/launch/slam.launch" />
    <!-- 运行 move_base 节点 -->
    <include file="$(find mycar_nav)/launch/path.launch" />
    <!-- 运行 RViz -->
    <node pkg="rviz" type="rviz" name="rviz" args="-d $(find mycar_nav)/rviz/
      nav.rviz" />
</launch>
    <node pkg="rviz" type="rviz" name="rviz" args="-d $(find mycar_nav)/rviz/
      nav.rviz" />
```

2. 测试

(1) 运行 Gazebo 仿真环境。

(2) 执行 launch 文件。

(3) 在 RViz 中通过 2D Nav Goal 设置目标点,机器人开始自主移动并建图,如图 7-11 所示。

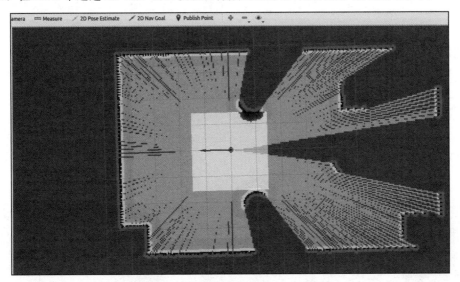

图 7-11　机器人自主移动的 SLAM 建图

（4）使用 map_server 保存地图。

◆ 7.3　导航相关消息

在导航功能包集中包含了诸多节点，毋庸置疑，不同节点之间的通信使用到了消息中间件（数据载体）。在 7.2 节的实现中，这些消息已经在 RViz 中做了可视化处理。例如，地图、雷达、摄像头、里程计、路径规划等的相关消息在 RViz 中提供了相关组件。本节主要介绍这些消息的具体格式。

7.3.1　地图

与地图相关的消息主要有两个：

- nav_msgs/MapMetaData：地图元数据，包括地图的宽度、高度、分辨率等。
- nav_msgs/OccupancyGrid：地图栅格数据，一般会在 RViz 中以图形化的方式显示。

1. nav_msgs/MapMetaData 消息

调用 rosmsg info nav_msgs/MapMetaData 显示的消息内容如下：

```
time map_load_time
float32 resolution                           #地图分辨率
uint32 width                                 #地图宽度
uint32 height                                #地图高度
geometry_msgs/Pose origin                    #地图位姿数据
  geometry_msgs/Point position
    float64 x
    float64 y
    float64 z
  geometry_msgs/Quaternion orientation
    float64 x
    float64 y
    float64 z
float64 w
```

2. nav_msgs/OccupancyGrid 消息

调用 rosmsg info nav_msgs/OccupancyGrid 显示的消息内容如下：

```
std_msgs/Header header
  uint32 seq
  time stamp
  string frame_id
#--- 地图元数据
nav_msgs/MapMetaData info
  time map_load_time
  float32 resolution
  uint32 width
  uint32 height
  geometry_msgs/Pose origin
    geometry_msgs/Point position
      float64 x
      float64 y
```

```
      float64 z
    geometry_msgs/Quaternion orientation
      float64 x
      float64 y
      float64 z
      float64 w
#--- 地图内容数据,数组长度 = width * height
int8[] data
```

7.3.2　里程计

与里程计相关的消息是 nav_msgs/Odometry。调用 rosmsg info nav_msgs/Odometry 显示的消息内容如下:

```
std_msgs/Header header
  uint32 seq
  time stamp
  string frame_id
string child_frame_id
geometry_msgs/PoseWithCovariance pose
  geometry_msgs/Pose pose                    # 里程计位姿
    geometry_msgs/Point position
      float64 x
      float64 y
      float64 z
    geometry_msgs/Quaternion orientation
      float64 x
      float64 y
      float64 z
      float64 w
  float64[36] covariance
geometry_msgs/TwistWithCovariance twist
  geometry_msgs/Twist twist                  # 速度
    geometry_msgs/Vector3 linear
      float64 x
      float64 y
      float64 z
    geometry_msgs/Vector3 angular
      float64 x
      float64 y
      float64 z
  # 协方差矩阵
  float64[36] covariance
```

7.3.3　坐标变换

与坐标变换相关的消息是 tf/tfMessage,调用 rosmsg info tf/tfMessage 显示消息内容如下:

```
geometry_msgs/TransformStamped[] transforms    #包含多个坐标系相对关系数据的数组
  std_msgs/Header header
```

```
    uint32 seq
    time stamp
    string frame_id
  string child_frame_id
  geometry_msgs/Transform transform
    geometry_msgs/Vector3 translation
      float64 x
      float64 y
      float64 z
    geometry_msgs/Quaternion rotation
      float64 x
      float64 y
      float64 z
      float64 w
```

7.3.4　定位

与定位相关的消息是 geometry_msgs/PoseArray。调用 rosmsg info geometry_msgs/PoseArray 显示的消息内容如下：

```
std_msgs/Header header
  uint32 seq
  time stamp
  string frame_id
geometry_msgs/Pose[] poses                # 预估的点位姿组成的数组
  geometry_msgs/Point position
    float64 x
    float64 y
    float64 z
  geometry_msgs/Quaternion orientation
    float64 x
    float64 y
    float64 z
    float64 w
```

7.3.5　目标点与路径规划

与目标点相关的消息是 move_base_msgs/MoveBaseActionGoal。调用 rosmsg info move_base_msgs/MoveBaseActionGoal 显示的消息内容如下：

```
std_msgs/Header header
  uint32 seq
  time stamp
  string frame_id
actionlib_msgs/GoalID goal_id
  time stamp
  string id
move_base_msgs/MoveBaseGoal goal
  geometry_msgs/PoseStamped target_pose
    std_msgs/Header header
      uint32 seq
```

```
      time stamp
      string frame_id
    geometry_msgs/Pose pose                    # 目标点位姿
      geometry_msgs/Point position
        float64 x
        float64 y
        float64 z
      geometry_msgs/Quaternion orientation
        float64 x
        float64 y
        float64 z
        float64 w
```

与路径规划相关的消息是 nav_msgs/Path。调用 rosmsg info nav_msgs/Path 显示的
消息内容如下：

```
std_msgs/Header header
  uint32 seq
  time stamp
  string frame_id
geometry_msgs/PoseStamped[] poses            # 由一系列点组成的数组
  std_msgs/Header header
    uint32 seq
    time stamp
    string frame_id
  geometry_msgs/Pose pose
    geometry_msgs/Point position
      float64 x
      float64 y
      float64 z
    geometry_msgs/Quaternion orientation
      float64 x
      float64 y
      float64 z
      float64 w
```

7.3.6　激光雷达

与激光雷达相关的消息是 sensor_msgs/LaserScan。调用 rosmsg info sensor_msgs/
LaserScan 显示的消息内容如下：

```
std_msgs/Header header
  uint32 seq
  time stamp
  string frame_id
float32 angle_min                  #起始扫描角度(rad)
float32 angle_max                  #终止扫描角度(rad)
float32 angle_increment            #测量值之间的角距离(rad)
float32 time_increment             #测量间隔时间(s)
float32 scan_time                  #扫描间隔时间(s)
float32 range_min                  #最小有效距离值(m)
float32 range_max                  #最大有效距离值(m)
```

```
float32[] ranges                   #一个周期的扫描数据
float32[] intensities              #扫描强度数据,如果设备不支持强度数据,该数组为空
```

7.3.7 相机

与深度相机相关的消息有 sensor_msgs/Image、sensor_msgs/CompressedImage 和 sensor_msgs/PointCloud2。其中,sensor_msgs/Image 对应一般的图像数据,sensor_msgs/CompressedImage 对应压缩后的图像数据,sensor_msgs/PointCloud2 对应点云数据(带有深度信息的图像数据)。

调用 rosmsg info sensor_msgs/Image 显示的消息内容如下:

```
std_msgs/Header header
  uint32 seq
  time stamp
  string frame_id
uint32 height                      #高度
uint32 width                       #宽度
string encoding                    #编码格式:RGB、YUV 等
uint8 is_bigendian                 #图像大小端存储模式
uint32 step                        #一行图像数据的字节数,作为步进参数
uint8[] data                       #图像数据,长度等于 step * height
```

调用 rosmsg info sensor_msgs/CompressedImage 显示的消息内容如下:

```
std_msgs/Header header
  uint32 seq
  time stamp
  string frame_id
string format                      #压缩编码格式(jpeg、png、bmp)
uint8[] data                       #压缩后的数据
```

调用 rosmsg info sensor_msgs/PointCloud2 显示的消息内容如下:

```
std_msgs/Header header
  uint32 seq
  time stamp
  string frame_id
uint32 height                      #高度
uint32 width                       #宽度
sensor_msgs/PointField[] fields    #每个点的数据类型
  uint8 INT8=1
  uint8 UINT8=2
  uint8 INT16=3
  uint8 UINT16=4
  uint8 INT32=5
  uint8 UINT32=6
  uint8 FLOAT32=7
  uint8 FLOAT64=8
  string name
  uint32 offset
  uint8 datatype
```

```
    uint32 count
    bool is_bigendian              #图像大小端存储模式
    uint32 point_step              #单点的数据字节步长
    uint32 row_step                #一行数据的字节步长
    uint8[] data                   #存储点云的数组,总长度为 row_step * height
    bool is_dense                  #是否有无效点
```

7.3.8　深度图像信息转激光雷达数据

本节介绍 ROS 中的一个功能包:depthimage_to_laserscan,顾名思义,该功能包可以将深度图像信息转换成激光雷达数据,应用场景如下:

在诸多 SLAM 算法中,一般都需要订阅激光雷达数据以构建地图,因为激光雷达可以感知周围环境的深度信息,而深度相机也具备感知深度信息的功能,且最初激光雷达的价格比较昂贵。那么,在传感器选型上可以选用深度相机代替激光雷达吗?

答案是可以,不过二者发布的消息类型是完全不同的,如果想要实现传感器的置换,那么就需要将深度相机发布的三维的图像信息转换成二维的激光雷达数据,这一功能就是通过 depthimage_to_laserscan 实现的。

1. depthimage_to_laserscan 简介

1) 原理

depthimage_to_laserscan 实现深度图像信息与激光雷达数据转换的原理比较简单。激光雷达数据是二维的;而深度图像信息是三维的,是若干二维数据的纵向叠加。如果将三维的信息转换成二维的数据,只需要取深度图像的某一层即可。为了方便理解,下面给出官方示例:

图 7-12 是深度相机与外部环境(实物图)。

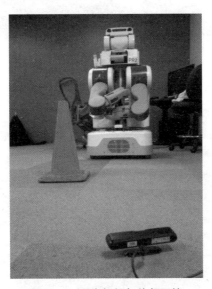

图 7-12　深度相机与外部环境

图 7-13 是深度相机发布的图像信息,中央横线对应的信息要转换成激光雷达数据。

图 7-13　深度相机发布的图像信息

　　图 7-14 是将图 7-13 以点云的方式显示,更为直观,其中信息要转换成雷达数据的信息以彩色显示。

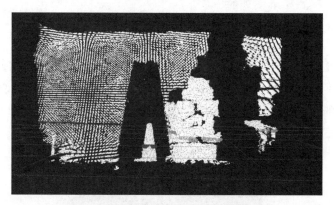

图 7-14　以点云的方式显示的图像信息

　　图 7-15 是转换之后的结果(俯视图)。

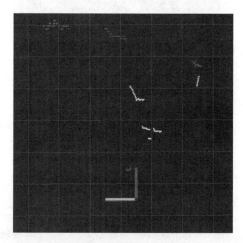

图 7-15　转换之后的结果

2）优缺点

优点：深度相机的成本一般低于激光雷达，可以降低硬件成本。

缺点：深度相机较之于激光雷达无论是检测范围还是精度都有不小的差距，SLAM 效果可能不如激光雷达理想。

3）安装

depthimage_to_laserscan 在使用之前要先安装，命令如下：

```
sudo apt-get install ros-melodic-depthimage-to-laserscan
```

2. depthimage_to_laserscan 节点说明

depthimage_to_laserscan 功能包的核心节点是 depthimage_to_laserscan。为了方便调用，需要先了解该节点订阅的话题、发布的话题以及相关参数。

1）订阅的话题

depthimage_to_laserscan 节点订阅的话题有两个：

- image(sensor_msgs/Image)，输入的图像信息。
- camera_info(sensor_msgs/CameraInfo)，关联图像的相机信息。通常不需要重新映射，因为 camera_info 将从与图像相同的命名空间中订阅话题。

2）发布的话题

depthimage_to_laserscan 发布的话题是 scan(sensor_msgs/LaserScan)，发布转换后的激光雷达数据。

3）参数

该节点参数较少，只有如下几个，一般需要设置的是 output_frame_id。

- ~scan_height(int, default：1 pixel)，设置用于生成激光雷达数据的像素行数。
- ~scan_time(double, default：1/30.0Hz (0.033s))，两次扫描的时间间隔。
- ~range_min(double, default：0.45m)，返回的最小范围。结合 range_max 使用，只会获取 range_min 与 range_max 之间的数据。
- ~range_max(double, default：10.0m)，返回的最大范围。结合 range_min 使用，只会获取 range_min 与 range_max 之间的数据。
- ~output_frame_id(str, default：camera_depth_frame)，激光信息的 ID。

3. depthimage_to_laserscan 的使用

1）编写 launch 文件

编写 launch 文件并执行，将深度图像信息转换成激光雷达数据。

```
<launch>
    <node pkg="depthimage_to_laserscan" type="depthimage_to_laserscan" name=
    "depthimage_to_laserscan">
        <remap from="image" to="/camera/depth/image_raw" />
        <param name="output_frame_id" value="camera"  />
    </node>
</launch>
```

订阅的话题需要根据深度相机发布的话题设置。output_frame_id 需要与深度相机的坐标系一致。

2）修改 URDF 文件

经过信息转换之后，深度相机也将发布激光雷达数据。为了不产生混淆，可以注释掉 Xacro 文件中关于激光雷达的部分。

3）执行

（1）启动 Gazebo 仿真环境，如图 7-16 所示。

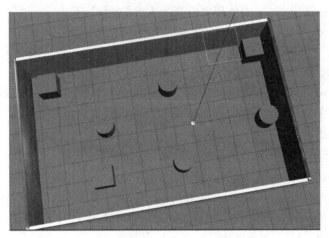

图 7-16　Gazebo 仿真环境

（2）启动 RViz 并添加相关组件（image、LaserScan），结果如图 7-17 所示。

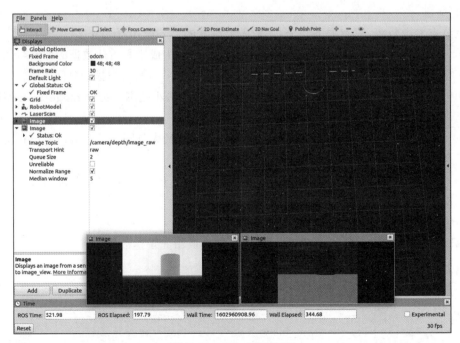

图 7-17　RViz 显示结果

4. SLAM 应用

至此已经实现了将深度图像信息转换成激光雷达数据并测试通过了，接下来是实践阶

段,通过深度相机实现 SLAM,流程如下:

(1) 启动 Gazebo 仿真环境。

(2) 启动转换节点。

(3) 启动绘制地图的 launch 文件。

(4) 启动键盘控制节点,用于控制机器人运动建图。

```
rosrun teleop_twist_keyboard teleop_twist_keyboard.py
```

(5) 在 RViz 中添加组件,显示栅格地图,最后就可以通过键盘控制 Gazebo 中的机器人运动了。同时,在 RViz 中也可以显示 gmapping 发布的栅格地图数据了。但是,前面也介绍了,由于精度和检测范围的原因,尤其再加上环境的特征点偏少,建图效果可能并不理想,建图中甚至会出现地图偏移的情况。

◆ 7.4　本章小结

本章介绍了仿真环境下的机器人导航实现,主要内容如下:

- 导航概念以及架构设计。
- SLAM 概念以及 gmapping 实现。
- 地图的序列化与反序列化。
- 定位实现。
- 路径规划实现。
- 导航中涉及的消息。

在导航整体设计架构中,包含地图、定位、路径规划、感知以及控制等实现,感知与控制模块在第 6 章机器人系统仿真中已经实现了,因此本章没有做过多的介绍。其他部分在本章中也是基于仿真环境实现的。后面将搭建一台实体机器人并实现导航功能。

第8章

机器人平台设计

学习到当前阶段,大家对 ROS 已经有一定的认知了,但是前面的内容更偏理论,尤其是在学习了第 6 章介绍的仿真与第 7 章介绍的导航之后,相当一部分读者可能会有些疑惑:

- 实体机器人与仿真实现有什么区别?
- ROS 系统如何控制机器人底盘运动并计算里程计数据?
- 实际的传感器(如雷达、摄像头等)应该怎么使用呢?

……

机器人系统是一套机电一体化的设备,机器人设计也是高度集成的系统性实现。为了帮助大家消除上述疑惑,快速上手,本章删繁就简,从零开始设计一款入门级、低成本、简单但又具备一定扩展性的两轮差速机器人。学习完本章内容之后,你甚至可以构建属于自己的机器人平台。

本章主要内容如下:

- 机器人的组成部分。
- Arduino 的基本使用方法。
- Arduino 与电机驱动。
- 底盘控制实现。
- 基于树莓派的 ROS 环境搭建。
- 激光雷达与相机的基本使用与集成。

本章预期达成的学习目标如下:

- 能够独立搭建机器人平台。

注意:

- 本章内容会使用 ROS 的分布式框架,以树莓派端作为主机,以 PC 端作为从机。
- PC 端使用的 ROS 版本为 noetic;树莓派端使用的 ROS 版本为 melodic,因为树莓派需要与底盘交互,而相关功能包还未更新。

案例演示:

机器人底盘实现案例如图 8-1~图 8-3 所示。

机器人控制系统以及传感器实现如图 8-4 所示。

机器人集成效果如图 8-5 所示。

图 8-1 底盘正面

图 8-2 Arduino 与电机驱动板

图 8-3 底盘背面

图 8-4 机器人上位机以及传感器

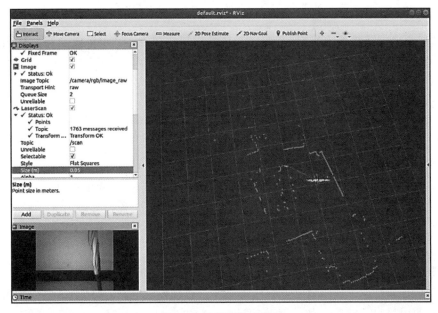

图 8-5 机器人集成效果

◆ 8.1　概　　述

立足于不同角度,对机器人组成的认识也会有明显差异。从控制的角度看,机器人系统可以分为 4 部分:传感系统、控制系统、驱动系统和执行机构。

1. 传感系统

传感系统由内部传感器模块和外部传感器模块组成,用于获取内部和外部环境中有用的信息,相当于人体的感官与神经。内部传感器模块包括电机的编码器、陀螺仪等,可以通过自身的信号反馈检测位姿状态;外部传感器模块包括摄像头、红外、声呐等,用于感知外部环境。

2. 控制系统

控制系统的任务是根据机器人的作业指令以及从传感器反馈回来的信号输出控制命令信号,类似于人的大脑。控制系统需要基于处理器实现,在处理器之上,控制系统需要完成算法处理、关节控制、人机交互等复杂功能。

3. 驱动系统

驱动系统主要负责驱动执行机构,将控制系统下达的命令转换成执行机构所需的信号,相当于人的小脑与神经。

4. 执行机构

执行机构是机器人组成中的机械部分,类似于人的手与脚,例如机器人的行走部分与机械臂。

◆ 8.2　Arduino 基础

在构建两轮差速机器人平台时,驱动系统的常用实现有 STM32 或 Arduino,在此选用后者,因为 Arduino 更简单、更易于上手。本节将介绍如下内容:

- Arduino 简介。
- Arduino 开发环境搭建。
- Arduino 基本语法。

首先给出 Arduino 简介。

1. 概念

Arduino 是一款便捷灵活、方便上手的开源电子原型平台,在它上面可以进行简单的电路控制设计。Arduino 能够通过各种各样的传感器感知环境,通过控制灯光、马达和其他的装置反馈、影响环境。

2. 作用

大家一定听说过集成电路(又称微电路、微芯片或芯片)这个概念。集成电路(integrated circuit)是一种微型电子器件或部件。通过集成电路,再结合一些外围的电子器件、传感器等,可以感知环境(如温度、湿度、声音),也可以影响环境(如控制灯的开关、调节电机转速)。但是,传统的集成电路应用比较烦琐,一般需要具有一定的电子知识基础并懂得如何进行相关的程序设计的工程师才能熟练使用。而 Arduino 的出现才使得以往高度专业的集成电路变得平易近人。Arduino 主要优点如下：

- 简单。在硬件方面，Arduino 本身是一款非常容易使用的印刷电路板。电路板上装有专用集成电路，并将集成电路的功能引脚引出，以方便外接使用。同时，电路板还设计了 USB 接口以方便与计算机连接。
- 易学。只需要掌握 C/C++ 基本语法即可。
- 易用。Arduino 提供了专门的程序开发环境 Arduino IDE，可以提高程序实现效率。

当前，Arduino 已经成为全世界电子爱好者电子制作过程中的重要选项之一。

3. 组成

Arduino 从体系结构上看主要包含硬件和软件两大部分。硬件部分是可以用来进行电路连接的各种型号的 Arduino 电路板，图 8-6 为本章使用的 Arduino Mega 2560 开发板；软件部分则是 Arduino IDE。只要在 IDE 中编写程序代码，将程序上传到 Arduino 电路板后，程序便会告诉 Arduino 电路板要做些什么了。

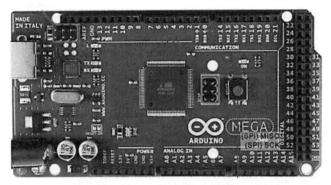

图 8-6　Arduino Mega 2560 开发板

8.2.1　Arduino 开发环境搭建

基于 Arduino 的开发实现，毋庸置疑的是必须先要准备 Arduino 电路板（建议型号为 Arduino Mega 2560）。除了硬件之外，还需要准备软件环境，安装 Arduino IDE。在 Ubuntu 下，Arduino 开发环境的搭建步骤如下：

（1）硬件准备：Arduino 电路板连接 Ubuntu。

（2）软件准备：安装 Arduino IDE。

（3）编写 Arduino 程序并上传至 Arduino 电路板。

1. Arduino 电路板连接 Ubuntu

Arduino 连接设置如图 8-7 所示。

需要确保对这个接口有访问的权限。假设 Arduino 连接的是/dev/ttyACM0，那么就运行下面的命令：

```
$ ls -l /dev/ttyACM0
```

然后就可以看到类似下面的输出结果：

```
crw-rw—- 1 root dialout 166, 0 2013-02-24 08:31 /dev/ttyACM0
```

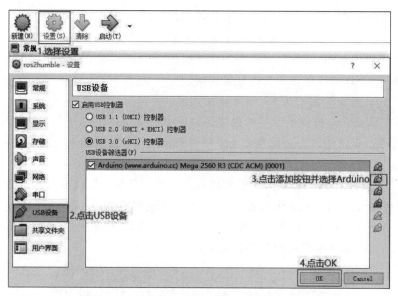

图 8-7　Arduino 连接设置

在上面的结果中,只有 root 用户和 dialout 用户组才有读写权限。因此,需要成为 dialout 用户组的一个成员,命令如下:

```
$ sudo usermod -a -G dialout your_user_name
```

在这个命令中,your_user_name 就是在 Linux 下登录的用户名。然后需要重启系统使之生效。执行完上面的操作之后,可以运行下面的命令查看用户组:

```
$ groups
```

如果可以在列出的组中找到 dialout,这就说明已经加入 dialout 用户组中了。

2. 安装 Arduino IDE

(1) 下载 Arduino IDE 安装包。

Arduino IDE 官方下载链接为 https://www.arduino.cc/en/Main/Software,版本选择如图 8-8 所示。

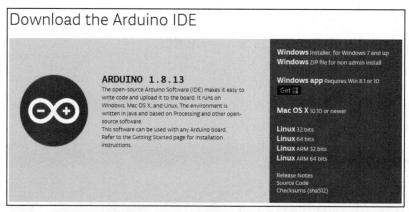

图 8-8　Arduino IDE 版本选择

选择对应版本，进入为 Arduino 软件捐款的页面，如图 8-9 所示。

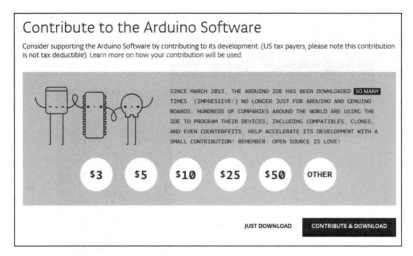

图 8-9　Arduino 软件捐款页面

可以选择捐款，也可以直接单击 JUST DOWNLOAD 下载软件。

（2）使用 tar 命令对压缩包解压：

```
tar -xvf arduino-1.x.y-linux64.tar.xz
```

（3）将解压后的目录移到/opt 下：

```
sudo mv arduino-1.x.y /opt
```

（4）进入安装目录，对 install.sh 添加可执行权限，并执行安装：

```
cd /opt/arduino-1.x.y
sudo chmod +x install.sh
sudo ./install.sh
```

（5）启动并配置 Arduino IDE。

在命令行直接输入：arduino，Arduino 初始界面如图 8-10 所示。

图 8-10　Arduino 初始界面

Arduino IDE 配置如图 8-11 所示。

图 8-11　Arduino IDE 配置界面

3. 案例

Arduino IDE 中已经内置了一些相关案例。在此通过一个经典的控制 LED 等闪烁案例演示 Arduino 的使用流程。

1）案例调用

案例调用的菜单操作如图 8-12 所示。

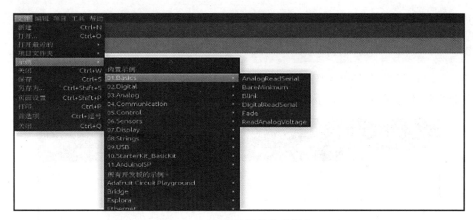

图 8-12　案例调用的菜单操作

2）编译上传

将程序编译上传，如图 8-13 所示。

3）运行结果

运行程序，电路板上的 LED 灯闪烁。

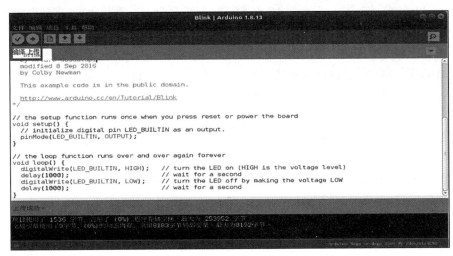

图 8-13　程序编译上传

4）代码解释

```
//初始化函数
void setup() {
    //将 LED 灯引脚(引脚值为 13,被封装为 LED_BUILTIN)设置为输出模式
    pinMode(LED_BUILTIN, OUTPUT);
}

//循环执行函数
void loop() {
    digitalWrite(LED_BUILTIN, HIGH);        //打开 LED 灯
    delay(1000);                            //休眠 1000ms
    digitalWrite(LED_BUILTIN, LOW);         //关闭 LED 灯
    delay(1000);                            //休眠 1000ms
}
```

setup()与 loop()函数是固定格式。

8.2.2　Arduino 基本语法

Arduino 的语言系统在设计时参考了 C、C++ 和 Java,是一种综合性的简洁语言,其语法更类似于 C++ ,但是它不支持 C++ 的异常处理,没有 STL 库,因此可以把它当作精简后的 C++ 。

在 Arduino 的基本语法中,注释、宏定义、库文件包含、变量、函数、流程控制、类、继承、多态等都与 C++ 高度类似,在此不再赘述。本节着重要介绍的是 Arduino 中的一些 API 实现。

1. 程序结构

一个 Arduino 程序包括两大部分：setup()与 loop()函数。

- void setup()：在这个函数里初始化 Arduino 的程序,使主循环程序在开始之前设置好相关参数,初始化变量,设置针脚的输出输入类型,设置波特率,等等。该函数只会在上电或重启时执行一次。

- void loop()：这是 Arduino 的主函数。这套程序会一直重复执行，直到电源被断开。

2. 常量

在 Arduino 中封装了一些常用常量，例如：

- HIGH｜LOW(引脚电压定义)。
- INPUT｜OUTPUT(数字引脚定义)。
- true｜false(逻辑层定义)。

3. 通信相关函数

Serial 用于 Arduino 控制板和一台计算机或其他设备之间的通信。可以使用 Arduino IDE 内置的串口监视器与 Arduino 控制板通信。单击工具栏上的串口监视器按钮，调用 begin()函数(选择相同的波特率)。

- Serial.begin()

描述：将串行数据传输速率设置为位/秒(也表示为波特)。与计算机进行通信时，可以使用以下这些波特率：300,1200,2400,4800,9600,14 400,19 200,28 800,38 400,57 600 或 115 200。当然，也可以指定其他波特率。例如，引脚 0/1 和一个元件进行通信，就需要一个特定的波特率。

语法：Serial.begin(speed)

参数：speed 单位为位/秒（波特），为长整型。

返回：无。

- Serial.print()

描述：以人可读的 ASCII 文本形式输出数据到串口。此命令可以采取多种形式。整数输出的是 ASCII 字符；浮点型同样输出的是 ASCII 字符，保留小数点后两位；字节型则输出单个字符；字符和字符串原样输出。Serial.print()输出数据时不换行，Serial.println()输出数据时自动换行。

语法：Serial.print(val)

参数：val,是要输出的值,可以是任何数据类型。

返回：输出的字节数,是否使用(或读出)这个数字是可设定的。

- Serial.println()

参考 Serial.print()。

- Serial.available()

描述：从串口读取有效的字符。这是已经传输到达并存储在串行接收缓冲区(能够存储 64 字节)的数据。available()继承了 Stream 类。

语法：Serial.available()

参数：无。

返回：可读取的字节数。

- Serial.read()

描述：读取传入串口的数据。read()继承了 Stream 类。

语法：serial.read()

参数：无。

返回：传入串口的数据的第一个字节(或−1,如果没有可用的数据)。

4. 数字 I/O 函数

• pinMode()

描述：将指定的引脚配置成输出或输入。

语法：pinMode(pin，mode)

参数：

pin：要设置 I/O 模式的引脚。

mode：INPUT 或 OUTPUT。

返回：无。

• digitalWrite()

描述：向一个数字引脚写入 HIGH 或 LOW。

语法：digitalWrite(pin，value)

参数：

pin：引脚编号(如 1、5、10、A0、A3)。

value：HIGH 或 LOW。

返回：无

• digitalRead()

描述：读取指定引脚的值(HIGH 或 LOW)。

语法：digitalRead(PIN)

参数：pin,为读取的引脚号(整型)

返回：HIGH 或 LOW。

注意：如果引脚悬空,digitalRead()会返回 HIGH 或 LOW(随机变化)。

5. 模拟 I/O 函数

• analogWrite()

描述：从一个引脚输出模拟值(PWM 信号),可用于让 LED 以不同的亮度点亮或驱动电机以不同的速度旋转。analogWrite()输出结束后,该引脚将产生一个稳定的特殊占空比方波,直到下次调用 analogWrite()或在同一引脚调用 digitalRead()/digitalWrite()。PWM 信号的频率大约是 490Hz。

在大多数 Arduino 板(ATmega 168 或 ATmega 328),只有引脚 3、5、6、9、10 和 11 可以实现该功能。在 Arduino Mega 上,引脚 2～13 可以实现该功能。老的 Arduino 板(ATmega 8)只有引脚 9～11 可以使用 analogWrite()。在使用 analogWrite()前,不需要调用 pinMode()设置引脚为输出引脚。

语法：analogWrite(pin,value)

参数：

pin：用于输入数值的引脚。

value：占空比,值为 0(完全关闭)到 255(完全打开)。

返回：无

6. 时间函数

• delay()

描述：使程序暂定设定的时间(单位毫秒)(一秒等于 1000 毫秒)。

语法：delay(ms)

参数：ms，为暂停的毫秒数（无符号长整型）。

返回：无。

- millis()

描述：返回 Arduino 板从运行当前程序开始的毫秒数。这个数字将在约 50 天后溢出（归零）。

参数：无。

返回：返回从运行当前程序开始的毫秒数（无符号长整型）。

7. 中断函数

- attachInterrupt()

描述：当发生外部中断时，调用一个指定函数。当中断发生时，该函数会取代正在执行的程序。大多数 Arduino 板有两个外部中断，分别为 0（数字引脚 2）和 1（数字引脚 3）。

Arduino Mega 还有其他 4 个外部中断，分别为 2（数字引脚 21）、3（数字引脚 20）、4（数字引脚 19）和 5（数字引脚 18）。

语法：attachInterrupt(interrupt, function, mode)

参数：

interrupt：中断引脚数。

function：中断发生时调用的函数，该函数必须不带参数并且不返回任何值。该函数有时被称为中断服务程序。

mode：定义何时发生中断。以下 4 个常量为预定有效值。

- LOW：当引脚为低电平时触发中断。
- CHANGE：当引脚电平发生改变时触发中断。
- RISING：当引脚由低电平变为高电平时触发中断。
- FALLING：当引脚由高电平变为低电平时触发中断。

返回：无。

注意：当中断函数被调用时，delay() 和 millis() 的数值将不会继续变化。当中断发生时，串口收到的数据可能会丢失。因此，应该声明一个变量用于在未发生中断时保存串口收到的数据。

- noInterrupts()

描述：禁止中断[重新使能中断用 interrupts()]。中断允许在后台运行一些重要任务，默认启用中断。禁止中断时部分函数会无法工作，通信中接收到的信息也可能会丢失。

中断对计时代码稍有影响，在某些特定的代码中也会失效。

参数：无。

返回：无。

- interrupts()

描述：重新启用中断[使用 noInterrupts() 命令后将被禁用]。参见 noInterrupts()。

参数：无。

返回：无。

Arduino 的 API 还有很多，限于篇幅，上面只简单介绍了和本书相关的一些 API 实现。

8.2.3　Arduino 基本语法展示之一

1. 通信实现示例一

需求：通过串口，由 Arduino 向计算机发送数据。

实现：

```
/*
 * 需求:通过串口,由 Arduino 向计算机发送数据
 * 步骤:
 *   1.在 setup 中设置波特率,如图 8-14 所示
 *   2.在 setup 或 loop 中使用 Serial.print() 或 Serial.println()发送数据
 */
void setup() {
    Serial.begin(57600);
    Serial.println("setup");
}
void loop() {
    delay(3000);
    Serial.print("loop");
    Serial.print("  ");
    Serial.println("hello");
}
```

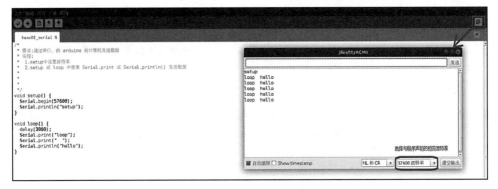

图 8-14　示例一设置波特率

2. 通信实现示例二

需求：由计算机通过串口向 Arduino 发送数据。

实现：

```
/*
 * 需求:由计算机通过串口向 Arduino 发送数据
 * 实现:
 *   1.在 setup 中设置波特率,如图 8-15 所示
 *   2.在 loop 中接收发送的数据并打印
 */
char num;
void setup() {
    Serial.begin(57600);
```

```
}
void loop() {
    if(Serial.available() > 0){
        num = Serial.read();
        Serial.print("I accept:");
        Serial.println(num);
    }
}
```

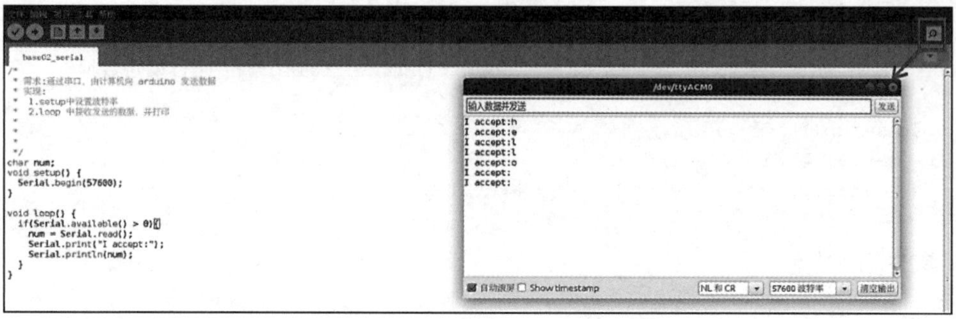

图 8-15　示例二设置波特率

8.2.4　Arduino 基本语法展示之二

1. 数字 I/O 操作

需求：控制 LED 灯开关,在一个循环周期内,前两秒使 LED 灯处于点亮状态,后两秒关闭 LED 灯。

实现：

```
/*
 * 控制 LED 灯开关,在一个循环周期内,前两秒使 LED 灯处于点亮状态,后两秒关闭 LED 灯
 * 1.在 setup 中设置引脚为输出模式
 * 2.在 loop 中向引脚输出高电压,休眠 2000ms 后,再输出低电压,再休眠 2000ms
 *
 */
int led = 13;
void setup() {
    Serial.begin(57600);
    pinMode(led,OUTPUT);
}
void loop() {
    digitalWrite(led,HIGH);                  //输出高电压
    delay(2000);
    digitalWrite(led,LOW);                   //输出低电压
    delay(2000);
}
```

2. 模拟 I/O 操作

需求：控制 LED 灯的亮度。

原理：在上一个示例中 LED 灯只有关闭或开启两种状态,无法控制 LED 灯的亮度。

要实现此功能,就需要借助于 PWM(Pulse Width Modulation,脉冲宽度调制)技术,通过设置占空比为 LED 间歇性供电,PWM 的取值范围为[0,255]。

实现:

```
/*
 * 需求:控制 LED 灯的亮度
 * 实现:
 *   1.在 setup 中设置 LED 灯的引脚为输出模式
 *   2.设置不同的 PWM 并输出
 *
 */
int led = 13;
int l1 = 255;
int l2 = 50;
int l3 = 0;
void setup() {
    pinMode(led,OUTPUT);
}
void loop() {
    analogWrite(led,l1);
    delay(2000);
    analogWrite(led,l2);
    delay(2000);
    analogWrite(led,l3);
    delay(2000);
}
```

8.2.5　Arduino 基本语法展示之三

需求:调用 delay()函数实现休眠,调用 millis() 函数获取程序当前已经执行的时间。

实现:

```
/*
 * 需求:调用 delay()函数实现休眠,调用 millis() 函数获取程序当前已经执行的时间
 *
 * 1.在 setup 中设置波特率
 * 2.在 loop 中使用 delay()函数休眠,使用 millis()函数获取程序执行时间并输出
 *
 */
unsigned long past_time;
void setup() {
    Serial.begin(57600);
}
void loop() {
    delay(2000);                          //休眠 2s
    past_time  = millis();
    Serial.println(past_time);
}
```

通过串口监视器查看输出结果,如图 8-16 所示。

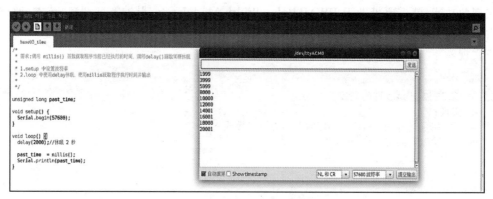

图 8-16　示例二输出结果

◆ 8.3　电机驱动

对于构建轮式机器人而言,电机驱动是一个重要的实现环节。

场景:在机器人架构中,如果要使机器人移动,其中一种实现策略是控制系统先发布预期的车辆速度信息,然后驱动系统订阅该信息,不断调整电机转速直至达到预期速度,调速过程中还需要实时获取实际速度并反馈给控制系统,控制系统会计算实际位移并生成里程计信息。

在上述流程中,控制系统(ROS 端)其实就是典型的发布和订阅实现。而具体到驱动系统(Arduino)层面,需要解决的问题有如下几点:

- 在一个周期开始,Arduino 如何订阅控制系统发布的与速度相关的信息?
- 在一个周期结束,Arduino 如何发布与实际速度相关的信息到控制系统?
- 在一个周期中,Arduino 如何驱动电机(正转、反转)?
- 在一个周期中,Arduino 如何实现电机测速?
- 在一个周期中,Arduino 如何实现电机调速?

在整个闭环实现中,前两个问题涉及驱动系统与控制系统的通信。其中,控制系统会将串口通信的相关实现封装起来,暂时不需要关注;而 Arduino 端数据的接收与发送都可以通过前面介绍的与串行通信相关的 API 实现。本节主要介绍后面 3 个问题的解决方式,即电机基本控制、电机测速以及电机调速实现,主要内容如下:

- 硬件。主要介绍电机类型与结构以及电机驱动板。
- 电机转向控制与电机转速的控制。
- 电机测速实现。
- 电机调速实现。

8.3.1　电机与电机驱动板

如果要通过 Arduino 实现电机相关操作(例如转向控制、转速控制、测速等),那么必须具备两点前提知识:

(1) 简单了解电机类型、机械结构以及各项参数,这些是和机器人的负载、极限速度、测速结果等密切相关的。

（2）要选配合适的电机驱动板,因为 Arduino 的输出电流不足以直接驱动电机,需要通过电机驱动板放大电机控制信号。

当前的机器人平台使用的电机为直流减速电机,电机驱动板为基于 L298P 实现的电路板。接下来就分别介绍这两个模块。

1. 直流减速电机

如图 8-17 所示,相当一部分 ROS 智能车中使用的直流减速电机与之类似,主要由 3 部分构成：

- 减速箱。
- 电机主体。
- 编码器。

电机主体通过输入轴与减速箱连接,通过减速箱的减速效果,最终外端的输出轴会按照比例(取决于减速箱减速比)降低电机输入轴的转速。当然,速度降低之后,将提升电机的力矩。

图 8-17　直流减速电机

尾部是 AB 相霍尔编码器。通过该编码器输出的波形图,可以判断电机的转向以及计算电机转速。

另外,即便电机外观相同,具体参数也可能存在差异,参数需要商家提供。需要了解的参数如下：

- 额定电压。
- 额定电流。
- 额定功率。
- 额定扭矩。
- 减速比。
- 减速前转速。
- 减速后转速。
- 编码器精度。

其中的主要参数说明如下：

（1）额定扭矩。额定扭矩和机器人质量以及有效负荷相关,二者正比例相关,额定扭矩越大,可支持的机器人质量以及有效负荷越高。

（2）减速比。电机输入轴与输出轴的减速比例。例如,减速比为 90,意味着电机主体旋转 90 圈,输出轴旋转一圈。

（3）减速后转速。与减速比相关,是电机减速箱输出轴的转速,单位是 rpm(转/分),减速后转速与减速前转速存在转换关系：

$$减速后转速＝减速前转速/减速比$$

另外,可以根据官方给定的额定功率下的减速后转速结合车轮参数确定小车最大速度。

（4）编码器精度。是指编码器旋转一圈单相(当前编码器有 A、B 两相)输出的脉冲数。

注意：电机输入轴旋转一圈的同时,编码器旋转一圈。如果输出轴旋转一圈,那么编码器的旋转圈数和减速比一致。例如,减速比是 90,那么输出轴旋转一圈,编码器旋转 90 圈。

编码器输出的脉冲数计算公式则是

输出轴旋转一圈产生的脉冲数＝减速比×编码器旋转一圈发送的脉冲数

例如,减速比为 90,编码器旋转一圈输出 11 个脉冲,那么输出轴旋转一圈总共产生 11×90＝990 个脉冲。

电机编码器如图 8-18 所示。

电机编码器的主要引脚如下:

- M1:电机电源＋(和 M2 对调可以控制正反转)。
- GND:编码器电源－。
- C2:信号线。
- C1:信号线。
- VCC:编码器电源＋。
- M2:电机电源－(和 M1 对调可以控制正反转)。

2. 电机驱动板

电机驱动板可选型号较多,例如 TB6612、L298N、L298P 等,但是这些电机驱动板与电机相连时需要使用杜邦线,接线会显得凌乱。本节采用一款基于 L298P 优化的电机驱动板,如图 8-19 所示。该驱动板可以使用端子线直接连接电机,接线更规整、美观。

图 8-18 电机编码器

图 8-19 一款基于 L298P 优化的电机驱动板

端子线母头对应的引脚(自上而下)如下:

- 母头 1:4、地线、21、20、5V 输入、5。
- 母头 2:7、地线、18、19、5V 输入、6。

提示:电机驱动板在使用时需要打开 USB 接口处的电源开关。

3. 准备工作

准备工作是组装底盘,即集成电池、Arduino、电机驱动板与电机。

首先安装 Arduino,安装电机(接端子线)与万向轮,将电机驱动板与 Arduino 集成。

然后将电池的正负极分别接入电机驱动模块的 12V 与 GND(注意:正负极不可接反,12V 接红线,GND 接黑线)。

最后将电机通过端子线与驱动板相连。

图 8-20 机器人底盘

8.3.2　电机基本控制实验

在 ROS 智能车中,小车的前进、后退以及速度调节涉及电机的转向与转速控制,本节主要介绍相关知识点。

需求:控制单个电机转动,先控制电机以某个速率正向转动 N 秒,再让电机停止 N 秒,再控制电机以某个速率逆向转动 N 秒,最后让电机停止 N 秒,如此循环。

实现流程

(1) 编写 Arduino 程序,在 setup 中设置引脚模式,在 loop 中控制电机运动。

(2) 上传并查看运行结果。

1. 编码

前提知识:

左电机的 M1 与 M2 对应的是引脚 4(DIRA)和引脚 5(PWMA),引脚 4 控制转向,引脚 5 输出 PWM。右电机的 M1 与 M2 对应的是引脚 6(PWMB)和引脚 7(DIRB),引脚 7 控制转向,引脚 6 输出 PWM。

可以通过 PWM 控制电机转速。

代码:

```
/*
 * 电机转动控制
 * 1.定义接线中电机对应的引脚
 * 2.在 setup 中设置引脚为输出模式
 * 3.在 loop 中控制电机转动
 */
int DIRA = 4;
int PWMA = 5;
void setup() {
    //两个引脚都设置为 OUTPUT
    pinMode(DIRA,OUTPUT);
    pinMode(PWMA,OUTPUT);
}
void loop() {
    //先正向转动 3s
    digitalWrite(DIRA,HIGH);
    analogWrite(PWMA,100);
    delay(3000);
    //停止 3s
    digitalWrite(DIRA,HIGH);
    analogWrite(PWMA,0);
    delay(3000);
    //再反向转动 3s
    digitalWrite(DIRA,LOW);
    analogWrite(PWMA,100);
    delay(3000);
    //停止 3s
    digitalWrite(DIRA,LOW);
    analogWrite(PWMA,0);
    delay(3000);
```

```
    /*
     * 注意:
     * 1.可以通过将 DIRA 设置为 HIGH 或 LOW 控制电机转向,但是哪个标志位正转或反转需要
         根据需求判断,转向是相对的
     * 2.PWM 的取值为[0,255],该值可自行设置
     */
    }
```

2. 运行

将程序上传到 Arduino,如无异常,电机就开始转动,转动结果与需求描述相符。

8.3.3　电机测速理论

测速实现是调速实现的前提。本节主要介绍 AB 相增量式编码器的测速原理。

1. 概念

百度百科关于编码器的介绍如下:编码器(encoder)是将信号(如比特流)或数据进行编码,转换为可用以通信、传输和存储的信号形式的设备。编码器把角位移或直线位移转换为电信号,前者称为码盘,后者称为码尺。编码器按照读出方式可以分为接触式和非接触式两种,按照工作原理又可分为增量式和绝对式两类。增量式编码器是将位移转换成周期性的电信号,再把这个电信号转变成计数脉冲,用脉冲的个数表示位移的大小。绝对式编码器的每一个位置对应一个确定的数字码,因此它的示值只与测量的起始和终止位置有关,而与测量的中间过程无关。

2. 测速原理

关于编码器相关概念简单了解即可,在此需要着重介绍的是 AB 相增量式编码器的测速原理。

AB 相增量式编码器主要构成为 A 相与 B 相,每一相每转过单位角度就发出一个脉冲信号(一圈可以发出 N 个脉冲信号),A 相、B 相为相互延迟 1/4 周期的脉冲输出,根据延迟关系可以区别正反转,而且通过取 A 相、B 相的上升和下降沿可以进行单频、2 倍频或 4 倍频测速,如图 8-21 所示。

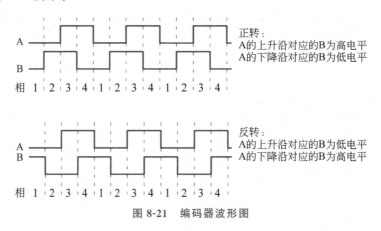

图 8-21　编码器波形图

3. 测速举例

假设编码器旋转一圈输出 11 个脉冲,减速比为 90。

单频计数伪代码如下：

```
//设置一个计数器
int count = 0;
//当 A 为上升沿时
if(B 为高电平){
    count++;
}else {
    count--;
}
...
//速度为单位时间内统计的脉冲个数除以 11×90 之积
```

2 倍频计数伪代码如下：

```
//设置一个计数器
int count = 0;
//当 A 为上升沿时
if(B 为高电平){
    count++;
}else {
    count--;
}
//当 A 为下降沿时
if(B 为低电平){
    count++;
}else {
    count--;
}
...
//速度为单位时间内统计的脉冲的个数除以 11×2×90 之积
```

4 倍频计数伪代码如下：

```
//设置一个计数器
int count = 0;
//当 A 为上升沿时
if(B 为高电平){
    count++;
}else {
    count--;
}
//当 A 为下降沿时
if(B 为低电平){
    count++;
}else {
    count--;
}
//当 B 为上升沿时
if(A 为低电平){
    count++;
} else {
    count--;
}
```

```
//当 B 为下降沿时
if(A 为高电平){
    count++;
} else {
    count--;
}
...
//速度为单位时间内统计的脉冲的个数除以 11×4×90 之积
```

8.3.4　电机测速实现

需求：统计并输出电机转速。

思路：先在单位时间内以单频、2 倍频或 4 倍频的方式统计脉冲数，再除以一圈对应的脉冲数，最后再除以减速比所得即为电机转速。

核心：计数时，需要在 A 相或 B 相的上升沿或下降沿触发时实现计数，在此需要使用中断引脚与中断函数。

Arduino Mega 2560 的中断引脚为 2（中断 0）、3（中断 1）、18（中断 5）、19（中断 4）、20（中断 3）和 21（中断 2）。

实现流程

（1）编写 Arduino 程序实现脉冲数统计。

（2）编写 Arduino 程序实现转速计算。

（3）上传到 Arduino 并测试。

1. 编码实现脉冲数统计

核心知识点是 attachInterrupt() 函数（请参考 8.2.2 节介绍）。

代码如下：

```
/*
 * 测速实现:
 *   阶段 1:脉冲数统计
 *   阶段 2:转速计算
 *
 * 阶段 1:
 *   1.定义使用的中断引脚以及计数器(使用 volatile 修饰)
 *   2.在 setup 中设置波特率,将引脚设置为输入模式
 *   3.使用 attachInterupt() 函数为引脚添加中断触发时机以及中断函数
 *   4.利用中断函数编写脉冲数统计算法并打印
 *     A.单频统计只需要统计单相的上升沿或下降沿
 *     B.2 倍频统计需要统计单相的上升沿和下降沿
 *     C.4 倍频统计需要统计两相的上升沿和下降沿
 *   5.上传并查看结果
 */
int motor_A = 21;                          //中断口是 2
int motor_B = 20;                          //中断口是 3
volatile int count = 0;          //如果是正转,那么每计数一次自增 1;否则每计数一次自减 1
void count_A(){
    //单频计数实现
    //手动旋转电机一圈,输出结果为旋转一圈的脉冲数×减速比
    /* if(digitalRead(motor_A) == HIGH){
```

```
            if(digitalRead(motor_B) == LOW){        //A 高 B 低
                count++;
            } else {                                 //A 高 B 高
                count--;
            }
        }
    */
    //2 倍频计数实现
    //手动旋转电机一圈,输出结果为旋转一圈的脉冲数×减速比×2
    if(digitalRead(motor_A) == HIGH){
        if(digitalRead(motor_B) == HIGH){            //A 高 B 高
            count++;
        } else {                                     //A 高 B 低
            count--;
        }
    } else {
        if(digitalRead(motor_B) == LOW){             //A 低 B 低
            count++;
        } else {                                     //A 低 B 高
            count--;
        }
    }
}
//与 A 实现类似
//4 倍频计数实现
//手动旋转电机一圈,输出结果为旋转一圈的脉冲数×减速比×4
void count_B(){
    if(digitalRead(motor_B) == HIGH){
        if(digitalRead(motor_A) == LOW){             //B 高 A 低
            count++;
        } else {                                     //B 高 A 高
            count--;
        }
    } else {
        if(digitalRead(motor_A) == HIGH){            //B 低 A 高
            count++;
        } else {                                     //B 低 A 低
            count--;
        }
    }
}
void setup() {
    Serial.begin(57600);                             //设置波特率
    pinMode(motor_A,INPUT);
    pinMode(motor_B,INPUT);
    attachInterrupt(2,count_A,CHANGE);               //当电平发生改变时触发中断函数
    //4 倍频统计需要为 B 相也添加中断
    attachInterrupt(3,count_B,CHANGE);
}
void loop() {
    //测试计数器输出
    delay(2000);
    Serial.println(count);
}
```

2. 转速计算

思路：需要定义一个开始时间（用于记录每个测速周期的开始时刻），还需要定义一个时间区间（例如 50ms），实时获取当前时刻，如果当前时刻－上传结束时刻≥时间区间，就获取当前计数并根据测速公式计算实时速度，计算完毕，计数器归零，重置开始时间。

核心知识点：当使用中断函数中的变量时，需要先用 noInterrupts() 禁止中断，调用完毕，再用 interrupts() 重启中断（关于 noInterrupts() 与 interrupts() 请参考 8.2.2 节的介绍）。

核心代码如下：

```
int reducation = 90;                    //减速比,根据电机参数设置,例如 15、30、60
int pulse = 11;                         //编码器旋转一圈产生的脉冲数,该值需要参
                                        //考厂商的电机参数
int per_round = pulse * reducation * 4; //车轮旋转一圈产生的脉冲数
long start_time = millis();             //一个计算周期的开始时刻,初始值为 millis()
long interval_time = 50;                //一个计算周期为 50ms
double current_vel;
//获取当前转速的函数
void get_current_vel(){
  long right_now = millis();
  long past_time = right_now - start_time;  //计算逝去的时间
  if(past_time >= interval_time){           //如果逝去的时间大于或等于一个计算周期
    //1.禁止中断
    noInterrupts();
    //2.计算转速。转速单位可以是秒,也可以是分,自定义即可
    current_vel = (double)count / per_round / past_time * 1000 * 60;
    //3.重置计数器
    count = 0;
    //4.重置开始时间
    start_time = right_now;
    //5.重启中断
    interrupts();
    Serial.println(current_vel);
  }
}
void loop() {
  delay(10);
  get_current_vel();
}
```

3. 测试

将代码上传至 Arduino，打开出口监视器，手动旋转电机，可以查看到转速信息。

8.3.5 电机调速 PID 控制理论

场景：

速度信息可以 m/s 为单位，也可以转换成转速，以 r/s 为单位而电机的转速是由 PWM 脉冲宽度控制的，如何根据速度信息量化成合适的 PWM 值呢？

例如，现有一辆行驶中的无人车，要求将车速调整至 100km/h，那么应该如何向电机输出 PWM 值？换言之，如何控制油门？

调速实现策略有多种，PID 是其中较为常用的算法。

　　PID 算法是一种经典、简单、高效的动态速度调节方式。其中 P 代表比例,I 代表积分,D 代表微分。

　　PID 公式如下:

$$\mu(t) = K_P e(t) + K_I \int_0^t e(t)\mathrm{d}t + K_D \frac{\mathrm{d}e(t)}{\mathrm{d}t}$$

其中:

- $e(t)$ 作为 PID 控制器的输入。
- $u(t)$ 作为 PID 控制器的输出和被控对象的输入。
- K_P 是控制器的比例系数。
- K_I 是控制器的积分时间,也称积分系数。
- K_D 是控制器的微分时间,也称微分系数。

上述公式稍显晦涩,PID 控制原理框图更有助于理解,如图 8-22 所示。

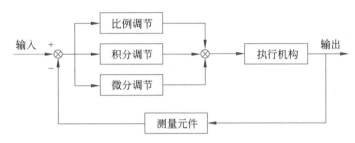

图 8-22　PID 控制原理框图

1. P

　　如果实现上述场景中的车速控制,一种简单的实现方式是:确定目标速度,获取当前速度,使用(目标速度−当前速度)×系数,计算结果为输出的 PWM,再获取当前速度,使用(目标速度−当前速度)×系数,计算结果为输出的 PWM……如此循环。在上述模型中,调速实现是一个闭环,每一次循环都会根据当前时速与目标时速的差值,再乘以固定的系数,计算出需要输出的 PWM 值,其中的系数称为比例系数,记为 K_P。

2. I

　　上述模型算法中,最终速度与目标速度存在稳态误差,这意味着最终结果可能永远无法达成预期,解决的方法就是使用积分。每次调速时,输出的 PWM 还要累加根据积分计算的结果,以消除静态误差。

3. D

　　当积分系数 K_I 的值设置得过大时,可能会出现超速的情况,超速之后可能需要多次调整,产生系统振荡。解决这种情况可以使用微分系数 K_D,速度越接近目标速度,K_D 就会越施加反方向力,减弱 K_P 的控制,起到类似阻尼的作用。通过 K_D 的使用可以减小系统振荡。

　　综上,PID 闭环控制实现是结合了比例、积分和微分的一种控制机制,通过 K_P 可以以比例的方式计算输出,通过 K_I 可以消除稳态误差,通过 K_D 可以减小系统振荡。三者相结合,最终要快速、精准且稳定地达成预期结果,而要实现该结果,还需要对这 3 个数值反复测试、调整。8.3.6 节将介绍 PID 控制在 Arduino 中的具体实现,其中包括 PID 库的调用以及

PID 调试的具体方式。

8.3.6　电机调速 PID 控制实现

了解了 PID 原理以及计算公式之后，就可以在程序中自己实现 PID 算法。不过，在 Arduino 中该算法已经被封装了，直接整合调用即可，从而提高程序的安全性与开发效率。该 PID 库是 Arduino-PID-Library。接下来通过一个案例演示该 PID 库的使用。

需求：通过 PID 控制电机转速，预期转速为 80r/m。

实现流程

（1）添加 Arduino-PID-Library。

（2）编写 Arduino 程序直接调用相关实现。

（3）使用串口绘图器调试 PID 值。

PID 库的调用实现如下。

（1）添加 Arduino-PID-Library

首先，在 GitHub 下载 PID 库：

```
git clone https://github.com/br3ttb/Arduino-PID-Library
```

其次，将该目录移动到 Arduino 的 libraries 目录下：

```
sudo cp -r Arduino-PID-Library /home/Ubuntu/Arduino/libraries
```

再次，还要重命名目录：

```
sudo mv Arduino-PID-Library ArduinoPIDLibrary
```

最后，重启 Arduino IDE。

（2）编码。

在 PID 调速中，测速是实现闭环的关键实现，所以需要复制前面的电机控制代码以及测速代码。

完整代码实现如下：

```
/*
 * PID 调速实现：
 * 1.代码准备，复制并修改电机控制以及测速代码
 * 2.包含 PID 头文件
 * 3.创建 PID 对象
 * 4.在 setup 中启用自动调试
 * 5.调试并更新 PWM
 *
 */
#include <PID_v1.h>                       //包含头文件
int DIRA = 4;
int PWMA = 5;
int motor_A = 21;                         //中断口是 2
int motor_B = 20;                         //中断口是 3
volatile int count = 0;       //如果是正转，那么每计数一次自增 1;否则每计数一次自减 1
```

```
void count_A(){
    //单频计数实现
    //手动旋转电机一圈,输出结果为旋转一圈的脉冲数×减速比
    /* if(digitalRead(motor_A) == HIGH){
        if(digitalRead(motor_B) == LOW){       //A 高 B 低
            count++;
        } else {                               //A 高 B 高
            count--;
        }
    }
    */
    //2 倍频计数实现
    //手动旋转电机一圈,输出结果为旋转一圈的脉冲数×减速比×2
    if(digitalRead(motor_A) == HIGH){
        if(digitalRead(motor_B) == HIGH){      //A 高 B 高
            count++;
        } else {                               //A 高 B 低
            count--;
        }
    } else {
        if(digitalRead(motor_B) == LOW){       //A 低 B 低
            count++;
        } else {                               //A 低 B 高
            count--;
        }
    }
}
//与 A 实现类似
//4 倍频计数实现
//手动旋转电机一圈,输出结果为旋转一圈的脉冲数×减速比×4
void count_B(){
    if(digitalRead(motor_B) == HIGH){
        if(digitalRead(motor_A) == LOW){       //B 高 A 低
            count++;
        } else {                               //B 高 A 高
            count--;
        }
    } else {
        if(digitalRead(motor_A) == HIGH){      //B 低 A 高
            count++;
        } else {                               //B 低 A 低
            count--;
        }
    }
}
int reducation = 90;                    //减速比,根据电机参数设置,例如 15、30、60
int pulse = 11;                         //编码器旋转一圈产生的脉冲数该值需要参考商家电机参数
int per_round = pulse * reducation * 4;  //车轮旋转一圈产生的脉冲数
long start_time = millis();             //一个计算周期的开始时刻,初始值为 millis()
long interval_time = 50;                //一个计算周期 50ms
double current_vel;
//获取当前转速的函数
void get_current_vel(){
```

```
    long right_now = millis();
    long past_time = right_now - start_time;        //计算逝去的时间
    if(past_time >= interval_time){        //如果逝去的时间大于或等于一个计算周期
        //1.禁止中断
        noInterrupts();
        //2.计算转速。转速单位可以是秒,也可以是分,自定义即可
        current_vel = (double)count / per_round / past_time * 1000 * 60;
        //3.重置计数器
        count = 0;
        //4.重置开始时间
        start_time = right_now;
        //5.重启中断
        interrupts();
        Serial.println(current_vel);
    }
}
//-------------------------PID-------------------------------
//创建 PID 对象
//1.计算当前转速
2.计算输出的 pwm
3.计算目标转速
4.kp,ki,kd
5.确定当输入与目标值出现偏差时向哪个方向控制
double pwm;                                //电机驱动的 PWM 值
double target = 80;                        //目标转速
double kp=1.5, ki=3.0, kd=0.1;
PID pid(&current_vel, &pwm, &target, kp, ki, kd, DIRECT);
//当输入与目标值出现偏差时向哪个方向控制
//速度更新函数
void update_vel(){
    //获取当前速度
    get_current_vel();
    pid.Compute();                        //计算需要输出的 PWM
    digitalWrite(DIRA, HIGH);
    analogWrite(PWMA, pwm);
}
void setup() {
    Serial.begin(57600);                  //设置波特率
    pinMode(18, INPUT);
    pinMode(19, INPUT);
    //两个电机驱动引脚都设置为 OUTPUT
    pinMode(DIRA, OUTPUT);
    pinMode(PWMA, OUTPUT);
    attachInterrupt(2, count_A, CHANGE);   //当电平发生改变时触发中断函数
    //4 倍频统计需要为 B 相也添加中断
    attachInterrupt(3, count_B, CHANGE);
    pid.SetMode(AUTOMATIC);                //在 setup 中启用 PID 自动控制
}
void loop() {
    delay(10);
    update_vel();
}
```

（3）调试

PID 控制的目标是最终快速、精准、稳定地达成预期结果。其中，P 主要用于控制响应速度；I 主要用于控制精度；D 主要用于减小振荡，增强系统稳定性。三者的取值是需要反复调试的，调试过程中需要查看系统的响应曲线，根据响应曲线以确定合适的 PID 值。

在 Arduino 中响应曲线的查看可以借助于 Serial.println( )输出结果，然后再选择菜单栏的"工具"→"串口绘图器"，以图形化的方式显示调试结果，如图 8-23 所示。

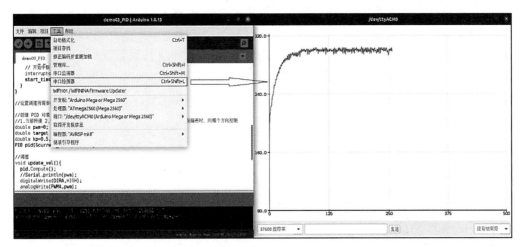

图 8-23　PID 调试结果

8.4　底盘设计

在 ROS 中还提供了一个已经封装好的模块：ros_arduino_bridge，该模块由下位机驱动和上位机控制两部分组成，通过该模块可以更为快捷、方便地实现自己设计的机器人平台。本节的主要内容如下：

- ros_arduino_bridge 的架构。
- 下位机端 Arduino 程序修改。

注意：官方提供的案例所需硬件不易买到，需要修改源码以适配当前硬件。

8.4.1　底盘实现概述

1. ros_arduino_bridge 简介

ros_arduino_bridge 功能包包含 Arduino 库和用来控制 Arduino 的 ROS 驱动包，它旨在成为在 ROS 下运行 Arduino 控制的机器人的完整解决方案。其中主要关注的是功能包集中一个兼容不同驱动的机器人的基本控制器（base controller），它可以接收 ROS Twist 类型的消息，可以发布里程计数据。

ros_arduino_bridge 的特点如下：

- 可以直接支持 ping 声呐和 Sharp 红外线传感器。
- 也可以从通用的模拟和数字信号的传感器读取数据。
- 可以控制数字信号的输出。

- 支持 PWM 舵机。
- 可以配置所需硬件的基本功能。
- Arduino 编程基础好并且具有 Python 基础的用户可以很自由地改动代码以满足特殊的硬件要求。

注意：官方提供的部分硬件不易买到，需要修改下位机程序，以适配当前硬件。

系统要求如下：

- 如果只是安装和调试下位机，那么并不要求安装 ROS 系统，只要有 Arduino 开发环境即可。
- 上位机调试适用于 ROS Indigo 及更高版本，但是暂不支持最新版本 Noetic，所以上位机需要使用其他版本的 ROS（建议使用 Melodic）。

下载该功能包时，进入 ROS 工作空间的 src 目录，输入以下命令：

```
git clone https://github.com/hbrobotics/ros_arduino_bridge.git
```

2. ros_arduino_bridge 架构

文件结构说明：

```
    ├── ros_arduino_bridge(元功能包)
    │   ├── CMakeLists.txt
    │   └── package.xml
├── ros_arduino_firmware(固件包,更新到 Arduino)
│   ├── CMakeLists.txt
│   ├── package.xml
│   └── src
│       └── libraries(库目录)
│           ├── MegaRobogaiaPololu(针对 Pololu 电机控制器,MegaRobogaia 编码器的
│           │                      头文件定义)
│           │   ├── commands.h(定义命令头文件)
│           │   ├── diff_controller.h(差速控制器 PID 控制头文件)
│           │   ├── MegaRobogaiaPololu.ino(PID 实现文件)
│           │   ├── sensors.h(传感器相关实现,超声波测距,ping 函数)
│           │   └── servos.h(舵机头文件)
│           └── ROSArduinoBridge(Arduino 相关库定义)
│               ├── commands.h(定义命令)
│               ├── diff_controller.h(差速控制器 PID 控制头文件)
│               ├── encoder_driver.h(编码器驱动头文件)
│               ├── encoder_driver.ino(编码器驱动实现,读取编码器数据,重置编码器,
│               │                      等等)
│               ├── motor_driver.h(电机驱动头文件)
│               ├── motor_driver.ino(电机驱动实现,初始化控制器,设置速度)
│               ├── ROSArduinoBridge.ino(核心功能实现,程序入口)
│               ├── sensors.h(传感器头文件及实现)
│               ├── servos.h(舵机头文件,定义引脚和类)
│               └── servos.ino(舵机实现)
├── ros_arduino_msgs(消息定义包)
│   ├── CMakeLists.txt
│   ├── msg(定义消息)
│   │   ├── AnalogFloat.msg(定义模拟 I/O 浮点消息)
│   │   ├── Analog.msg(定义模拟 I/O 数字消息)
```

```
|     |     ├── ArduinoConstants.msg(定义常量消息)
|     |     ├── Digital.msg(定义数字 I/O 消息)
|     |     └── SensorState.msg(定义传感器状态消息)
|     ├── package.xml
|     └── srv(定义服务)
|         ├── AnalogRead.srv(模拟 I/O 输入)
|         ├── AnalogWrite.srv(模拟 I/O 输出)
|         ├── DigitalRead.srv(数字 I/O 输入)
|         ├── DigitalSetDirection.srv(数字 I/O 设置方向)
|         ├── DigitalWrite.srv(数字 I/O 输入)
|         ├── ServoRead.srv(伺服电机输入)
|         └── ServoWrite.srv(伺服电机输出)
└── ros_arduino_python(ROS 相关的 Python 包,用于上位机、树莓派等开发板或计算机等)
    ├── CMakeLists.txt
    ├── config(配置目录)
    |     └── arduino_params.yaml(定义相关参数、端口、rate、PID, sensors 等默认参数。
    |         由 arduino.launch 调用)
    ├── launch
    |     └── arduino.launch(启动文件)
    ├── nodes
    |     └── arduino_node.py(Python 文件,实际处理节点,由 arduino.launch 调用后,即
    |         可单独调用)
    ├── package.xml
    ├── setup.py
    └── src(Python 类包目录)
        └── ros_arduino_python
            ├── arduino_driver.py(Arduino 驱动类)
            ├── arduino_sensors.py(Arduino 传感器类)
            ├── base_controller.py(基本控制类,订阅 cmd_vel 话题,发布 odom 话题)
            └── __init__.py(类包默认空文件)
```

上面的目录结构虽然复杂,但是关注的只有两大部分:

- ros_arduino_bridge/ros_arduino_firmware/src/libraries/ROSArduinoBridge。
- ros_arduino_bridge/ros_arduino_python/config/arduino_params.yaml。

前者是 Arduino 端的固件包实现,需要修改并上传至 Arduino 电路板;后者是 ROS 端的一个配置文件,相关驱动已经封装完毕,只需要修改配置信息即可。

整体而言,借助于 ros_arduino_bridge 可以大大提高开发效率。

3. 案例实现

基于 ros_arduino_bridge 的底盘实现具体步骤如下:

(1) 了解并修改 Arduino 端程序主入口 ROSArduinoBridge.ino 文件。

(2) 在 Arduino 端添加编码器驱动。

(3) 在 Arduino 端添加电机驱动模块。

(4) 在 Arduino 端实现 PID 调试。

8.4.2　Arduino 端入口

ros_arduino_bridge/ros_arduino_firmware/src/libraries/ROSArduinoBridge 下的 RosArduinoBridge.ino 是 Arduino 端程序的主入口。

源文件内容如下（添加了中文注释）：

```
/***********************************************************************
 *  ROSArduinoBridge
    可以通过一组简单的串口命令控制差分机器人并接收回传的传感器与里程计
    数据。默认使用的是 Arduino Mega + Pololu 电机驱动模块；如果使用其他的
    编码器或电机驱动,需要重写 readEncoder()与 setMotorSpeed()函数
    A set of simple serial commands to control a differential drive
    robot and receive back sensor and odometry data. Default
    configuration assumes use of an Arduino Mega + Pololu motor
    controller shield + Robogaia Mega Encoder shield.  Edit the
    readEncoder() and setMotorSpeed() wrapper functions if using
    different motor controller or encoder method.

    Created for the Pi Robot Project: http://www.pirobot.org
    and the Home Brew Robotics Club (HBRC): http://hbrobotics.org

    Authors: Patrick Goebel, James Nugen

    Inspired and modeled after the ArbotiX driver by Michael Ferguson

    Software License Agreement (BSD License)

    Copyright (c) 2012, Patrick Goebel.
    All rights reserved.

    Redistribution and use in source and binary forms, with or without
    modification, are permitted provided that the following conditions
    are met:
     *  Redistributions of source code must retain the above copyright
        notice, this list of conditions and the following disclaimer.
     *  Redistributions in binary form must reproduce the above
        copyright notice, this list of conditions and the following
        disclaimer in the documentation and/or other materials provided
        with the distribution.

    THIS SOFTWARE IS PROVIDED BY THE COPYRIGHT HOLDERS AND CONTRIBUTORS
    "AS IS" AND ANY EXPRESS OR IMPLIED WARRANTIES, INCLUDING, BUT NOT
    LIMITED TO, THE IMPLIED WARRANTIES OF MERCHANTABILITY AND FITNESS
    FOR A PARTICULAR PURPOSE ARE DISCLAIMED. IN NO EVENT SHALL THE
    COPYRIGHT OWNER OR CONTRIBUTORS BE LIABLE FOR ANY DIRECT, INDIRECT,
    INCIDENTAL, SPECIAL, EXEMPLARY, OR CONSEQUENTIAL DAMAGES (INCLUDING,
    BUT NOT LIMITED TO, PROCUREMENT OF SUBSTITUTE GOODS OR SERVICES;
    LOSS OF USE, DATA, OR PROFITS; OR BUSINESS INTERRUPTION) HOWEVER
    CAUSED AND ON ANY THEORY OF LIABILITY, WHETHER IN CONTRACT, STRICT
    LIABILITY, OR TORT (INCLUDING NEGLIGENCE OR OTHERWISE) ARISING IN
    ANY WAY OUT OF THE USE OF THIS SOFTWARE, EVEN IF ADVISED OF THE
 *  POSSIBILITY OF SUCH DAMAGE.
 ***********************************************************************/
//是否启用基座控制器代码
//#define USE_BASE                              //Enable the base controller code
#undef USE_BASE                                 //Disable the base controller code
```

```
/* Define the motor controller and encoder library you are using */
//启用基座控制器需要设置的电机驱动以及编码器驱动
#ifdef USE_BASE
  /* The Pololu VNH5019 dual motor driver shield */
  #define POLOLU_VNH5019

  /* The Pololu MC33926 dual motor driver shield */
  //#define POLOLU_MC33926

  /* The RoboGaia encoder shield */
  #define ROBOGAIA

  /* Encoders directly attached to Arduino board */
  //#define ARDUINO_ENC_COUNTER

  /* L298 Motor driver */
  //#define L298_MOTOR_DRIVER
#endif

//是否启用舵机
#define USE_SERVOS          //Enable use of PWM servos as defined in servos.h
//#undef USE_SERVOS         //Disable use of PWM servos

/* Serial port baud rate */
//波特率
#define BAUDRATE     57600

/* Maximum PWM signal */
//最大 PWM 值
#define MAX_PWM        255

//根据 Arduino 型号包含对应的头文件
#if defined(ARDUINO) && ARDUINO >= 100
#include "Arduino.h"
#else
#include "WProgram.h"
#endif

/* Include definition of serial commands */
//串口命令
#include "commands.h"

/* Sensor functions */
//传感器文件
#include "sensors.h"

/* Include servo support if required */
//启用舵机时需要包含的头文件
#ifdef USE_SERVOS
  #include <Servo.h>
  #include "servos.h"
#endif
```

```
//启用基座控制器时需要包含的头文件
#ifdef USE_BASE
  /* Motor driver function definitions */
  #include "motor_driver.h"                    //电机驱动

  /* Encoder driver function definitions */
  #include "encoder_driver.h"                  //编码器驱动

  /* PID parameters and functions */
  #include "diff_controller.h"                 //PID 调速

  /* Run the PID loop at 30 times per second */
  #define PID_RATE           30                //调速频率

  /* Convert the rate into an interval */
  const int PID_INTERVAL = 1000 / PID_RATE;    //调速周期

  /* Track the next time we make a PID calculation */
  unsigned long nextPID = PID_INTERVAL;

  /* Stop the robot if it hasn't received a movement command
   in this number of milliseconds */
  #define AUTO_STOP_INTERVAL 2000              //自动结束时间(可按需修改)
  long lastMotorCommand = AUTO_STOP_INTERVAL;
#endif

/* Variable initialization */

//A pair of varibles to help parse serial commands (thanks Fergs)
int arg = 0;
int index = 0;

//Variable to hold an input character
char chr;

//Variable to hold the current single-character command
char cmd;

//Character arrays to hold the first and second arguments
char argv1[16];
char argv2[16];

//The arguments converted to integers
long arg1;
long arg2;

/* Clear the current command parameters */
//重置命令
void resetCommand() {
  cmd = NULL;
  memset(argv1, 0, sizeof(argv1));
  memset(argv2, 0, sizeof(argv2));
  arg1 = 0;
```

```
    arg2 = 0;
    arg = 0;
    index = 0;
}

/* Run a command. Commands are defined in commands.h */
//执行串口命令
int runCommand() {
    int i = 0;
    char *p = argv1;
    char *str;
    int pid_args[4];
    arg1 = atoi(argv1);
    arg2 = atoi(argv2);

    switch(cmd) {
    case GET_BAUDRATE:
        Serial.println(BAUDRATE);
        break;
    case ANALOG_READ:
        Serial.println(analogRead(arg1));
        break;
    case DIGITAL_READ:
        Serial.println(digitalRead(arg1));
        break;
    case ANALOG_WRITE:
        analogWrite(arg1, arg2);
        Serial.println("OK");
        break;
    case DIGITAL_WRITE:
        if (arg2 == 0) digitalWrite(arg1, LOW);
        else if (arg2 == 1) digitalWrite(arg1, HIGH);
        Serial.println("OK");
        break;
    case PIN_MODE:
        if (arg2 == 0) pinMode(arg1, INPUT);
        else if (arg2 == 1) pinMode(arg1, OUTPUT);
        Serial.println("OK");
        break;
    case PING:
        Serial.println(Ping(arg1));
        break;
#ifdef USE_SERVOS
    case SERVO_WRITE:
        servos[arg1].setTargetPosition(arg2);
        Serial.println("OK");
        break;
    case SERVO_READ:
        Serial.println(servos[arg1].getServo().read());
        break;
#endif

#ifdef USE_BASE
```

```
  case READ_ENCODERS:
    Serial.print(readEncoder(LEFT));
    Serial.print(" ");
    Serial.println(readEncoder(RIGHT));
    break;
  case RESET_ENCODERS:
    resetEncoders();
    resetPID();
    Serial.println("OK");
    break;
  case MOTOR_SPEEDS:                              //传入电机控制命令
    /* Reset the auto stop timer */
    lastMotorCommand = millis();
    if (arg1 == 0 && arg2 == 0) {
      setMotorSpeeds(0, 0);
      resetPID();
      moving = 0;
    }
    else moving = 1;
    leftPID.TargetTicksPerFrame = arg1;
    rightPID.TargetTicksPerFrame = arg2;
    Serial.println("OK");
    break;
  case UPDATE_PID:
    while ((str = strtok_r(p, ":", &p)) != '\0') {
      pid_args[i] = atoi(str);
      i++;
    }
    Kp = pid_args[0];
    Kd = pid_args[1];
    Ki = pid_args[2];
    Ko = pid_args[3];
    Serial.println("OK");
    break;
#endif
  default:
    Serial.println("Invalid Command");
    break;
  }
}

/* Setup function--runs once at startup. */
void setup() {
  Serial.begin(BAUDRATE);

//Initialize the motor controller if used */
#ifdef USE_BASE
  #ifdef ARDUINO_ENC_COUNTER
    //set as inputs
    DDRD &= ~(1<<LEFT_ENC_PIN_A);
    DDRD &= ~(1<<LEFT_ENC_PIN_B);
    DDRC &= ~(1<<RIGHT_ENC_PIN_A);
    DDRC &= ~(1<<RIGHT_ENC_PIN_B);
```

```
    //enable pull up resistors
    PORTD |= (1<<LEFT_ENC_PIN_A);
    PORTD |= (1<<LEFT_ENC_PIN_B);
    PORTC |= (1<<RIGHT_ENC_PIN_A);
    PORTC |= (1<<RIGHT_ENC_PIN_B);

    //tell pin change mask to listen to left encoder pins
    PCMSK2 |= (1 << LEFT_ENC_PIN_A)|(1 << LEFT_ENC_PIN_B);
    //tell pin change mask to listen to right encoder pins
    PCMSK1 |= (1 << RIGHT_ENC_PIN_A)|(1 << RIGHT_ENC_PIN_B);

    //enable PCINT1 and PCINT2 interrupt in the general interrupt mask
    PCICR |= (1 << PCIE1) | (1 << PCIE2);
  #endif
  initMotorController();                    //初始化电机控制
  resetPID();                               //重置 PID
#endif

/* Attach servos if used */
  #ifdef USE_SERVOS
    int i;
    for (i = 0; i < N_SERVOS; i++) {
      servos[i].initServo(
          servoPins[i],
          stepDelay[i],
          servoInitPosition[i]);
    }
  #endif
}

/* Enter the main loop.  Read and parse input from the serial port
   and run any valid commands. Run a PID calculation at the target
   interval and check for auto-stop conditions.
*/
void loop() {
  //读取串口命令
  while (Serial.available() > 0) {

    //Read the next character
    chr = Serial.read();

    //Terminate a command with a CR
    if (chr == 13) {
      if (arg == 1) argv1[index] = NULL;
      else if (arg == 2) argv2[index] = NULL;
      runCommand();
      resetCommand();
    }
    //Use spaces to delimit parts of the command
    else if (chr == ' ') {
      //Step through the arguments
      if (arg == 0) arg = 1;
```

```
            else if (arg == 1)  {
              argv1[index] = NULL;
              arg = 2;
              index = 0;
            }
            continue;
          }
          else {
            if (arg == 0) {
              //The first arg is the single-letter command
              cmd = chr;
            }
            else if (arg == 1) {
              //Subsequent arguments can be more than one character
              argv1[index] = chr;
              index++;
            }
            else if (arg == 2) {
              argv2[index] = chr;
              index++;
            }
          }
        }

//If we are using base control, run a PID calculation at the appropriate intervals
#ifdef USE_BASE
  if (millis() > nextPID) {
    updatePID();                                    //PID调速
    nextPID += PID_INTERVAL;
  }

  //Check to see if we have exceeded the auto-stop interval
  if ((millis() - lastMotorCommand) > AUTO_STOP_INTERVAL) {;
    setMotorSpeeds(0, 0);
    moving = 0;
  }
#endif

//Sweep servos
#ifdef USE_SERVOS
  int i;
  for (i = 0; i < N_SERVOS; i++) {
    servos[i].doSweep();
  }
#endif
}
```

在上面的代码中,需要关注的是基座控制器以及串口命令的相关部分。由于没有使用舵机,所以舵机控制器部分暂不介绍。

1. 串口命令

在主程序中,包含了 commands.h,该文件中包含了当前程序预定义的串口命令,可以编译程序并上传至 Arduino 电路板,然后打开串口监视器进行以下测试(当前程序并未修改,所以并非所有串口可用）：

- w 可以用于控制引脚电平。
- x 可以用于模拟输出。

以 LED 灯控制为例,通过串口监视器录入命令：

- w 13 0,表示 LED 灯关闭。
- w 13 1,表示 LED 灯打开。
- x 13 50,表示 LED 灯 PWM 值为 50。

2. 启用基座控制器

源码默认没有启用基座控制器,但是启用了舵机。现在需要启用基座控制器,禁用舵机。修改后的代码如下：

```
#define USE_BASE              //Enable the base controller code
//#undef USE_BASE             //Disable the base controller code

/* Define the motor controller and encoder library you are using */
#ifdef USE_BASE
  /* The Pololu VNH5019 dual motor driver shield */
  //#define POLOLU_VNH5019

  /* The Pololu MC33926 dual motor driver shield */
  //#define POLOLU_MC33926

  /* The RoboGaia encoder shield */
  //#define ROBOGAIA

  /* Encoders directly attached to Arduino board */
  //#define ARDUINO_ENC_COUNTER

  /* L298 Motor driver */
  //#define L298_MOTOR_DRIVER
#endif

//#define USE_SERVOS            //Enable use of PWM servos as defined in servos.h
#undef USE_SERVOS              //Disable use of PWM servos
```

注意：这里没有使用官方的电机驱动模块以及编码器,后期需要自定义电机驱动与编码器实现。

8.4.3　编码器

测速是整个 PID 闭环控制中的必要环节,必须修改代码适配当前 AB 相增量式编码器,虽然需要重写功能,但是测速部分内容已经封装好了,只需要实现编码器计数即可。大致实现流程如下：

(1) 在 ROSArduinoBridge.ino 中需要注释之前的编码器驱动,添加自定义编码器驱动。

(2) 在 encoder_driver.h 中设置编码器引脚并声明初始化函数以及中断函数。

(3) 在 encoder_driver.ino 中实现编码器计数以及重置函数。

（4）在 ROSArduinoBridge.ino 中用 setup 函数调用编码器初始化函数。

（5）测试。

1. 定义编码器驱动

ROSArduinoBridge.ino 需要添加编码器宏定义，代码如下：

```
#define USE_BASE                    //Enable the base controller code
//#undef USE_BASE                   //Disable the base controller code

/* Define the motor controller and encoder library you are using */
#ifdef USE_BASE
  /* The Pololu VNH5019 dual motor driver shield */
  //#define POLOLU_VNH5019

  /* The Pololu MC33926 dual motor driver shield */
  //#define POLOLU_MC33926

  /* The RoboGaia encoder shield */
  //#define ROBOGAIA

  /* Encoders directly attached to Arduino board */
  //#define ARDUINO_ENC_COUNTER
  #define ARDUINO_MY_COUNTER

  /* L298 Motor driver */
  //#define L298_MOTOR_DRIVER

  #define L298P_MOTOR_DRIVER
#endif
```

先去除 #define L298P_MOTOR_DRIVER 行首的注释符，否则后续编译会抛出异常。

2. 修改 encoder_driver.h 文件

修改后的内容如下：

```
/* *************************************************************
 Encoder driver function definitions - by James Nugen
 ************************************************************* */
#ifdef ARDUINO_ENC_COUNTER
  //below can be changed, but should be PORTD pins;
  //otherwise additional changes in the code are required
  #define LEFT_ENC_PIN_A PD2                 //pin 2
  #define LEFT_ENC_PIN_B PD3                 //pin 3

  //below can be changed, but should be PORTC pins
  #define RIGHT_ENC_PIN_A PC4                //pin A4
  #define RIGHT_ENC_PIN_B PC5                //pin A5
#elif defined ARDUINO_MY_COUNTER
  #define LEFT_A 21
  #define LEFT_B 20
  #define RIGHT_A 18
  #define RIGHT_B 19
  void initEncoders();
  void leftEncoderEventA();
```

```
  void leftEncoderEventB();
  void rightEncoderEventA();
  void rightEncoderEventB();
#endif

long readEncoder(int i);
void resetEncoder(int i);
void resetEncoders();
```

3. 修改 encoder_driver.ino 文件
主要添加内容如下：

```
#elif defined ARDUINO_MY_COUNTER
  volatile long left_count = 0L;
  volatile long right_count = 0L;
  void initEncoders(){
    pinMode(LEFT_A,INPUT);                //21 --- 2
    pinMode(LEFT_B,INPUT);                //20 --- 3
    pinMode(RIGHT_A,INPUT);               //18 --- 5
    pinMode(RIGHT_B,INPUT);               //19 --- 4

    attachInterrupt(2,leftEncoderEventA,CHANGE);
    attachInterrupt(3,leftEncoderEventB,CHANGE);
    attachInterrupt(5,rightEncoderEventA,CHANGE);
    attachInterrupt(4,rightEncoderEventB,CHANGE);
  }
  void leftEncoderEventA(){
    if(digitalRead(LEFT_A) == HIGH){
      if(digitalRead(LEFT_B) == HIGH){
        left_count++;
      } else {
        left_count--;
      }
    } else {
      if(digitalRead(LEFT_B) == LOW){
        left_count++;
      } else {
        left_count--;
      }
    }
  }
  void leftEncoderEventB(){
    if(digitalRead(LEFT_B) == HIGH){
      if(digitalRead(LEFT_A) == LOW){
        left_count++;
      } else {
        left_count--;
      }
    } else {
      if(digitalRead(LEFT_A) == HIGH){
        left_count++;
      } else {
        left_count--;
```

```
      }
    }
  }
  void rightEncoderEventA(){
    if(digitalRead(RIGHT_A) == HIGH){
      if(digitalRead(RIGHT_B) == HIGH){
        right_count++;
      } else {
        right_count--;
      }
    } else {
      if(digitalRead(RIGHT_B) == LOW){
        right_count++;
      } else {
        right_count--;
      }
    }
  }
  void rightEncoderEventB(){
    if(digitalRead(RIGHT_B) == HIGH){
      if(digitalRead(RIGHT_A) == LOW){
        right_count++;
      } else {
        right_count--;
      }
    } else {
      if(digitalRead(RIGHT_A) == HIGH){
        right_count++;
      } else {
        right_count--;
      }
    }
  }

  long readEncoder(int i) {
    if (i == LEFT) return left_count;
    else return right_count;
  }

  /* Wrap the encoder reset function */
  void resetEncoder(int i) {
    if (i == LEFT){
      left_count=0L;
      return;
    } else {
      right_count=0L;
      return;
    }
  }
```

4. ROSArduinoBridge.ino 实现初始化

用 setup 添加语句

```
initEncoders();
```

完整代码如下：

```
void setup() {
  Serial.begin(BAUDRATE);

//Initialize the motor controller if used * /
#ifdef USE_BASE
  #ifdef ARDUINO_ENC_COUNTER
    //set as inputs
    DDRD &= ~(1<<LEFT_ENC_PIN_A);
    DDRD &= ~(1<<LEFT_ENC_PIN_B);
    DDRC &= ~(1<<RIGHT_ENC_PIN_A);
    DDRC &= ~(1<<RIGHT_ENC_PIN_B);

    //enable pull up resistors
    PORTD |= (1<<LEFT_ENC_PIN_A);
    PORTD |= (1<<LEFT_ENC_PIN_B);
    PORTC |= (1<<RIGHT_ENC_PIN_A);
    PORTC |= (1<<RIGHT_ENC_PIN_B);

    //tell pin change mask to listen to left encoder pins
    PCMSK2 |= (1 << LEFT_ENC_PIN_A)|(1 << LEFT_ENC_PIN_B);
    //tell pin change mask to listen to right encoder pins
    PCMSK1 |= (1 << RIGHT_ENC_PIN_A)|(1 << RIGHT_ENC_PIN_B);

    //enable PCINT1 and PCINT2 interrupt in the general interrupt mask
    PCICR |= (1 << PCIE1) | (1 << PCIE2);
  #elif defined ARDUINO_MY_COUNTER
    initEncoders();
  #endif
  initMotorController();
  resetPID();
#endif

/* Attach servos if used */
  #ifdef USE_SERVOS
    int i;
    for (i = 0; i < N_SERVOS; i++) {
      servos[i].initServo(
          servoPins[i],
          stepDelay[i],
          servoInitPosition[i]);
    }
  #endif
}
```

5. 测试

编译并上传程序，打开串口监视器，然后旋转车轮，在串口监视器中输入 e 即可查看左右编码器计数,录入命令 r 可以重置计数。

8.4.4　Arduino 端电机驱动

自定义电机驱动的实现与 8.4.3 节的编码器驱动流程类似:

(1) 在 ROSArduinoBridge.ino 中需要注释掉前面的电机驱动部分,添加自定义电机驱动内容。

(2) 在 motor_driver.h 中设置左右电机引脚。

(3) 在 motor_driver.ino 中实现初始化与速度设置函数。

(4) 测试。

1. 定义电机驱动

在 ROSArduinoBridge.ino 中需要添加电机宏定义,代码如下:

```
#define USE_BASE                           //Enable the base controller code
//#undef USE_BASE                          //Disable the base controller code

/* Define the motor controller and encoder library you are using */
#ifdef USE_BASE
  /* The Pololu VNH5019 dual motor driver shield */
  //#define POLOLU_VNH5019

  /* The Pololu MC33926 dual motor driver shield */
  //#define POLOLU_MC33926

  /* The RoboGaia encoder shield */
  //#define ROBOGAIA

  /* Encoders directly attached to Arduino board */
  //#define ARDUINO_ENC_COUNTER
  /* 使用自定义的编码器驱动 */
  #define ARDUINO_MY_COUNTER

  /* L298 Motor driver */
  //#define L298_MOTOR_DRIVER
  //使用自定义的 L298P 电机驱动
  #define L298P_MOTOR_DRIVER
#endif
```

2. 修改 motor_driver.h 文件

修改后的内容如下:

```
/***************************************************************
Motor driver function definitions - by James Nugen
 ***************************************************************/

#ifdef L298_MOTOR_DRIVER
  #define RIGHT_MOTOR_BACKWARD    5
  #define LEFT_MOTOR_BACKWARD     6
  #define RIGHT_MOTOR_FORWARD     9
```

```
  #define LEFT_MOTOR_FORWARD    10
  #define RIGHT_MOTOR_ENABLE    12
  #define LEFT_MOTOR_ENABLE     13
#elif defined L298P_MOTOR_DRIVER
  #define DIRA 4
  #define PWMA 5
  #define DIRB 7
  #define PWMB 6
#endif

void initMotorController();
void setMotorSpeed(int i, int spd);
void setMotorSpeeds(int leftSpeed, int rightSpeed);
```

3. 修改 motor_driver.ino 文件

主要添加以下内容：

```
#elif defined L298P_MOTOR_DRIVER
  void initMotorController(){
    pinMode(DIRA,OUTPUT);
    pinMode(PWMA,OUTPUT);
    pinMode(DIRB,OUTPUT);
    pinMode(PWMB,OUTPUT);
  }
  void setMotorSpeed(int i, int spd){
    unsigned char reverse = 0;

    if (spd < 0)
    {
      spd = -spd;
      reverse = 1;
    }
    if (spd > 255)
      spd = 255;

    if (i == LEFT) {
      if (reverse == 0) {
        digitalWrite(DIRA,HIGH);
      } else if (reverse == 1) {
        digitalWrite(DIRA,LOW);
      }
      analogWrite(PWMA,spd);
    } else /* if (i == RIGHT) //no need for condition */ {
      if (reverse == 0) {
        digitalWrite(DIRB,LOW);
      } else if (reverse == 1) {
        digitalWrite(DIRB,HIGH);
      }
      analogWrite(PWMB,spd);
    }
  }
  void setMotorSpeeds(int leftSpeed, int rightSpeed){
    setMotorSpeed(LEFT, leftSpeed);
```

```
      setMotorSpeed(RIGHT, rightSpeed);
  }
```

4. 测试

编译并上传程序，打开串口监视器，然后输入命令，命令格式为

```
m num1 num2
```

num1 和 num2 分别为单位时间内左右电机各自转动的编码器计数，而默认单位时间为 1/30s。

举一个例子，假设车轮旋转一圈的编码器计数为 3960（减速比为 90，编码器分辨率为 11 且采用 4 倍频计数），当输入命令为 m 200 100 时，左、右电机转速分别为

$$200 \times 30 \times 60 / 3960 = 90.9 \mathrm{r/s}$$
$$100 \times 30 \times 60 / 3960 = 45.45 \mathrm{r/s}$$

8.4.5 Arduino 端 PID 控制

在 8.4.4 节最后的测试时，电机可能会出现抖动、顿挫的现象，显然这是由于 PID 参数设置不合理导致的，本节将介绍 ros_arduino_bridge 中的 PID 调试，大致流程如下：

（1）了解 ros_arduino_bridge 中 PID 调试的流程。

（2）实现 PID 调试。

1. ros_arduino_bridge 中 PID 调试源码分析

基本思路：

（1）先定义调试频率（周期），并预先设置下一次的结束时刻。

（2）如果当前时刻超出预设的结束时刻，即进行 PID 调试，且重置下一次调试结束时刻。

（3）PID 代码在 diff_controller 中实现，PID 的目标值是命令输入的转速，当前转速则通过读取当前编码器计数再减去上一次调试结束时记录的编码器计数获取。

（4）最后输出 PWM。

ROSArduinoBridge.ino 中和 PID 控制相关的变量定义如下：

```
#ifdef USE_BASE
  /* Motor driver function definitions */
  #include "motor_driver.h"

  /* Encoder driver function definitions */
  #include "encoder_driver.h"

  /* PID parameters and functions */
  #include "diff_controller.h"

  /* Run the PID loop at 30 times per second */
  #define PID_RATE           30              //Hz PID调试频率

  /* Convert the rate into an interval */
  const int PID_INTERVAL = 1000 / PID_RATE;    //PID调试周期
```

```
   /* Track the next time we make a PID calculation */
   unsigned long nextPID = PID_INTERVAL;          //PID 调试的结束时刻标记

   /* Stop the robot if it hasn't received a movement command
    in this number of milliseconds */
   #define AUTO_STOP_INTERVAL 5000
   long lastMotorCommand = AUTO_STOP_INTERVAL;
#endif
```

ROSArduinoBridge.ino 的 runCommand()函数代码如下：

```
#ifdef USE_BASE
  case READ_ENCODERS:
    Serial.print(readEncoder(LEFT));
    Serial.print(" ");
    Serial.println(readEncoder(RIGHT));
    break;
  case RESET_ENCODERS:
    resetEncoders();
    resetPID();
    Serial.println("OK");
    break;
  case MOTOR_SPEEDS: //-----------------------------------------
    /* Reset the auto stop timer */
    lastMotorCommand = millis();
    if (arg1 == 0 && arg2 == 0) {
      setMotorSpeeds(0, 0);
      resetPID();
      moving = 0;
    }
    else moving = 1;
    //设置左右电机目标转速分别为 arg1 和 arg2
    leftPID.TargetTicksPerFrame = arg1;
    rightPID.TargetTicksPerFrame = arg2;
    Serial.println("OK");
    break;
  case UPDATE_PID:
    while ((str = strtok_r(p, ":", &p)) != '\0') {
      pid_args[i] = atoi(str);
      i++;
    }
    Kp = pid_args[0];
    Kd = pid_args[1];
    Ki = pid_args[2];
    Ko = pid_args[3];
    Serial.println("OK");
    break;
#endif
```

ROSArduinoBridge.ino 的 loop()函数中代码如下：

```
#ifdef USE_BASE
```

```
   //如果当前时刻大于 nextPID,那么就执行 PID 调速,并在 nextPID 上自增一个 PID 调试周期
   if (millis() > nextPID) {
     updatePID();
     nextPID += PID_INTERVAL;
   }

   //Check to see if we have exceeded the auto-stop interval
   if ((millis() - lastMotorCommand) > AUTO_STOP_INTERVAL) {;
     setMotorSpeeds(0, 0);
     moving = 0;
   }
#endif
```

diff_controller.h 中的 PID 调试代码如下：

```
/* Functions and type-defs for PID control.

   Taken mostly from Mike Ferguson's ArbotiX code which lives at:

   http://vanadium-ros-pkg.googlecode.com/svn/trunk/arbotix/
*/

/* PID setpoint info For a Motor */
typedef struct {
  double TargetTicksPerFrame;        //target speed in ticks per frame 目标转速
  long Encoder;                      //encoder count 编码器计数
  long PrevEnc;                      //last encoder count 上次的编码器计数

  /*
   * Using previous input (PrevInput) instead of PrevError to avoid derivative kick
   * see http://brettbeauregard.com/blog/2011/04/improving-the-beginner%E2%
     80%99s-pid-derivative-kick/
   */
  int PrevInput;                     //last input
  //int PrevErr;                     //last error

  /*
   * Using integrated term (ITerm) instead of integrated error (Ierror)
   * to allow tuning changes
   * see http://brettbeauregard.com/blog/2011/04/improving-the-beginner%E2%
     80%99s-pid-tuning-changes/
   */
  //int Ierror;
  int ITerm;                         //integrated term

  long output;                       //last motor setting
}
SetPointInfo;

SetPointInfo leftPID, rightPID;

/* PID Parameters */
int Kp = 20;
```

```
int Kd = 12;
int Ki = 0;
int Ko = 50;

unsigned char moving = 0;                    //is the base in motion?

/*
 * Initialize PID variables to zero to prevent startup spikes
 * when turning PID on to start moving
 * In particular, assign both Encoder and PrevEnc the current encoder value
 * See http://brettbeauregard.com/blog/2011/04/improving-the-beginner%E2%
   80%99s-pid-initialization/
 * Note that the assumption here is that PID is only turned on
 * when going from stop to moving, that's why we can init everything on zero.
 */
void resetPID(){
  leftPID.TargetTicksPerFrame = 0.0;
  leftPID.Encoder = readEncoder(LEFT);
  leftPID.PrevEnc = leftPID.Encoder;
  leftPID.output = 0;
  leftPID.PrevInput = 0;
  leftPID.ITerm = 0;

  rightPID.TargetTicksPerFrame = 0.0;
  rightPID.Encoder = readEncoder(RIGHT);
  rightPID.PrevEnc = rightPID.Encoder;
  rightPID.output = 0;
  rightPID.PrevInput = 0;
  rightPID.ITerm = 0;
}

/* PID routine to compute the next motor commands */
//左右电机具体调试函数
void doPID(SetPointInfo * p) {
  long Perror;
  long output;
  int input;

  //Perror = p->TargetTicksPerFrame - (p->Encoder - p->PrevEnc);
  input = p->Encoder - p->PrevEnc;
  Perror = p->TargetTicksPerFrame - input;

  //根据 input 绘图
  //Serial.println(input);
  /*
   * Avoid derivative kick and allow tuning changes,
   * see http://brettbeauregard.com/blog/2011/04/improving-the-beginner%E2%
     80%99s-pid-derivative-kick/
   * see http://brettbeauregard.com/blog/2011/04/improving-the-beginner%E2%
     80%99s-pid-tuning-changes/
   */
  //output = (Kp * Perror + Kd * (Perror - p->PrevErr) + Ki * p->Ierror) / Ko;
  //p->PrevErr = Perror;
```

```
    output = (Kp * Perror - Kd * (input - p->PrevInput) + p->ITerm) / Ko;
    p->PrevEnc = p->Encoder;

    output += p->output;
    //Accumulate Integral error * or * Limit output.
    //Stop accumulating when output saturates
    if (output >= MAX_PWM)
      output = MAX_PWM;
    else if (output <= -MAX_PWM)
      output = -MAX_PWM;
    else
    /*
     * allow turning changes, see http://brettbeauregard.com/blog/2011/04/improving
       -the-beginner%E2%80%99s-pid-tuning-changes/
     */
    p->ITerm += Ki * Perror;
    p->output = output;
    p->PrevInput = input;
}

/* Read the encoder values and call the PID routine */
//PID 调试
void updatePID() {
  /* Read the encoders */
  leftPID.Encoder = readEncoder(LEFT);
  rightPID.Encoder = readEncoder(RIGHT);

  /* If we're not moving there is nothing more to do */
  if (!moving){
    /*
     * Reset PIDs once, to prevent startup spikes,
     * see http://brettbeauregard.com/blog/2011/04/improving-the-beginner%
       E2%80%99s-pid-initialization/
     * PrevInput is considered a good proxy to detect
     * whether reset has already happened
     */
    if (leftPID.PrevInput != 0 || rightPID.PrevInput != 0) resetPID();
    return;
  }

  /* Compute PID update for each motor */
  doPID(&rightPID);
  doPID(&leftPID);

  /* Set the motor speeds accordingly */
  setMotorSpeeds(leftPID.output, rightPID.output);
}
```

2. PID 调试

调试时,需要在 diff_controller.h 中打印 input 的值,然后通过串口绘图器输入命令,格式如下:

m 参数 1 参数 2

根据绘图结果调试 Kp、Ki 和 Kd 的值,如图 8-24 所示。

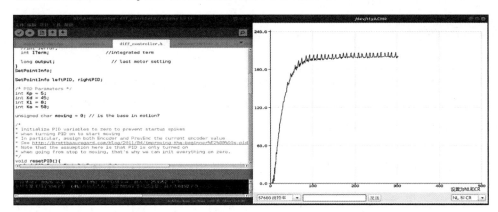

图 8-24　PID 调试

调试时要注意以下两点:

- 调试时,可以先调试单个电机的 PID。例如,可以先注释掉 doPID(&rightPID)。
- 具体的 PID 算法各有不同。即便算法相同,如果参与运算的数据单位不同,也会导致不同的调试结果,不可以直接复用之前的调试结果。

PID 调试技巧可以参考前面的介绍。

◆ 8.5　控 制 系 统

机器人平台的控制系统应该如何设计? ROS 系统的控制系统选择是多样的,一般常用的有基于 ARM、x86 等架构的处理器,例如 PC、工控机、树莓派等,各种处理器都存在一定的优缺点。例如,PC 和工控机的处理器性能强大,但是功耗高、体积大、灵活性差;嵌入式系统则反之。

那么,应该如何选择控制系统呢?

例如,如果是中大型机器人,可以使用 PC 或工控机等作为控制系统。但是,如果是小型或微型机器人,就应该使用嵌入式系统吗?

机器人平台属于小型甚至微型机器人,虽然也可以使用 PC 作为机器人的控制系统,不过无论是从尺寸、负载能力还是扩展性的角度看显然都是不适宜的。但是,如果只是将控制系统简单小型化,例如使用树莓派,那么当处理复杂的算法或比较耗资源的仿真实现时显然又不能满足算力的要求。当前情形好像陷入了两难境地。

ROS 是一种分布式设计框架,针对小型或微型机器人平台的控制系统,可以选择多处理器的实现策略。具体实现是“PC + 嵌入式”,可以使用嵌入式系统(例如树莓派)充当机器人本体的控制系统,而 PC 则实现远程监控,通过前者实现数据采集与直接的底盘控制,而通过后者远程实现图形显示以及功能运算。本节主要介绍的就是这种多处理器的组合式框架实现,具体内容如下:

- 树莓派概述。

- 实现树莓派与 PC 的分布式系统搭建。
- 使用 ssh 远程连接树莓派。
- 树莓派端安装并配置 ros_arduino_bridge。

8.5.1 树莓派概述

1. 概念

树莓派(英文名为 Raspberry Pi,简写为 RasPi、RPi 或者 RPI)是为学习计算机编程教育而设计的只有信用卡大小的微型计算机,其系统基于 Linux。随着 Windows 10 IoT 的发布,也可以使用运行 Windows 的树莓派。

2. 结构

树莓派是一款基于 ARM 的微型计算机主板,以 SD/MicroSD 卡为内存硬盘,卡片主板周围有 1/2/4 个 USB 接口和一个以太网接口(A 型没有网口),可连接键盘、鼠标和网线,同时拥有视频模拟信号的电视输出接口和高清视频输出接口(HDMI),以上部件全部整合在一张信用卡大小的主板上,具备所有 PC 的基本功能,只需接通电视机和键盘,就能执行电子表格、文字处理、游戏、高清视频播放等诸多功能。图 8-25 为树莓派 4B。

图 8-25 树莓派 4B

3. 配件

单独一块树莓派主板是无法运行的,必须集成一些配件才能实现一定的功能。树莓派周边配件是比较丰富的,例如 USB 电源、SD 卡、读卡器、HDMI 连接线、显示屏、键盘、鼠标、保护壳、风扇等。除此之外,还有各式各样的传感器,例如声音传感器、温度传感器、土壤湿度传感器等。对于本书而言,所需的配件比较简单,硬件清单如下:

- 树莓派主板。
- 电源线。
- SD 卡(已安装 Ubuntu 以及 ROS)。
- 显示屏或 HDMI 采集卡以及配套的数据线。
- 鼠标、键盘。
- 连接线。

4. 连接

树莓派与显示屏的连接如图 8-26 所示。

图 8-26　树莓派与显示屏的连接

树莓派与 HDMI 采集卡的连接如图 8-27 所示。

图 8-27　树莓派与 HDMI 采集卡的连接

使用 Windows 的相机查看运行结果，如图 8-28 所示。

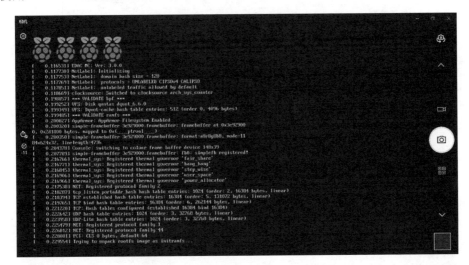

图 8-28　树莓派与 Windows 相机的连接

8.5.2 分布式框架

当前在搭建分布式框架时,树莓派作为主机,而 PC 则作为从机。关于分布式框架的搭建流程,在 4.7 节中已有详细介绍,按照流程实现即可。不过,在实现此流程前,还需要做准备工作:为树莓派连接无线网络,并设置固定 IP 地址,具体步骤如下:

先启动树莓派,如图 8-29 所示。

(1) 硬件准备。使用显示屏或 HDMI 采集卡连接树莓派并启动。

(2) 为树莓派连接无线网络(WiFi),如图 8-30 所示。

(3) 查看当前 IP 地址,如图 8-31 所示。为树莓派设置固定 IP 地址,如图 8-32 所示。

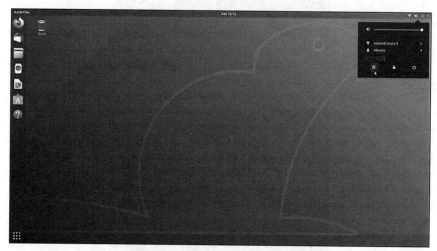

图 8-29 树莓派 Ubuntu 界面

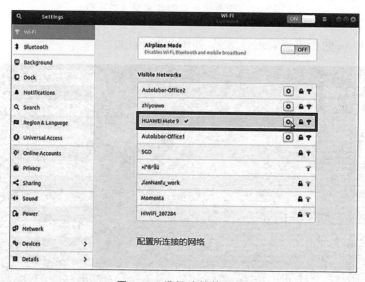

图 8-30 选择连接的 WiFi

固定 IP 配置完毕后,按照 4.7 节的演示配置分布式框架即可。

图 8-31　当前 IP 地址

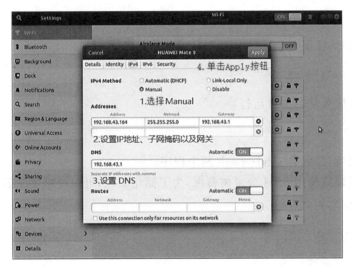

图 8-32　设置固定 IP 地址

8.5.3　SSH 远程连接

在多处理器的分布式架构中,不同的 ROS 系统之间可能会频繁地涉及文件的传输。例如,在 PC 端编写 ROS 程序,而最终需要在树莓派上运行,如何将相关目录以及文件从 PC 上传给树莓派?

SSH 是常用手段之一。

SSH(Secure Shell)是一种通用的、功能强大的、基于软件的网络安全解决方案。计算机每次向网络发送数据时,SSH 都会自动对其进行加密;数据到达目的地时,SSH 自动对加密数据进行解密。整个过程都是透明的,使用 OpenSSH 工具会增进系统安全性。SSH 的特点是安装容易、使用简单。

SSH 在实现架构上分为客户端和服务器端两大部分,客户端是数据的发送方,服务器端是数据的接收方。在当前场景下,需要从 PC 端发送数据到树莓派,此时 PC 端属于客户端,而树莓派属于服务器端,整个实现具体流程如下:

(1) 分别安装 SSH 客户端与服务器端。

(2) 服务器端启动 SSH 服务。

(3) 客户端远程登录服务器端。

(4) 实现数据传输。

1. 安装 SSH 客户端与服务器端

默认情况下,Ubuntu 系统已经安装了 SSH 客户端,因此只需要在树莓派上安装服务器端即可(如果树莓派安装的是服务版的 Ubuntu,默认会安装 SSH 服务并已设置成开机自启动),命令如下:

```
sudo apt-get install openssh-server
```

如果需要自行安装客户端,那么调用如下命令:

```
sudo apt-get install openssh-client
```

2. 服务器端启动 SSH 服务

树莓派启动 SSH 服务:

```
sudo /etc/init.d/ssh start
```

启动后查看服务是否正常运行:

```
ps -e | grep ssh
```

如果启动成功,会包含 sshd 与 ssh 两个程序。

以后需要频繁地使用 SSH 登录树莓派,为了简化实现,可以将树莓派的 SSH 服务设置为开机自启动,命令如下:

```
sudo systemctl enable ssh
```

3. 客户端远程登录服务器端

登录树莓派可以调用如下命令:

```
ssh 账号@IP地址
```

然后根据提示,录入登录密码,即可成功登录。

退出登录可以调用如下命令:

```
exit
```

4. 实现数据传输

上传文件:

```
scp 本地文件路径 账号@IP地址:树莓派路径
```

上传目录:

```
scp -r 本地目录路径 账号@IP 地址:树莓派路径
```

下载文件:

```
scp 账号@IP 地址:树莓派路径 本地目录路径
```

下载目录:

```
scp -r 账号@IP 地址:树莓派路径 本地目录路径
```

5. 使用优化

每次登录树莓派时,都需要输入密码,使用不方便。可以借助密钥简化登录过程,实现免密登录,提高操作效率。实现思想是:生成一对公钥/私钥,私钥存储在本地,公钥上传至服务器,每次登录时,本地直接上传私钥到服务器,服务器有匹配的公钥就认为是合法用户,直接创建 SSH 连接即可。具体实现步骤只有两步:

(1) 生成密钥对。

本地客户端生成公私钥(一路按 Enter 键默认即可):

```
ssh-keygen
```

这个命令会在用户目录.ssh 目录下创建公私钥对:

- id_rsa(私钥)。
- id_rsa.pub(公钥)。

(2) 将公钥上传至树莓派。

上传命令格式如下:

```
ssh-copy-id -i ~/.ssh/id_rsa.pub 账号@IP 地址
```

上面这条命令写到服务器上的 ssh 目录下,该目录下有 authorized_keys 文件,其中保存了公钥内容,以后再登录树莓派就无须录入密码了。

8.5.4　安装 ros_arduino_bridge

如果已经搭建并测试通过了分布式环境,下一步就可以将 ros_arduino_bridge 功能包上传至树莓派,并在 PC 端通过键盘控制小车的运动了,实现流程如下:

(1) 系统准备。

(2) 程序修改。

(3) 从 PC 端上传程序至树莓派。

(4) 分别启动 PC 端与树莓派端相关节点,并实现运动控制。

1. 系统准备

ros_arduino_bridge 依赖于 python-serial 功能包,因此先在树莓派端安装后一个功能包,安装命令为

```
$ sudo apt-get install python-serial
```

或

```
$ sudo pip install --upgrade pyserial
```

或

```
$ sudo easy_install -U pyserial
```

2. 程序修改

ros_arduino_bridge 的 ROS 端功能包主要使用 ros_arduino_python，程序入口是该功能包 launch 目录下的 arduino.launch 文件，内容如下：

```
<launch>
  <node name="arduino" pkg="ros_arduino_python" type="arduino_node.py" output
="screen">
    <rosparam file="$(find ros_arduino_python)/config/my_arduino_params.yaml"
command="load" />
  </node>
</launch>
```

需要载入 yaml 格式的配置文件，该文件在 config 目录下已经提供了模板，只需要复制文件并按需配置即可。复制该文件并重命名，配置如下：

```
# For a direct USB cable connection, the port name is typically
# /dev/ttyACM# where is # is a number such as 0, 1, 2, etc
# For a wireless connection like XBee, the port is typically
# /dev/ttyUSB# where # is a number such as 0, 1, 2, etc.

port: /dev/ttyACM0              #视情况设置,一般设置为/dev/ttyACM0 或/dev/ttyUSB0
baud: 57600                     #波特率
timeout: 0.1                    #超时时间

rate: 50
sensorstate_rate: 10

use_base_controller: True       #启用基座控制器
base_controller_rate: 10

# For a robot that uses base_footprint, change base_frame to base_footprint
base_frame: base_footprint      #base_frame 设置

# === Robot drivetrain parameters
wheel_diameter: 0.065           #车轮直径
wheel_track: 0.21               #轮间距
encoder_resolution: 3960        #编码器精度(旋转一圈的脉冲数×倍频×减速比)
#gear_reduction: 1              #减速比
#motors_reversed: False         #转向取反

# === PID parameters PID参数,需要自己调节
Kp: 5
Kd: 45
Ki: 0
Ko: 50
accel_limit: 1.0
```

```
# === Sensor definitions.  Examples only - edit for your robot.
#    Sensor type can be one of the follow (case sensitive!):
#      * Ping
#      * GP2D12
#      * Analog
#      * Digital
#      * PololuMotorCurrent
#      * PhidgetsVoltage
#      * PhidgetsCurrent (20 Amp, DC)

sensors: {
  #motor_current_left:     {pin: 0, type: PololuMotorCurrent, rate: 5},
  #motor_current_right:    {pin: 1, type: PololuMotorCurrent, rate: 5},
  #ir_front_center:        {pin: 2, type: GP2D12, rate: 10},
  #sonar_front_center:     {pin: 5, type: Ping, rate: 10},
  arduino_led:             {pin: 13, type: Digital, rate: 5, direction: output}
}
```

3. 程序上传

先在树莓派端创建工作空间,在 PC 端进入本地工作空间的 src 目录,调用程序上传命令:

```
scp -r ros_arduino_bridge/树莓派用户名@树莓派 IP 地址:~/工作空间/src
```

在树莓派端进入工作空间并编译:

```
catkin_make
```

4. 测试

先启动树莓派端程序,再启动 PC 端程序。

树莓派端启动 ros_arduino_bridge 节点:

```
roslaunch ros_arduino_python arduino.launch
```

PC 端启动键盘控制节点:

```
rosrun teleop_twist_keyboard teleop_twist_keyboard.py
```

如无异常,现在就可以在 PC 端通过键盘控制小车运动了,并且 PC 端还可以使用 RViz 查看小车的里程计信息。

8.5.5　在树莓派上安装 ROS

在树莓派上搭建 ROS 环境需要用两步实现:

(1) 在树莓派上安装 Ubuntu。

(2) 基于 Ubuntu 安装 ROS。

版本选择:

- Ubuntu 选用 18.04。
- ROS 选用 Melodic。

- 树莓派选用 4B。

具体实现流程如下。

1. Ubuntu 安装

1）硬件准备

- 树莓派。

- 读卡器。

- TF 卡（建议 16GB 以及以上）。

- 显示屏或 HDMI 采集卡以及配套的数据线。

- 鼠标和键盘。

- 网线。

2）软件准备

（1）Ubuntu 18.04 下载并解压，镜像下载页面为 https：//Ubuntu-mate.org/download/，如图 8-33 所示。

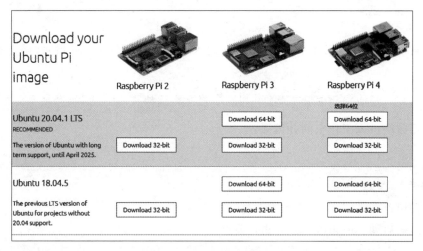

图 8-33　树莓派镜像下载页面

（2）Win32 Disk Imager 烧录软件下载并安装，下载页面为 https：//sourceforge.net/projects/win32diskimager/，根据提示下载并安装即可。

（3）如果 TF 卡已有内容，在使用之前需要执行格式化操作。例如，可以使用 SD Card Formatter 下载并安装，下载页面为 https：//www.sdcard.org/downloads/formatter/。

3）系统烧录

（1）将 TF 卡插入读卡器，再将读卡器插入计算机。

（2）如果 TF 卡已有内容，请先格式化，如图 8-34 所示（如无数据，此步骤略过）。

（3）启动 Win32 Disk Imager，选择已经下载的 Ubuntu 18.04 镜像并写入 TF 卡，如图 8-35 所示。

写入镜像成功界面如图 8-36 所示。

4）系统安装

（1）系统启动以及登录。

图 8-34　格式化 SD 卡

图 8-35　将镜像写入

图 8-36　写入镜像成功

取下 TF 卡,插入树莓派,连接网线,启动树莓派,启动时是命令行界面,登录使用默认账号和密码,均为 Ubuntu。

还需要根据提示修改密码。

更改密码后,系统安装完毕,不过此时是命令行式操作,下一步需要安装桌面。

（2）桌面安装。

为了安装方便，建议使用 SSH 远程登录（需要先安装 SSH，可以参考 8.5.3 节）。

首先，调用命令 ifconfig 获取树莓派的 IP 地址。

然后，远程调用 ssh Ubuntu@IP 地址登录。

接下来，可以直接安装桌面，但是为了提高安装效率，建议更换下载源，使用国内资源。

阿里云源：

```
deb https://mirrors. aliyun. com/Ubuntu - ports/ disco main restricted
universe multiverse
deb - src https://mirrors. aliyun. com/Ubuntu - ports/ disco main restricted
universe multiverse
deb https://mirrors.aliyun.com/Ubuntu-ports/ disco-security main restricted
universe multiverse
deb - src https://mirrors. aliyun. com/Ubuntu - ports/ disco - security main
restricted universe multiverse
deb https://mirrors.aliyun.com/Ubuntu-ports/ disco-updates main restricted
universe multiverse
deb - src https://mirrors. aliyun. com/Ubuntu - ports/ disco - updates main
restricted universe multiverse
deb https://mirrors.aliyun.com/Ubuntu-ports/ disco-backports main restricted
universe multiverse
deb - src https://mirrors. aliyun. com/Ubuntu - ports/ disco - backports main
restricted universe multiverse
deb https://mirrors.aliyun.com/Ubuntu-ports/ disco-proposed main restricted
universe multiverse
deb - src https://mirrors. aliyun. com/Ubuntu - ports/ disco - proposed main
restricted universe multiverse
```

中科大源：

```
deb https://mirrors. ustc. edu. cn/Ubuntu - ports/ disco main restricted
universe multiverse
deb - src https://mirrors. ustc. edu. cn/Ubuntu - ports/ disco main restricted
universe multiverse
deb https://mirrors.ustc.edu.cn/Ubuntu-ports/ disco-updates main restricted
universe multiverse
deb - src https://mirrors. ustc. edu. cn/Ubuntu - ports/ disco - updates main
restricted universe multiverse
deb https://mirrors. ustc. edu. cn/Ubuntu - ports/ disco - backports main
restricted universe multiverse
deb - src https://mirrors. ustc. edu. cn/Ubuntu - ports/ disco - backports main
restricted universe multiverse
deb https://mirrors.ustc.edu.cn/Ubuntu-ports/ disco-security main restricted
universe multiverse
deb - src https://mirrors. ustc. edu. cn/Ubuntu - ports/ disco - security main
restricted universe multiverse
deb https://mirrors.ustc.edu.cn/Ubuntu-ports/ disco-proposed main restricted
universe multiverse
deb - src https://mirrors. ustc. edu. cn/Ubuntu - ports/ disco - proposed main
restricted universe multiverse
```

清华源：

```
deb https://mirrors.tuna.tsinghua.edu.cn/Ubuntu-ports/ disco main restricted
universe multiverse
deb-src https://mirrors.tuna.tsinghua.edu.cn/Ubuntu-ports/ disco main
restricted universe multiverse
deb https://mirrors.tuna.tsinghua.edu.cn/Ubuntu-ports/ disco-updates main
restricted universe multiverse
deb-src https://mirrors.tuna.tsinghua.edu.cn/Ubuntu-ports/ disco-updates main
restricted universe multiverse
deb https://mirrors.tuna.tsinghua.edu.cn/Ubuntu-ports/ disco-backports main
restricted universe multiverse
deb-src https://mirrors.tuna.tsinghua.edu.cn/Ubuntu-ports/ disco-backports
main restricted universe multiverse
deb https://mirrors.tuna.tsinghua.edu.cn/Ubuntu-ports/ disco-security main
restricted universe multiverse
deb-src https://mirrors.tuna.tsinghua.edu.cn/Ubuntu-ports/ disco-security
main restricted universe multiverse
deb https://mirrors.tuna.tsinghua.edu.cn/Ubuntu-ports/ disco-proposed main
restricted universe multiverse
deb-src https://mirrors.tuna.tsinghua.edu.cn/Ubuntu-ports/ disco-proposed
main restricted universe multiverse
```

修改/etc/apt/sources.list 文件，将上述资源的任意一个复制到文件中：

```
sudo nano /etc/apt/sources.list
```

最后，安装桌面环境（可选择 xUbuntu-desktop、lUbuntu-desktop 或 kUbuntu-desktop）：

```
sudo apt-get install Ubuntu-desktop source /etc/profile
```

（3）重启桌面安装完毕。

（4）同步时间。默认情况下，树莓派系统时间是格林尼治时间，而中国处于东八区，相差八个小时，需要将时间设置为北京时间。

在/etc/profile 文件中增加一行：

```
export TZ='CST-8'
```

并使文件立即生效，执行命令

```
source /etc/profile ./etc/profile
```

或者

```
./etc/profile
```

2. ROS 安装

在树莓派上安装 ROS 的流程与在 PC 上安装 ROS 的流程类似。

1）配置软件与更新

首先打开"软件和更新"对话框，具体可以利用 Ubuntu 搜索按钮搜索。打开并配置软件（确保勾选了 restricted、universe 和 multiverse），可参考 PC 的相关步骤。

2）设置安装源

官方默认安装源：

```
sudo sh - c 'echo "deb http://packages.ros.org/ros/Ubuntu $(lsb_release - sc)
main" > /etc/apt/sources.list.d/ros-latest.list'
```

也可以使用来自国内中科大的安装源：

```
sudo sh - c '. /etc/lsb - release && echo "deb http://mirrors.ustc.edu.cn/ros/
Ubuntu/ `lsb_release -cs` main" > /etc/apt/sources.list.d/ros-latest.list'
```

或来自国内清华大学的安装源：

```
sudo sh - c '. /etc/lsb - release && echo "deb http://mirrors.tuna.tsinghua.edu.
cn/ros/Ubuntu/ `lsb_release -cs` main" > /etc/apt/sources.list.d/ros-latest.
list'
```

提示：按 Enter 键后，可能需要输入管理员密码。

3）设置密码

设置密码的命令如下：

```
sudo apt - key adv - - keyserver 'hkp://keyserver.Ubuntu.com: 80 ' - - recv- key
C1CF6E31E6BADE8868B172B4F42ED6FBAB17C654
```

4）安装

首先需要更新 apt（以前是 apt-get，官方建议使用 apt 而非 apt-get）。apt 是用于从互联网仓库搜索、安装、升级、卸载软件或操作系统的工具。执行以下命令：

```
sudo apt update
```

等待升级完成。

然后，再安装所需类型的 ROS。ROS 有多个类型：Desktop-Full、Desktop、ROS-Base。由于在分布式架构中树莓派担当的角色较为简单，在此选择 Desktop 或 ROS-Base 安装即可：

```
sudo apt install ros-melodic-desktop
```

5）环境配置

配置环境变量，以方便在任意终端中使用 ROS，命令如下：

```
echo "source /opt/ros/melodic/setup.bash" >> ~/.bashrc
source ~/.bashrc
```

6）构建软件包的依赖关系

到目前为止，已经安装了运行核心 ROS 软件包所需的软件。要创建和管理自己的 ROS 工作区，还需要安装其他常用依赖：

```
sudo apt install python- rosdep python- rosinstall python-rosinstall-generator
python-wstool build-essential
```

安装并初始化 rosdep，在使用许多 ROS 工具之前，需要初始化 rosdep。rosdep 使用户可以轻松地为要编译的源安装系统依赖。安装 rosdep 的命令如下：

```
sudo apt install python-rosdep
```

使用以下命令,可以初始化 rosdep:

```
sudo rosdep init
rosdep update
```

◆ 8.6　传　感　器

当前机器人平台使用的传感器主要有 3 种:编码器、激光雷达与相机。编码器主要用于测速实现,在前面已有详细介绍,不再赘述。本节主要介绍激光雷达与相机的使用。

8.6.1　激光雷达简介

激光雷达是现今机器人尤其是无人车领域最重要、最关键也是最常见的传感器之一,是机器人感知外界的一种重要手段。

激光雷达(LiDAR)的英文全称为 Light Detection And Ranging,即光探测与测量。

激光雷达可以发射激光束,激光束照射到物体上,再反射回激光雷达,可以通过三角法测距或 TOF 测距计算出激光雷达与物体的距离,甚至也可以通过测量反射回来的信号中的某些特性确定物体特征,例如物体的材质。

注意:如果物体表面光滑(例如镜子),激光束照射后产生镜面反射,可能无法捕获返回的激光束而出现识别失误的情况。

激光雷达在测距方面精准(其测量精度可达厘米级)、高效,是机器人测距的不二之选。其主要优点如下:

- 具有极高的分辨率。激光雷达工作于光学波段,其频率比微波高 2~3 个数量级,因此,与微波雷达相比,激光雷达具有极高的距离分辨率、角分辨率和速度分辨率。
- 抗干扰能力强。激光波长短,可发射发散角非常小(μrad 量级)的激光束,多路径效应小(不会形成定向发射而与微波或者毫米波产生多路径效应),可探测低空/超低空目标。
- 获取的信息量丰富。可直接获取目标的距离、角度、反射强度、速度等信息,生成目标多维度图像。
- 可全天时工作。激光是一种主动探测,不依赖于外界光照条件或目标本身的辐射特性。激光雷达只需发射激光束,通过探测发射激光束的回波信号就可以获取目标信息。

激光雷达虽然优点很多,但也存在一些局限性:

- 成本高。
- 易受天气影响(大雾、雨天、烟尘)。
- 属性识别能力弱。激光雷达的点云数据是物体的几何外形呈现,无法如同人类视觉一样分辨物体的物理特征,例如颜色、纹理等。

根据线束数量的多少,激光雷达可分为单线束激光雷达与多线束(4 线、8 线、16 线、32 线、64 线)激光雷达。单线激光雷达扫描一次只产生一条扫描线,其所获得的数据为二维数据,因此无法区别有关目标物体的三维信息。多线束激光雷达就是将多个横向扫描结果纵向叠加,从而获得三维数据,当然,线束越多,垂直视野角度越大。

8.6.2　雷达的使用

思岚 A1 激光雷达是一款性价比较高的单线激光雷达,如图 8-37 所示。

使用流程如下:
(1) 硬件准备。
(2) 软件安装。
(3) 启动并测试。

1. 硬件准备

当前直接连接树莓派即可。如果连接的是虚拟机,要注意 VirtualBox 或 VMware 的相关设置,如图 8-38 所示。

图 8-37　思岚 A1 激光雷达

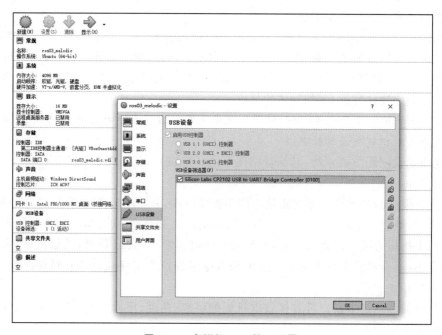

图 8-38　虚拟机 USB 接口设置

确认当前的 USB,USB 查看命令如下:

```
ll /dev/ttyUSB*
```

授权(将当前用户添加进 dialout 组,与 Arduino 类似):

```
sudo usermod -a -G dialout your_user_name
```

不要忘记重启,重启之后才可以生效。

2. 软件安装

进入工作空间的 src 目录,下载相关雷达驱动包,命令如下:

```
git clone https://github.com/slamtec/rplidar_ros
```

返回工作空间，调用 catkin_make 编译，并执行 source ./devel/setup.bash，为端口设置别名（将端口 ttyUSBX 映射到 rplidar）：

```
cd src/rplidar_ros/scripts/
./create_udev_rules.sh
```

3. 启动并测试

1）准备 rplidar.launch 文件

首先确认端口，编辑 rplidar.launch 文件：

```
<launch>
  <node name="rplidarNode" pkg="rplidar_ros" type="rplidarNode" output="screen">
  <param name="serial_port" type="string" value="/dev/rplidar"/>
  <param name="serial_baudrate" type="int" value="115200"/><!--A1/A2 -->
  <!--param name="serial_baudrate" type="int" value="256000"--><!--A3 -->
  <param name="frame_id" type="string" value="laser"/>
  <param name="inverted" type="bool" value="false"/>
  <param name="angle_compensate" type="bool" value="true"/>
  </node>
</launch>
```

frame_id 也可以修改。当使用 URDF 显示机器人模型时，frame_id 需要与 URDF 中的雷达 ID 一致。

2）终端中执行 launch 文件

在终端工作空间中输入命令：

```
roslaunch rplidar_ros rplidar.launch
```

如果正常，雷达就开始旋转。

3）在 RViz 中订阅雷达相关消息

启动 RViz，添加 LaserScan 插件，如图 8-39 所示。

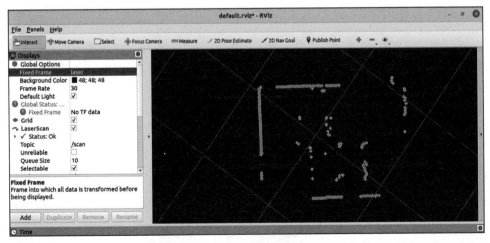

图 8-39　启动 RViz 并添加 LaserScan 插件

　　注意：Fixed Frame 的设置需要参考 rplidar.launch 中 frame_id 的设置，Topic 一般设置为/scan，Size 可以自由设置。

8.6.3　相机简介

　　相机是机器人系统中另一种比较重要的传感器，与激光雷达类似，相机也是机器人感知外界环境的重要手段之一，并且随着机器视觉、无人驾驶等技术的兴起，相机在物体识别、行为识别、SLAM 等方面都有广泛的应用。

　　根据工作原理的差异可以将相机大致划分成 3 类：单目相机、双目相机与深度相机。

1. 单目相机

　　单目相机将三维世界二维化，它将拍摄场景在相机的成像平面上留下一个投影，静止状态下无法通过单目相机确定深度信息。在二维图像中，甚至不能根据物体的大小判断物体的距离。

2. 双目相机

　　要解决上面的问题，只需要移动单目相机，再换一个角度拍摄一张照片即可，当角度切换后，可以将两张照片组合还原为一个三维世界。

　　双目相机的原理也是如此。双目相机是由两个单目相机组成的，即便在静止状态下，也可以生成两张照片，两个单目相机之间存在一定的距离，称为基线，通过基线以及两个单目相机分别生成的照片，可以估算每个像素的空间位置。

3. 深度相机

　　深度相机也称为 RGB-D 相机，其中 D 代表深度。顾名思义，深度相机也可以用于获取物体深度信息。深度相机一般基于结构光或 ToF(Time-of-Flight，飞行时间)原理实现测距。

　　结构光的原理是：通过近红外激光器将具有一定结构特征的光线投射到被拍摄物体上，由专门的红外摄像头进行采集，光线照射到不同深度的物体上时，会采集到不同的图像相位信息，然后通过运算单元将这种结构的变化换算成深度信息。ToF 的实现则类似于激光雷达，也是根据光线的往返时间计算深度信息的。

8.6.4　相机的使用

　　相机的使用流程如下：
　　(1) 硬件准备。
　　(2) 软件安装。
　　(3) 启动并测试。

1. 硬件准备

　　当前直接连接树莓派即可。如果连接的是虚拟机，要注意 VirtualBox 或 VMware 的相关设置，如图 8-40 所示。

2. 软件安装

　　安装 USB 摄像头软件包，命令如下：

```
sudo apt-get install ros-ROS 版本-usb-cam
```

图 8-40　相机设置页面

也可以从 GitHub 直接下载源码：

```
git clone https://github.com/ros-drivers/usb_cam.git
```

3. 启动并测试

1）准备 launch 文件

在软件包中内置了测试用的 launch 文件，内容如下：

```
<launch>
  <node name="usb_cam" pkg="usb_cam" type="usb_cam_node" output="screen" >
    <param name="video_device" value="/dev/video0" />
    <param name="image_width" value="640" />
    <param name="image_height" value="480" />
    <param name="pixel_format" value="yuyv" />
    <param name="camera_frame_id" value="usb_cam" />
    <param name="io_method" value="mmap"/>
  </node>
  <node name="image_view" pkg="image_view" type="image_view" respawn="false"
output="screen">
    <remap from="image" to="/usb_cam/image_raw"/>
    <param name="autosize" value="true" />
  </node>
</launch>
```

节点 usb_cam 用于启动相机，节点 image_view 以图形化界面的方式显示图像数据。需要查看相机的端口并修改 usb_cam 中的 video_device 参数。如果将摄像头连接到树莓派，且通过 SSH 远程访问树莓派，需要注释掉 image_view 节点，因为在终端中无法显示图形化界面。

2）启动 launch 文件

命令如下：

```
roslaunch usb_cam usb_cam-test.launch
```

3）RViz 显示

启动 RViz，添加 LaserScan 插件，如图 8-41 所示。

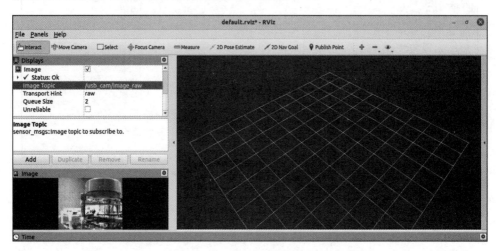

图 8-41　启动 RViz 界面并添加 LaserScan 插件

8.6.5　传感器集成

前面已经分别介绍了底盘、激光雷达、相机等相关节点的安装、配置以及使用，不过前面的实现还存在一些问题：

（1）机器人启动时，需要逐一启动底盘、相机与激光雷达，操作冗余。

（2）如果只是简单地启动这些节点，那么在 RViz 中显示时，会发现出现了 TF 转换异常。例如，参考坐标系设置为 odom 时，激光雷达信息显示失败。

本节将介绍如何把传感器（激光雷达与相机）集成以解决上述问题。所谓集成主要是优化底盘、激光雷达、相机相关节点的启动，并通过坐标变换实现机器人底盘与里程计、激光雷达和相机的关联，实现步骤如下：

（1）编写用于集成的 launch 文件。

（2）发布 TF 坐标变换。

（3）启动并测试。

1. launch 文件

新建功能包：

```
catkin_create_pkg mycar_start roscpp rospy std_msgs ros_arduino_python usb_cam
rplidar_ros
```

在功能包下创建 launch 目录，再在 launch 目录中新建 launch 文件，文件名自定义。内容如下：

```
<!-- 机器人启动文件:
      1.启动底盘
      2.启动激光雷达
      3.启动摄像头
-->
<launch>
      <include file="$(find ros_arduino_python)/launch/arduino.launch" />
      <include file="$(find usb_cam)/launch/usb_cam-test.launch" />
      <include file="$(find rplidar_ros)/launch/rplidar.launch" />
</launch>
```

2. 坐标变换

如果启动时加载了机器人模型，且模型中设置的坐标系名称与机器人实体中设置的坐标系一致，那么可以不再添加坐标变换，因为机器人模型可以发布坐标变换信息；如果没有启动机器人模型，就需要自定义坐标变换实现了，因此要继续新建 launch 文件，内容如下：

```
<!-- 机器人启动文件:
         当不包含机器人模型时,需要发布坐标变换
-->

<launch>
    <include file="$(find mycar_start)/launch/start.launch" />
    <node name="camera2basefootprint" pkg="tf2_ros" type="static_transform_
publisher" args="0.08 0 0.1 0 0 0 /base_footprint /camera_link"/>
    <node name="rplidar2basefootprint" pkg="tf2_ros" type="static_transform_
publisher" args="0 0 0.1 0 0 0 /base_footprint /laser"/>
</launch>
```

3. 启动并测试

最后，就可以启动 PC 端与树莓派端相关节点，运行测试并查看结果了：

在树莓派端直接执行上一步的机器人启动 launch 文件：

```
roslaunch 自定义包 自定义 launch 文件
```

在 PC 端启动键盘控制节点：

```
rosrun teleop_twist_keyboard teleop_twist_keyboard.py
```

还需要启动 RViz：

```
rviz
```

在 RViz 中添加 LaserScan、image 等插件，并通过键盘控制机器人运动，查看 RViz 中的显示结果，如图 8-42 所示。

图 8-42　传感器集成启动 RViz 界面的测试结果

◆ 8.7　本 章 小 结

本章完整地介绍了如何构建低成本、实验性的机器人平台，主要内容是围绕机器人的组成展开的，即执行机构、驱动系统、控制系统和传感系统。

这里也主要围绕这几方面做一下总结。

执行机构是纯硬件实现，在本章的机器人平台中，主要是机器人的行走部分，行走部分的核心是电机，电机的一些参数以及不同参数之间的换算是需要了解的。

驱动系统在本章采用的是简单、易上手的 Arduino 再结合电机驱动模块，主要介绍了 Arduino 的基本使用，并通过 ros_arduino_bridge 搭建了机器人底盘，该底盘可以解析速度消息并转换成控制电机运动的 PWM 信号，还可以发布里程计消息。

控制系统是通过 PC 与树莓派多处理器结合的方式实现的，PC 扮演监控的角色，而树莓派则担当数据下发与采集的角色。本章具体介绍了 PC 与树莓派的分布式框架实现、通过 SSH 实现远程登录的方法以及 ros_arduino_bridge 在树莓派上的部署。

传感系统部分介绍了机器人中一些常用的传感器的相关内容。其中，在驱动系统实现时，就涉及了内部传感器编码器的工作原理以及使用，在机器人系统集成时又介绍了相机与激光雷达的概念以及应用。

本章最终搭建了一个机器人平台，并且安装、调试了各个组成模块。从第 9 章开始将基于这个机器人平台整合各个模块并实现导航功能。

实体机器人导航

第 7 章介绍了仿真环境下的机器人导航,第 8 章介绍了两轮差速机器人的软硬件实现。如果已经按照第 8 章内容构建了自己的机器人平台,那么就可以尝试将仿真环境下的导航功能迁移到机器人实体了。本章就主要介绍该迁移过程的实现,学习内容如下:

- 比较仿真环境与真实环境的导航实现。
- 介绍 VScode 远程开发的实现。
- 实体机器人导航实现。

本章预期达成的学习目标如下:

- 了解仿真环境与真实环境下导航实现的区别。
- 能够搭建 VScode 远程开发环境。
- 能够实现实体机器人的建图与导航。

◆ 9.1 概　　述

仿真环境下的导航与实体机器人导航在核心实现上基本一致,主要区别在于导航实现之前基本环境的搭建有所不同,主要体现在导航场景、传感器、机器人模型 3 方面,如表 9-1 所示。

表 9-1　仿真环境下的导航与实体机器人导航在基本环境搭建上的比较

比 较 项	仿 真 环 境	实 体 机 器 人
导航场景	依赖于 Gazebo 搭建的仿真环境	依赖于现实环境
传感器	在 Gazebo 中通过插件模拟一系列传感器,例如雷达、摄像头、编码器等	使用的是真实的传感器
机器人模型	依赖于机器人模型,以实现仿真环境下机器人的显示,通过 robot_state_publisher、joint_state_publisher 实现机器人各部件的坐标变换	机器人模型不是必需的。如果不使用机器人,可以通过 static_transform_publisher 发布导航必需的坐标变换;如果使用机器人模型,也可以借助 robot_state_publisher、joint_state_publisher 发布坐标变换,当然后者可以在 RViz 中显示机器人模型,更友好

总体而言，在实体机器人导航中，可以完全脱离 Gazebo；而机器人模型是否使用 Gazebo 可以按需选择。

除此之外，实体机器人导航的开发环境也发生了改变，程序最终需要被部署在机器人端，可以在本地开发，然后通过 SSH 上传至机器人，或者也可以通过 VScode 的远程开发插件直接在机器人端编写程序。

◇ 9.2　VSCode 远程开发

在第 8 章，介绍了 SSH 远程连接的使用，借助于 SSH 可以远程操作树莓派端，但是这样也存在诸多不便。例如，编辑文件内容时需要使用 vi 编辑器，但是在一个终端内无法同时编辑多个文件，本节将介绍一个较为实用的功能——VSCode 远程开发，可以在 VSCode 中以图形化的方式在树莓派上远程开发程序，比 SSH 的使用更方便快捷，可以大大提高程序开发效率。

1. 准备工作

VSCode 远程开发依赖于 SSH，因此首先按照 8.5.3 节的内容配置 SSH 远程连接。

2. 为 VSCode 安装远程开发插件

启动 VSCode，首先单击侧边栏的扩展按钮，然后在"扩展：商店"的搜索栏输入 Remote Development 并单击同名插件，最后在右侧显示区中单击"安装"按钮，如图 9-1 所示。

图 9-1　VSCode 插件下载

3. 配置远程连接

步骤 1：使用 Ctrl+Shift+P 组合键打开命令输入窗口，并输入 Remote-SSH：Connect to Host，在弹出列表中选择与之同名的选项，如图 9-2 所示。

图 9-2　VSCode 远程开发配置 1

步骤 2：此时将弹出一个新的命令窗口，如图 9-3 所示，选择下拉列表中的 Add New SSH Host。

图 9-3 VSCode 远程开发配置 2

步骤 3：此时将弹出一个新的命令窗口，在其中输入

```
ssh ubuntu@192.168.43.164
```

如图 9-4 所示。其中，ubuntu 需要替换为登录者的账号，192.18.43.164 需要替换为登录者的树莓派的 IP 地址。

图 9-4 VSCode 远程开发配置 3

步骤 4：在弹出的列表中选择第一个选项（或直接按 Enter 键），即可完成配置，如图 9-5 所示。配置成功后会有提示信息，如图 9-6 所示。

图 9-5 VSCode 远程开发配置 4

图 9-6 VSCode 远程开发配置 5

4. 使用

步骤 1：继续使用快捷键 Ctrl＋shift＋P 打开命令输入窗口，并输入

```
Remote-SSH:Connect to Host
```

此时列表中将显示上面配置的 IP 地址，如图 9-7 所示。直接选择该地址，VSCode 将打开一个新的窗口。

图 9-7 VSCode 远程开发配置 6

也可以单击侧边栏的远程资源管理器按钮，在弹出的服务器列表中选择要连接的服务

器,利用右键菜单选择在本窗口或新窗口中实现远程连接,如图 9-8 所示。

图 9-8　VSCode 远程开发配置 7

步骤 2：选择菜单栏"文件"→"打开文件夹"命令,在弹出的列表中选择需要打开的文件夹,单击"确定"按钮即可,如图 9-9 所示。

图 9-9　VSCode 远程开发配置 8

最终,就可以像操作本地文件一样实现远程开发了。

◆ 9.3　导航实现

本节介绍实体机器人导航的基本实现流程。该流程与 7.2 节的内容类似,主要内容仍然集中于 SLAM、地图服务、定位与路径规划,因此本节内容不再重复介绍 7.2 节中各个知识点的实现细节,而是注重知识点应用。

实体机器人导航的实现流程如下：

(1) 准备工作。

(2) SLAM 实现。

(3) 地图服务。

(4) 定位实现。

(5) 路径规划。

本节最后还会将导航与 SLAM 结合,实现自主移动的 SLAM 建图。

9.3.1　准备工作

1. 分布式架构

分布式架构搭建完毕且能正常运行后,在 PC 端就可以远程登录机器人端。

2. 功能包安装

在机器人端安装导航所需功能包:

- 安装 gmapping 功能包(用于构建地图):

```
sudo apt install ros-<ROS 版本>-gmapping
```

- 安装地图服务功能包(用于保存与读取地图):

```
sudo apt install ros-<ROS 版本>-map-server
```

- 安装 navigation 功能包(用于定位以及路径规划):

```
sudo apt install ros-<ROS 版本>-navigation
```

新建功能包(包名自定义,例如 nav),并导入依赖:

```
gmapping map_server amcl move_base
```

3. 机器人模型以及坐标变换

机器人的不同部件有不同的坐标系,因此需要将这些坐标系集成到同一坐标树中,实现方案有两种:

(1) 不同的部件相对于机器人底盘的位置都是固定的,可以通过发布静态坐标变换以实现集成。

(2) 可以通过加载机器人 URDF 文件,结合 robot_state_publisher、joint_state_publisher 实现不同坐标系的集成。

前一种方案在第 8 章中已做了演示,接下来介绍后一种方案的实现。

(1) 创建机器人模型相关的功能包,命令如下:

```
catkin_create_pkg mycar_description urdf xacro
```

(2) 准备机器人模型文件。在功能包下新建 urdf 目录,编写具体的 URDF 文件(与机器人模型相关的 URDF 文件的编写可以参考第 6 章),示例如下。

文件 car.urdf.xacro 用于集成不同的机器人部件,内容如下:

```
<robot name="mycar" xmlns:xacro="http://wiki.ros.org/xacro">
    <xacro:include filename="car_base.urdf.xacro" />
    <xacro:include filename="car_camera.urdf.xacro" />
    <xacro:include filename="car_laser.urdf.xacro" />
</robot>
```

文件 car_base.urdf.xacro 实现机器人底盘,内容如下:

```
<robot name="mycar" xmlns:xacro="http://wiki.ros.org/xacro">
    <xacro:property name="footprint_radius" value="0.001" />
```

```xml
<link name="base_footprint">
    <visual>
        <geometry>
            <sphere radius="${footprint_radius}" />
        </geometry>
    </visual>
</link>
<xacro:property name="base_radius" value="0.1" />
<xacro:property name="base_length" value="0.08" />
<xacro:property name="lidi" value="0.015" />
<xacro:property name="base_joint_z" value="${base_length / 2 + lidi}" />
<link name="base_link">
    <visual>
        <geometry>
            <cylinder radius="0.1" length="0.08" />
        </geometry>
        <origin xyz="0 0 0" rpy="0 0 0" />
        <material name="baselink_color">
            <color rgba="1.0 0.5 0.2 0.5" />
        </material>
    </visual>
</link>
<joint name="link2footprint" type="fixed">
    <parent link="base_footprint"  />
    <child link="base_link" />
    <origin xyz="0 0 0.055" rpy="0 0 0" />
</joint>
<xacro:property name="wheel_radius" value="0.0325" />
<xacro:property name="wheel_length" value="0.015" />
<xacro:property name="PI" value="3.1415927" />
<xacro:property name="wheel_joint_z" value="${(base_length / 2 + lidi -
wheel_radius) * -1}" />
<xacro:macro name="wheel_func" params="wheel_name flag">
    <link name="${wheel_name}_wheel">
        <visual>
            <geometry>
                <cylinder radius="${wheel_radius}" length="${wheel_length}" />
            </geometry>
            <origin xyz="0 0 0" rpy="${PI / 2} 0 0" />
            <material name="wheel_color">
                <color rgba="0 0 0 0.3" />
            </material>
        </visual>
    </link>
    <joint name="${wheel_name}2link" type="continuous">
        <parent link="base_link"  />
        <child link="${wheel_name}_wheel" />
        <origin xyz="0 ${0.1 * flag} ${wheel_joint_z}" rpy="0 0 0" />
        <axis xyz="0 1 0" />
    </joint>
</xacro:macro>
<xacro:wheel_func wheel_name="left" flag="1" />
<xacro:wheel_func wheel_name="right" flag="-1" />
```

```
    <xacro:property name="small_wheel_radius" value="0.0075" />
    <xacro:property name="small_joint_z" value="${(base_length / 2 + lidi -
small_wheel_radius) * -1}" />
    <xacro:macro name="small_wheel_func" params="small_wheel_name flag">
        <link name="${small_wheel_name}_wheel">
            <visual>
                <geometry>
                    <sphere radius="${small_wheel_radius}" />
                </geometry>
                <origin xyz="0 0 0" rpy="0 0 0" />
                <material name="wheel_color">
                    <color rgba="0 0 0 0.3" />
                </material>
            </visual>
        </link>
        <joint name="${small_wheel_name}2link" type="continuous">
            <parent link="base_link"  />
            <child link="${small_wheel_name}_wheel" />
            <origin xyz="${0.08 * flag} 0 ${small_joint_z}" rpy="0 0 0" />
            <axis xyz="0 1 0" />
        </joint>
    </xacro:macro >
    <xacro:small_wheel_func small_wheel_name="front" flag="1"/>
    <xacro:small_wheel_func small_wheel_name="back" flag="-1"/>
</robot>
```

文件 car_camera.urdf.xacro 实现机器人摄像头，内容如下：

```
<robot name="mycar" xmlns:xacro="http://wiki.ros.org/xacro">
    <xacro:property name="camera_length" value="0.02" />
    <xacro:property name="camera_width" value="0.05" />
    <xacro:property name="camera_height" value="0.05" />
    <xacro:property name="joint_camera_x" value="0.08" />
    <xacro:property name="joint_camera_y" value="0" />
    <xacro:property name="joint_camera_z" value="${base_length / 2 + camera_
height / 2}" />
    <link name="camera">
        <visual>
            <geometry>
                <box size="${camera_length} ${camera_width} ${camera_height}" />
            </geometry>
            <origin xyz="0 0 0" rpy="0 0 0" />
            <material name="black">
                <color rgba="0 0 0 0.8" />
            </material>
        </visual>
    </link>
    <joint name="camera2base" type="fixed">
        <parent link="base_link" />
        <child link="camera" />
        <origin xyz="${joint_camera_x} ${joint_camera_y} ${joint_camera_z}" rpy
="0 0 0" />
```

```
        </joint>
</robot>
```

文件 car_laser.urdf.xacro 实现机器人雷达，内容如下：

```
<robot name="mycar" xmlns:xacro="http://wiki.ros.org/xacro">
    <xacro:property name="support_radius" value="0.01" />
    <xacro:property name="support_length" value="0.15" />
    <xacro:property name="laser_radius" value="0.03" />
    <xacro:property name="laser_length" value="0.05" />
    <xacro:property name="joint_support_x" value="0" />
    <xacro:property name="joint_support_y" value="0" />
    <xacro:property name="joint_support_z" value="${base_length / 2 + support_
length / 2}" />
    <xacro:property name="joint_laser_x" value="0" />
    <xacro:property name="joint_laser_y" value="0" />
    <xacro:property name="joint_laser_z" value="${support_length / 2 + laser_
length / 2}" />
    <link name="support">
        <visual>
            <geometry>
                < cylinder radius ="${support_radius}" length ="${support_
length}" />
            </geometry>
            <material name="yellow">
                <color rgba="0.8 0.5 0.0 0.5" />
            </material>
        </visual>
    </link>
    <joint name="support2base" type="fixed">
        <parent link="base_link" />
        <child link="support"/>
        <origin xyz="${joint_support_x} ${joint_support_y} ${joint_support_z}"
rpy="0 0 0" />
    </joint>
    <link name="laser">
        <visual>
            <geometry>
                <cylinder radius="${laser_radius}" length="${laser_length}" />
            </geometry>
            <material name="black">
                <color rgba="0 0 0 0.5" />
            </material>
        </visual>
    </link>
    <joint name="laser2support" type="fixed">
        <parent link="support" />
        <child link="laser"/>
        <origin xyz="${joint_laser_x} ${joint_laser_y} ${joint_laser_z}" rpy="0
0 0" />
    </joint>
</robot>
```

(3) 在 launch 文件中加载机器人模型（文件名称自定义，例如 car.launch），内容如下：

```
<launch>
    <param name="robot_description" command="$(find xacro)/xacro $(find mycar_
description)/urdf/car.urdf.xacro" />
    <node pkg="joint_state_publisher" name="joint_state_publisher" type="
joint_state_publisher" />
    <node pkg="robot_state_publisher" name="robot_state_publisher" type="
robot_state_publisher" />
</launch>
```

为了使用方便,还可以将该文件包含进启动机器人的 launch 文件中,内容如下:

```
<launch>
        <include file="$(find ros_arduino_python)/launch/arduino.launch" />
        <include file="$(find usb_cam)/launch/usb_cam-test.launch" />
        <include file="$(find rplidar_ros)/launch/rplidar.launch" />
        <!-- 机器人模型加载文件 -->
        <include file="$(find mycar_description)/launch/car.launch" />
</launch>
```

4. 结果演示

不使用机器人模型时,机器人端启动机器人(使用包含 TF 坐标变换的 launch 文件),从机器人端启动 RViz,在 RViz 中添加 RobotModel 与 TF 组件,RViz 中的结果如图 9-10 所示(此时显示机器人模型异常,且 TF 中只有代码中发布的坐标变换)。

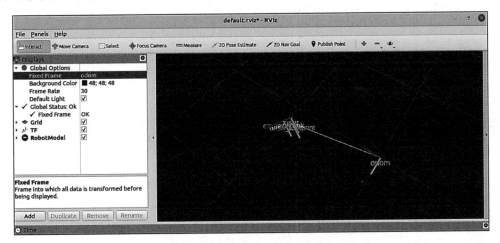

图 9-10　不使用机器人模型时的坐标变换

使用机器人模型时,机器人端加载机器人模型(执行上面的 launch 文件)且启动机器人,从机器人端启动 RViz,在 RViz 中添加 RobotModel 与 TF 组件。RViz 中的结果如图 9-11 所示(此时显示机器人模型,且 TF 坐标变换正常)。

后续在导航时使用机器人模型。

9.3.2　SLAM 建图

关于建图实现,仍然选用第 7 章中介绍的 gmapping,具体实现如下。

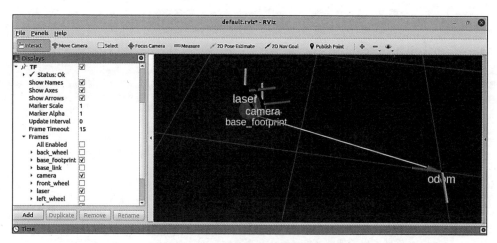

图 9-11　使用机器人模型时的坐标变换

1. 编写与 gmapping 节点相关的 launch 文件

在 9.3.1 节创建的导航功能包中新建 launch 目录，并新建 launch 文件（文件名自定义，例如 gmapping.launch），代码示例如下：

```
<launch>
    <node pkg="gmapping" type="slam_gmapping" name="slam_gmapping" output="
screen">
    <remap from="scan" to="scan"/>
    <param name="base_frame" value="base_footprint"/><!--底盘坐标系-->
    <param name="odom_frame" value="odom"/> <!--里程计坐标系-->
    <param name="map_update_interval" value="5.0"/>
    <param name="maxUrange" value="16.0"/>
    <param name="sigma" value="0.05"/>
    <param name="kernelSize" value="1"/>
    <param name="lstep" value="0.05"/>
    <param name="astep" value="0.05"/>
    <param name="iterations" value="5"/>
    <param name="lsigma" value="0.075"/>
    <param name="ogain" value="3.0"/>
    <param name="lskip" value="0"/>
    <param name="srr" value="0.1"/>
    <param name="srt" value="0.2"/>
    <param name="str" value="0.1"/>
    <param name="stt" value="0.2"/>
    <param name="linearUpdate" value="1.0"/>
    <param name="angularUpdate" value="0.5"/>
    <param name="temporalUpdate" value="3.0"/>
    <param name="resampleThreshold" value="0.5"/>
    <param name="particles" value="30"/>
    <param name="xmin" value="-50.0"/>
    <param name="ymin" value="-50.0"/>
    <param name="xmax" value="50.0"/>
    <param name="ymax" value="50.0"/>
    <param name="delta" value="0.05"/>
    <param name="llsamplerange" value="0.01"/>
```

```
    <param name="llsamplestep" value="0.01"/>
    <param name="lasamplerange" value="0.005"/>
    <param name="lasamplestep" value="0.005"/>
  </node>
</launch>
```

关键代码解释：

```
<remap from="scan" to="scan"/><!-- 雷达话题 -->
<param name="base_frame" value="base_footprint"/><!--底盘坐标系-->
<param name="odom_frame" value="odom"/> <!--里程计坐标系-->
```

2. 执行

（1）执行相关 launch 文件，启动机器人并加载机器人模型：

```
roslaunch mycar_start start.launch
```

（2）启动地图绘制的 launch 文件：

```
roslaunch nav gmapping.launch
```

（3）启动键盘控制节点，用于控制机器人运动建图：

```
rosrun teleop_twist_keyboard teleop_twist_keyboard.py
```

（4）在 RViz 中添加地图显示组件，通过键盘控制机器人运动，同时，在 RViz 中可以显示 gmapping 发布的栅格地图数据，该显示结果与仿真环境下的结果类似。下一步还需要将地图单独保存。

9.3.3　地图服务

可以通过 map_server 实现地图的保存与读取。

1. 地图保存 launch 文件

首先在自定义的导航功能包下新建 map 目录，用于保存生成的地图数据。地图保存功能的实现比较简单，编写一个 launch 文件，内容如下：

```
<launch>
    <arg name="filename" value="$(find nav)/map/nav" />
    <node name="map_save" pkg="map_server" type="map_saver" args="-f $(arg
    filename)" />
</launch>
```

其中，filename 指定地图的保存路径以及保存的文件名称。

SLAM 建图完毕后，执行该 launch 文件即可。

测试过程如下：

（1）参考 9.3.2 节，依次启动仿真环境、键盘控制节点与 SLAM 节点。

（2）通过键盘控制机器人运动并绘图。

（3）通过上述地图保存方式保存地图。

最终会在指定路径下生成两个文件：xxx.pgm 与 xxx.yaml。

2. 地图读取

通过 map_server 功能包的 map_server 节点可以读取栅格地图数据。编写用于地图读取的 launch 文件,内容如下:

```
<launch>
    <!-- 设置地图的配置文件 -->
    <arg name="map" default="nav.yaml" />
    <!-- 运行地图服务器,并且加载设置的地图-->
    <node name="map_server" pkg="map_server" type="map_server" args="$(find
      mycar_nav)/map/$(arg map)"/>
</launch>
```

其中,args 是地图描述文件的资源路径。执行该 launch 文件,该节点会发布话题 map (nav_msgs/OccupancyGrid)。最后,在 RViz 中使用 map 组件可以显示栅格地图。

9.3.4 定位

在 ROS 的导航功能包集 navigation 中提供了 amcl 功能包,用于实现导航中的机器人定位。

1. 编写 amcl 节点相关的 launch 文件

```
<launch>
  <node pkg="amcl" type="amcl" name="amcl" output="screen">
    <!-- Publish scans from best pose at a max of 10Hz -->
    <param name="odom_model_type" value="diff"/><!-- 里程计模式为差分 -->
    <param name="odom_alpha5" value="0.1"/>
    <param name="transform_tolerance" value="0.2" />
    <param name="gui_publish_rate" value="10.0"/>
    <param name="laser_max_beams" value="30"/>
    <param name="min_particles" value="500"/>
    <param name="max_particles" value="5000"/>
    <param name="kld_err" value="0.05"/>
    <param name="kld_z" value="0.99"/>
    <param name="odom_alpha1" value="0.2"/>
    <param name="odom_alpha2" value="0.2"/>
    <!-- translation std dev, m -->
    <param name="odom_alpha3" value="0.8"/>
    <param name="odom_alpha4" value="0.2"/>
    <param name="laser_z_hit" value="0.5"/>
    <param name="laser_z_short" value="0.05"/>
    <param name="laser_z_max" value="0.05"/>
    <param name="laser_z_rand" value="0.5"/>
    <param name="laser_sigma_hit" value="0.2"/>
    <param name="laser_lambda_short" value="0.1"/>
    <param name="laser_lambda_short" value="0.1"/>
    <param name="laser_model_type" value="likelihood_field"/>
    <!-- <param name="laser_model_type" value="beam"/> -->
    <param name="laser_likelihood_max_dist" value="2.0"/>
    <param name="update_min_d" value="0.2"/>
    <param name="update_min_a" value="0.5"/>
    <param name="odom_frame_id" value="odom"/><!-- 里程计坐标系 -->
```

```
        <param name="base_frame_id" value="base_footprint"/>
                                            <!-- 添加机器人基坐标系 -->
        <param name="global_frame_id" value="map"/><!-- 添加地图坐标系 -->
    </node>
</launch>
```

2. 编写测试 launch 文件

AMCL 节点是不可以单独运行的, 运行 AMCL 节点之前, 需要先加载全局地图, 然后启动 RViz 显示定位结果, 上述节点可以集成进 launch 文件, 内容如下:

```
<launch>
    <!-- 设置地图的配置文件 -->
    <arg name="map" default="nav.yaml" />
    <!-- 运行地图服务器,并且加载设置的地图 -->
    <node name="map_server" pkg="map_server" type="map_server" args="$(find
    nav)/map/$(arg map)"/>
    <!-- 启动 AMCL 节点 -->
    <include file="$(find nav)/launch/amcl.launch" />
</launch>
```

当然, launch 文件中地图服务节点和 AMCL 节点中的包名、文件名需要根据自己的设置修改。

3. 执行

(1) 执行相关 launch 文件, 启动机器人并加载机器人模型:

```
roslaunch mycar_start start.launch
```

(2) 启动键盘控制节点:

```
rosrun teleop_twist_keyboard teleop_twist_keyboard.py
```

(3) 启动上一步中集成地图服务、AMCL 的 launch 文件:

```
roslaunch nav test_amcl.launch
```

(4) 启动 RViz 并添加 RobotModel、Map 组件, 分别显示机器人模型与地图, 添加 PoseArray 插件, 设置 Topic 为 particlecloud 以显示 AMCL 预估的当前机器人的位姿, 箭头越密集, 说明当前机器人处于此位置的概率越高。

(5) 通过键盘控制机器人运动, 会发现 PoseArray 也随之而改变。运行结果与仿真环境下类似。

9.3.5　路径规划

路径规划仍然使用 navigation 功能包集中的 move_base 功能包。

1. 编写 launch 文件

关于 move_base 节点的调用, 模板如下:

```
<launch>
    <node pkg="move_base" type="move_base" respawn="false" name="move_base"
    output="screen" clear_params="true">
```

```
        <rosparam file="$(find nav)/param/costmap_common_params.yaml" command=
            "load" ns="global_costmap" />
        <rosparam file="$(find nav)/param/costmap_common_params.yaml" command=
            "load" ns="local_costmap" />
        <rosparam file="$(find nav)/param/local_costmap_params.yaml" command=
            "load" />
        <rosparam file="$(find nav)/param/global_costmap_params.yaml" command=
            "load" />
        <rosparam file="$(find nav)/param/base_local_planner_params.yaml"
            command="load" />
    </node>
</launch>
```

2. 编写配置文件

可参考仿真实现。

（1）costmap_common_params.yaml 文件。

该文件是 move_base 在全局路径规划与本地路径规划时调用的通用参数，包括机器人的尺寸、与障碍物的安全距离、传感器信息等。参考配置如下：

```
#机器人几何参数。如果机器人是圆形,设置 robot_radius;否则设置 footprint
robot_radius: 0.12       #圆形
# footprint: [[-0.12, -0.12], [-0.12, 0.12], [0.12, 0.12], [0.12, -0.12]]
                         #其他形状
obstacle_range: 3.0      # 用于障碍物探测
                         # 例如,值为 3.0,意味着检测到距离小于 3m 的障碍物时就会引入代价地图
raytrace_range: 3.5      # 用于清除障碍物
                         # 例如,值为 3.5,意味着清除代价地图中 3.5m 以外的障碍物
#膨胀半径,用于表示扩展在碰撞区域以外的代价区域,使得机器人规划路径避开障碍物
inflation_radius: 0.2
#代价比例系数,越大则代价值越小
cost_scaling_factor: 3.0
#地图类型
map_type: costmap
#导航包所需的传感器
observation_sources: scan
#对传感器的坐标系和数据进行配置。这也会用于代价地图添加和清除障碍物
例如,可以用激光雷达传感器在代价地图添加障碍物,再添加 kinect 用于导航和清除障碍物
scan: {sensor_frame: laser, data_type: LaserScan, topic: scan, marking: true,
clearing: true}
```

（2）global_costmap_params.yaml 文件。

该文件用于全局代价地图参数设置：

```
global_costmap:
  global_frame: map                #地图坐标系
  robot_base_frame: base_footprint        #机器人坐标系
  # 以此实现坐标变换
  update_frequency: 1.0          #代价地图更新频率
  publish_frequency: 1.0         #代价地图的发布频率
  transform_tolerance: 0.5       #等待坐标变换发布信息的超时时间
  static_map: true               #是否使用一个地图或者地图服务器初始化全局代价地图
                                 #如果不使用静态地图,这个参数为 false
```

（3）local_costmap_params.yaml 文件。

该文件用于局部代价地图参数设置：

```
local_costmap:
   global_frame: odom          #里程计坐标系
   robot_base_frame: base_footprint    #机器人坐标系
   update_frequency: 10.0     #代价地图的更新频率
   publish_frequency: 10.0    #代价地图的发布频率
   transform_tolerance: 0.5   #等待坐标变换发布信息的超时时间
   static_map: false          #不需要静态地图,可以提升导航效果
   rolling_window: true       #是否使用动态窗口,默认为 false,在静态窗口中地图不会变化
   width: 3                   # 局部地图宽度,单位是 m
   height: 3                  # 局部地图高度,单位是 m
   resolution: 0.05           # 局部地图分辨率,单位是 m,一般与静态地图分辨率一致
```

（4）base_local_planner_params 文件。

基本的局部规划器参数配置文件设定了机器人的最大和最小速度限制值,也设定了加速度的阈值。

```
TrajectoryPlannerROS:
# 机器人配置参数
   max_vel_x: 0.5                       # X 方向最大速度
   min_vel_x: 0.1                       # X 方向最小速度
   max_vel_theta:  1.0
   min_vel_theta: -1.0
   min_in_place_vel_theta: 1.0
   acc_lim_x: 1.0                       # X 加速限制
   acc_lim_y: 0.0                       # Y 加速限制
   acc_lim_theta: 0.6                   # 角速度加速限制
# 目标公差参数
   xy_goal_tolerance: 0.10
   yaw_goal_tolerance: 0.05

# 差分驱动机器人配置
# 是否是全向移动机器人
   holonomic_robot: false
# 前进模拟参数
   sim_time: 0.8
   vx_samples: 18
   vtheta_samples: 20
   sim_granularity: 0.05
```

3. launch 文件集成

如果要实现导航,需要集成地图服务、AMCL、move_base 等,集成示例如下：

```
<launch>
    <!-- 设置地图的配置文件 -->
    <arg name="map" default="nav.yaml" />
    <!-- 运行地图服务器,并且加载设置的地图 -->
    <node name="map_server" pkg="map_server" type="map_server" args="$(find
    nav)/map/$(arg map)"/>
    <!-- 启动 AMCL 节点 -->
```

```
    <include file="$(find nav)/launch/amcl.launch" />
    <!-- 运行 move_base 节点 -->
    <include file="$(find nav)/launch/move_base.launch" />
</launch>
```

4. 测试

测试步骤如下：

（1）执行相关 launch 文件，启动机器人并加载机器人模型：

```
roslaunch mycar_start start.launch
```

（2）启动导航相关的 launch 文件：

```
roslaunch nav nav.launch
```

（3）添加 RViz 组件实现导航（参考仿真实现）。

9.3.6 导航与 SLAM 建图

与仿真环境类似，也可以实现机器人自主移动的 SLAM 建图，步骤如下：

（1）编写 launch 文件，集成 SLAM 与 move_base 相关节点。

（2）执行 launch 文件并测试。

1. 编写 launch 文件

当前 launch 文件（名称自定义，例如 auto_slam.launch）实现无须调用 map_server 的相关节点，只需要启动 SLAM 节点与 move_base 节点，示例如下：

```
<launch>
    <!-- 启动 SLAM 节点 -->
    <include file="$(find nav)/launch/gmapping.launch" />
    <!-- 运行 move_base 节点 -->
    <include file="$(find nav)/launch/move_base.launch" />
</launch>
```

2. 测试

测试步骤如下：

（1）执行相关 launch 文件，启动机器人并加载机器人模型：

```
roslaunch mycar_start start.launch
```

（2）执行当前 launch 文件：

```
roslaunch nav auto_slam.launch
```

（3）在 RViz 中通过 2D Nav Goal 设置目标点，机器人开始自主移动并建图。

（4）使用 map_server 保存地图。

◆ 9.4　本 章 小 结

本章介绍了实体机器人导航,主要内容如下:

- 仿真环境与真实环境下的区别。
- VSCode 远程开发环境的搭建。
- 实体机器人的导航实现。

整体而言,将仿真环境下的导航功能迁移到实体机器人上并不复杂,不过在实际迁移时需要调整与导航相关的一些参数。

ROS 进 阶

在第 2 章介绍了 ROS 的核心实现——通信机制,包括话题通信、服务通信和参数服务器。三者结合可以满足 ROS 中的大多数与数据传输相关的应用场景,但是在一些特定场景下就会显得力不从心了。本章主要介绍上述通信机制存在的问题以及对应的完善策略,主要内容如下:

- action 通信。
- 动态配置参数。
- pluginlib。
- nodelet。

本章预期达成的学习目标如下:

- 了解服务通信应用的局限性(action 的应用场景),熟练掌握 action 的理论模型与实现流程。
- 了解参数服务器应用的局限性(动态配置参数的应用场景),熟练掌握动态配置参数的实现流程。
- 了解插件的概念以及使用流程。
- 了解 nodelet 的应用场景以及使用流程。

◆ 10.1 action 通信

关于 action 通信,先从前面导航中的应用场景开始介绍,描述如下:

机器人导航到某个目标点,此过程需要一个节点(用 A 表示发布目标信息,然后另一个节点 B 表示)接收到请求并控制移动,最终响应目标达成状态信息。

乍一看,这好像是服务通信实现,因为场景中要 A 发送目标,B 执行并返回结果,这是一个典型的基于请求响应的应答模式。不过,如果只使用基本的服务通信实现,就存在一个问题:导航是一个过程,是耗时操作,如果使用服务通信,那么只在导航结束时才会产生响应结果,而在导航过程中,节点 A 是不会获取任何反馈的,从而可能出现程序假死的现象,过程的不可控意味着不良的用户体验以及逻辑处理的缺陷(例如导航中止的需求无法实现)。

更合理的方案应该是:在导航过程中,可以连续反馈机器人当前的状态信息;当导航终止时,再返回最终的执行结果。在 ROS 中,该实现策略称为 action 通信。

　　在 ROS 中提供了 actionlib 功能包集,用于实现 action 通信。action 是一种类似于服务通信的实现,其实现模型也包含请求和响应。但是,它与服务通信不同的是,在请求与响应的过程中,服务器端还可以连续反馈当前任务进度,客户端可以接受连续反馈并且还可以取消任务。

　　action 的结构如图 10-1 所示。

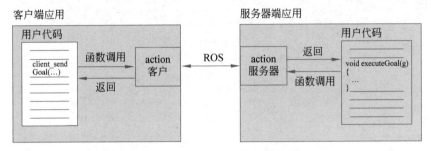

图 10-1　action 的结构

action 通信接口如图 10-2 所示。

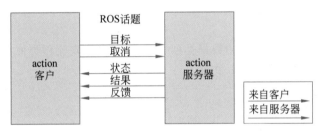

图 10-2　action 通信接口

在图 10-2 中:
- 目标(goal)指目标任务。
- 取消(cancel)指取消任务。
- 状态(status)指服务器端状态。
- 结果(result)指最终执行结果(只会发布一次)。
- 反馈(feedback)指连续反馈(可以发布多次)。

action 通信一般适用于耗时的请求响应场景,用于获取连续的状态反馈。

下面给出案例。

　　创建两个 ROS 节点,分别为服务器端和客户端,客户端可以向服务器端发送目标数据 N(一个整型数据),服务器端会计算 1 和 N 之间所有整数的和,这是一个循环累加的过程,将结果返回给客户端,这是基于请求响应模式的。又已知服务器端从接收到请求直到产生响应是一个耗时的操作,每累加一次耗时 0.1s,为了良好的用户体验,需要服务器端在计算过程中每累加一次就向客户端响应一次百分比形式的执行进度,如图 10-3 所示。使用 action 实现这个需求。

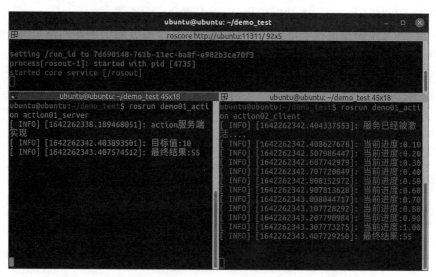

图 10-3   action 通信过程示例

10.1.1　自定义 action 文件

action、srv、msg 文件内的可用数据类型一致,且三者实现流程类似:

(1) 按照固定格式创建 action 文件。

(2) 编辑配置文件。

(3) 编译生成中间文件。

1. 定义 action 文件

首先新建功能包,并导入依赖:

```
roscpp rospy std_msgs actionlib actionlib_msgs
```

然后在功能包下新建 action 目录,新增 Xxx.action 文件(例如 AddInts.action)。action 文件的内容分为 3 部分:请求目标值、最终响应结果和连续反馈,三者之间使用"---"分隔。示例内容如下:

```
#目标值
int32 num
---
#最终结果
int32 result
---
#连续反馈
float64 progress_bar
```

2. 编辑配置文件

配置文件 CMakeLists.txt 内容如下:

```
find_package
(catkin REQUIRED COMPONENTS
```

```
    roscpp
    rospy
    std_msgs
    actionlib
    actionlib_msgs
)
add_action_files(
    FILES
    AddInts.action
)
generate_messages(
    DEPENDENCIES
    std_msgs
    actionlib_msgs
)
catkin_package(
#   INCLUDE_DIRS include
#   LIBRARIES demo04_action
CATKIN_DEPENDS roscpp rospy std_msgs actionlib actionlib_msgs
#   DEPENDS system_lib
)
```

3. 编译

编译后会生成一些中间文件。

（1）msg 文件（home/Ubuntu/DEMO_TEST/devel/share/demo01_action/msg/xxx. msg），如图 10-4 所示。

（2）C++ 调用的文件（home/Ubuntu/DEMO_TEST/devel/include/demo01_action/ xxx.h），如图 10-5 所示。

图 10-4　msg 文件

图 10-5　C++ 调用的文件

（3）Python 调用的文件（home/Ubuntu/DEMO_TEST /devel/lib/python3/dist-packages/ demo01_action /msg/xxx.py），如图 10-6 所示。

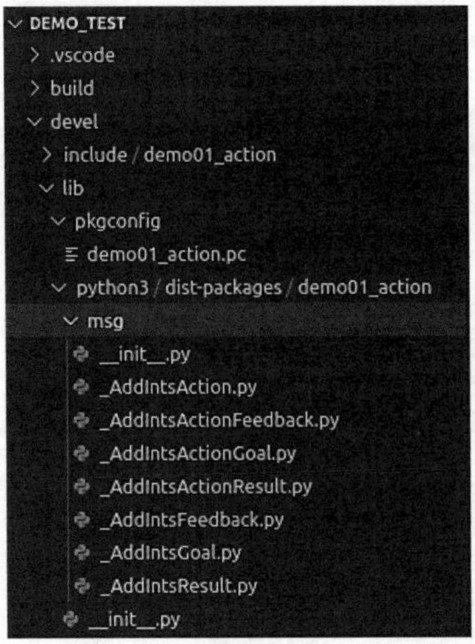

图 10-6　Python 调用的文件

10.1.2　自定义 action 文件调用（C++）

需求如下：

创建两个 ROS 节点，分别作为服务器端和客户端，客户端可以向服务器端发送目标数据 N（一个整型数据），服务器端会计算 1 和 N 之间所有整数的和，这是一个循环累加的过程，并将结果返回客户端，这是基于请求响应模式的。又已知服务器端从接收到请求直到产生响应是一个耗时的操作，每累加一次耗时 0.1s，为了良好的用户体验，需要服务器端在计算过程中每累加一次就向客户端响应一次百分比形式的执行进度。使用 action 实现这个需求。

流程如下：

（1）编写 action 服务器端实现。

（2）编写 action 客户端实现。

（3）编辑 CMakeLists.txt。

（4）编译并执行。

在实现 action 文件调用之前，首先要进行 VSCode 配置。

需要像前面自定义 msg 实现一样配置 c_cpp_properies.json 文件。如果以前已经进行了配置且没有变更工作空间，可以忽略这一步；如果需要配置，配置方式与前面相同：

```
{
    "configurations": [
        {
            "browse": {
                "databaseFilename": "",
                "limitSymbolsToIncludedHeaders": true
            },
            "includePath": [
                "/opt/ros/noetic/include/**",
```

```
                "/usr/include/**",
                 "/home/Ubuntu/demo_test/devel/include/**" //配置 head 文件的路径
            ],
            "name": "ROS",
            "intelliSenseMode": "gcc-x64",
            "compilerPath": "/usr/bin/gcc",
            "cStandard": "c11",
            "cppStandard": "c++17"
        }
    ],
    "version": 4
}
```

1. 服务器端

需求如下:

创建两个 ROS 节点,分别作为服务器端和客户端,客户端可以向服务器端发送目标数据 N(一个整型数据),服务器端会计算 1 和 N 之间所有整数的和,这是一个循环累加的过程,并将结果返回给客户端,这是基于请求响应模式的。又已知服务器端从接收到请求直到产生响应是一个耗时的操作,每累加一次耗时 0.1s,为了良好的用户体验,需要服务器端在计算过程中每累加一次就向客户端响应一次百分比形式的执行进度。使用 action 实现这个需求。

流程如下:

(1) 包含头文件。

(2) 初始化 ROS 节点。

(3) 创建 NodeHandle。

(4) 创建 action 服务对象。

(5) 处理请求,产生反馈与响应。

(6) 回旋。

服务器端实现代码如下:

```
#include "ros/ros.h"
#include "actionlib/server/simple_action_server.h"
#include "demo01_action/AddIntsAction.h"
typedef actionlib::SimpleActionServer<demo01_action::AddIntsAction> Server;
void cb(const demo01_action::AddIntsGoalConstPtr &goal,Server * server)
{
    //获取目标值
    int num = goal->num;
    ROS_INFO("目标值:%d",num);
    //累加并响应连续反馈
    int result = 0;
    demo01_action::AddIntsFeedback feedback;//连续反馈
    ros::Rate rate(10);                     //通过频率设置休眠时间
    for (int i = 1; i <= num; i++)
    {
        result += i;
        //组织连续数据并发布
```

```
        feedback.progress_bar = i / (double)num;
        server->publishFeedback(feedback);
        rate.sleep();
    }
    //设置最终结果
    demo01_action::AddIntsResult r;
    r.result = result;
    server->setSucceeded(r);
    ROS_INFO("最终结果:%d",r.result);
}
int main(int argc, char * argv[])
{
    setlocale(LC_ALL,"");
    ROS_INFO("action 服务器端实现");
    //2.初始化 ROS 节点
    ros::init(argc,argv,"AddInts_server");
    //3.创建 NodeHandle
    ros::NodeHandle nh;
    //4.创建 action 服务对象
    /* SimpleActionServer(ros::NodeHandle n,
                          std::string name,
                          boost::function<void (const demo01_action::
                          AddIntsGoalConstPtr &)> execute_callback, bool auto_
                          start)
     * /
    //actionlib::SimpleActionServer<demo01_action::AddIntsAction> server(...);
    Server server(nh,"addInts",boost::bind(&cb,_1,&server),false);
    server.start();
    //5.处理请求,产生反馈与响应
    //6.回旋
    ros::spin();
    return 0;
}
```

提示:可以先配置 CMakeLists.txt 文件并启动上述 action 服务器端,然后通过 rostopic 查看话题,向 action 相关话题发送消息,或订阅 action 相关话题的消息。

2. 客户端

需求如下:

创建两个 ROS 节点,分别作为服务器端和客户端,客户端可以向服务器端发送目标数据 N(一个整型数据),服务器端会计算 1 和 N 之间所有整数的和,这是一个循环累加的过程,并将结果返回给客户端,这是基于请求响应模式的。又已知服务器端从接收到请求直到产生响应是一个耗时的操作,每累加一次耗时 0.1s,为了良好的用户体验,需要服务器端在计算过程中每累加一次就向客户端响应一次百分比形式的执行进度。使用 action 实现这个需求。

流程如下:

(1) 包含头文件。

(2) 初始化 ROS 节点。

(3) 创建 NodeHandle。

(4) 创建 action 客户端对象。

（5）发送目标，处理反馈以及最终结果。

（6）回旋。

客户端实现代码如下：

```cpp
//1.包含头文件
#include "ros/ros.h"
#include "actionlib/client/simple_action_client.h"
#include "demo01_action/AddIntsAction.h"
typedef actionlib::SimpleActionClient<demo01_action::AddIntsAction> Client;
//处理最终结果
void done_cb(const actionlib::SimpleClientGoalState &state, const demo01_action::AddIntsResultConstPtr &result)
{
    if (state.state_ == state.SUCCEEDED)
    {
        ROS_INFO("最终结果:%d",result->result);
    } else {
        ROS_INFO("任务失败!");
    }
}
//服务已经激活
void active_cb(){
    ROS_INFO("服务已经被激活...");
}
//处理连续反馈
void feedback_cb(const demo01_action::AddIntsFeedbackConstPtr &feedback)
{
    ROS_INFO("当前进度:%.2f",feedback->progress_bar);
}
int main(int argc, char * argv[])
{
    setlocale(LC_ALL,"");
    //2.初始化 ROS 节点
    ros::init(argc,argv,"AddInts_client");
    //3.创建 NodeHandle
    ros::NodeHandle nh;
    //4.创建 action 客户端对象
    // * SimpleActionClient(ros::NodeHandle & n, const std::string & name, bool
spin_thread = true)
    * /
    /* actionlib::SimpleActionClient < demo01_action::AddIntsAction > client
(nh,"addInts");
    * /
    Client client(nh,"addInts",true);
    //等待服务启动
    client.waitForServer();
    //5.发送目标,处理反馈以及最终结果
    /*
        void sendGoal(const demo01_action::AddIntsGoal &goal,
            boost::function <void (const actionlib::SimpleClientGoalState
                            &state, const demo01_action::AddIntsResultConstPtr
                            &result)> done_cb,
```

```
        boost::function<void ()> active_cb,
        boost::function<void (const demo01_action::AddIntsFeedbackConstPtr
                              &feedback)> feedback_cb)
    */
    demo01_action::AddIntsGoal goal;
    goal.num = 10;
    client.sendGoal(goal,&done_cb,&active_cb,&feedback_cb);
    //6.回旋
    ros::spin();
    return 0;
}
```

提示：等待服务启动,只可以使用 client.waitForServer()。前面的服务中等待启动的
另一种方式 ros::service::waitForService("addInts")不适用。

3. 编译配置文件

```
add_executable(action01_server src/action01_server.cpp)
add_executable(action02_client src/action02_client.cpp)
...
add_dependencies(action01_server ${${PROJECT_NAME}_EXPORTED_TARGETS} ${catkin_
EXPORTED_TARGETS})
add_dependencies(action02_client ${${PROJECT_NAME}_EXPORTED_TARGETS} ${catkin_
EXPORTED_TARGETS})
...
target_link_libraries(action01_server
  ${catkin_LIBRARIES}
)
target_link_libraries(action02_client
  ${catkin_LIBRARIES}
)
```

4. 执行

首先启动 roscore,然后分别启动 action 服务器端与 action 客户端,最终运行结果与案
例类似。

10.1.3　自定义 action 文件调用(Python)

需求如下:

创建两个 ROS 节点,分别作为服务器端和客户端,客户端可以向服务器端发送目标数据
N(一个整型数据),服务器端会计算 1 和 N 之间所有整数的和,这是一个循环累加的过程,并
将结果返回客户端,这是基于请求响应模式的。又已知服务器端从接收到请求直到产生响应
是一个耗时的操作,每累加一次耗时 0.1s,为了良好的用户体验,需要服务器端在计算过程中
每累加一次就向客户端响应一次百分比形式的执行进度。使用 action 实现这个需求。

流程如下:

(1) 编写 action 服务器端实现。

(2) 编写 action 客户端实现。

(3) 编辑 CMakeLists.txt。

(4) 编译并执行。

在实现自定义 action 文件调用之前,首先要进行 VSCode 配置。

需要像前面自定义 msg 实现一样配置 settings.json 文件。如果以前已经进行了配置且没有变更工作空间,可以忽略这一步;如果需要配置,配置方式与前面相同:

```json
{
    "python.autoComplete.extraPaths": [
        "/opt/ros/noetic/lib/python3/dist-packages",
        "/home/Ubuntu/demo_test/devel/lib/python3/dist-packages"
    ]
}
```

1. 服务器端

需求如下:

创建两个 ROS 节点,分别作为服务器端和客户端,客户端可以向服务器端发送目标数据 N(一个整型数据),服务器端会计算 1 和 N 之间所有整数的和,这是一个循环累加的过程,并将结果返回给客户端,这是基于请求响应模式的。又已知服务器端从接收到请求直到产生响应是一个耗时的操作,每累加一次耗时 0.1s,为了良好的用户体验,需要服务器端在计算过程中每累加一次就向客户端响应一次百分比形式的执行进度。使用 action 实现这个需求。

流程如下:

(1) 导入功能包。

(2) 初始化 ROS 节点。

(3) 使用类封装,然后创建对象。

(4) 创建服务器对象。

(5) 处理请求数据产生响应结果,中间还要连续反馈。

(6) 回旋。

服务器端实现代码如下:

```python
#! /usr/bin/env python
import rospy
import actionlib
from demo01_action.msg import *
class MyActionServer:
    def __init__(self):
        #SimpleActionServer(name, ActionSpec, execute_cb=None,
                            auto_start=True)
        self.server = actionlib.SimpleActionServer
                    ("addInts",AddIntsAction,self.cb,False)
        self.server.start()
        rospy.loginfo("服务器端启动")
    def cb(self,goal):
        rospy.loginfo("服务器端处理请求:")
        #1.解析目标值
        num = goal.num
        #2.循环累加,连续反馈
        rate = rospy.Rate(10)
        sum = 0
        for i in range(1,num + 1):
            # 累加
```

```
            sum = sum + i
            # 计算进度并连续反馈
            feedBack = i / num
            rospy.loginfo("当前进度:%.2f",feedBack)

            feedBack_obj = AddIntsFeedback()
            feedBack_obj.progress_bar = feedBack
            self.server.publish_feedback(feedBack_obj)
            rate.sleep()
        #3.响应最终结果
        result = AddIntsResult()
        result.result = sum
        self.server.set_succeeded(result)
        rospy.loginfo("响应结果:%d",sum)
if __name__ == "__main__":
    rospy.init_node("action_server_p")
    server = MyActionServer()
    rospy.spin()
```

提示：可以先配置 CMakeLists. txt 文件并启动上述 action 服务器端，然后通过 rostopic 查看话题，向 action 相关话题发送消息，或订阅 action 相关话题的消息。

2. 客户端

需求如下：

创建两个 ROS 节点，分别作为服务器端和客户端，客户端可以向服务器端发送目标数据 N（一个整型数据），服务器端会计算 1 和 N 之间所有整数的和，这是一个循环累加的过程，并将结果返回给客户端，这是基于请求响应模式的。又已知服务器端从接收到请求直到产生响应是一个耗时的操作，每累加一次耗时 0.1s，为了良好的用户体验，需要服务器端在计算过程中每累加一次就向客户端响应一次百分比形式的执行进度。使用 action 实现这个需求。

流程如下：

（1）导入功能包。

（2）初始化 ROS 节点。

（3）创建 action 客户端对象。

（4）等待服务。

（5）组织目标对象并发送。

（6）编写回调、激活、连续反馈、最终响应代码。

（7）回旋。

客户端代码如下：

```
# 1.导入功能包
#! /usr/bin/env python
import rospy
import actionlib
from demo01_action.msg import *
def done_cb(state,result):
    if state == actionlib.GoalStatus.SUCCEEDED:
        rospy.loginfo("响应结果:%d",result.result)
def active_cb():
```

```
    rospy.loginfo("服务被激活...")
def fb_cb(fb):
    rospy.loginfo("当前进度:%.2f",fb.progress_bar)
if __name__ == "__main__":
    # 2.初始化 ROS 节点
    rospy.init_node("action_client_p")
    # 3.创建 action 客户端对象
    client = actionlib.SimpleActionClient("addInts",AddIntsAction)
    # 4.等待服务
    client.wait_for_server()
    # 5.组织目标对象并发送
    goal_obj = AddIntsGoal()
    goal_obj.num = 10
    client.send_goal(goal_obj,done_cb,active_cb,fb_cb)
    # 6.编写回调、激活、连续反馈、最终响应代码
    # 7.回旋
    rospy.spin()
```

3. 编辑配置文件

先为 Python 文件添加可执行权限：

```
chmod +x *.py
```

在配置文件中加入以下内容：

```
catkin_install_python(PROGRAMS
  scripts/action01_server_p.py
  scripts/action02_client_p.py
  DESTINATION ${CATKIN_PACKAGE_BIN_DESTINATION}
)
```

4. 执行

首先启动 roscore，然后分别启动 action 服务器端与 action 客户端，最终运行结果与案例类似。

◆ 10.2　动态配置参数

参数服务器的数据被修改时，如果节点不重新访问参数服务器，那么就不能获取修改后的数据。例如，在乌龟背景色修改的案例中，先启动乌龟显示节点，然后再修改参数服务器中关于背景色设置的参数，那么窗体的背景色是不会变的，必须重启乌龟显示节点才能生效。而在一些特殊场景下，需要做到动态获取，换言之，参数一旦修改，就能够通知节点参数已经修改，使节点能立即读取修改后的数据。例如，在调试机器人时，需要修改机器人轮廓信息（长、宽、高）以及传感器位姿信息等。如果这些信息存储在参数服务器中，那么就意味着需要重启节点，才能使更新的设置生效。而实际的需求是修改完毕之后某些节点能够即时更新这些参数信息。

在 ROS 中针对这种场景已经给出的解决方案——动态配置参数。

动态配置参数之所以能够实现即时更新，正是由于被设计成 C/S 架构，客户端修改参数就是向服务器端发送请求，服务器端接收到请求之后，读取修改后的参数。

动态配置参数是一种可以在运行时更新参数而无须重启节点的参数配置策略。

动态配置参数主要应用于需要动态更新参数的场景,例如参数调试、功能切换等。其典型应用是导航时参数的动态调试。

下面给出案例。

编写两个节点,一个节点可以动态修改参数,另一个节点可以实时解析修改后的数据,如图 10-7 所示。

图 10-7　动态配置参数

10.2.1　动态配置参数客户端

需求如下:

编写两个节点,一个节点可以动态修改参数,另一个节点实时解析修改后的数据。

客户端实现流程如下:

(1) 新建并编辑 cfg 文件。

(2) 编辑 CMakeLists.txt。

(3) 编译并执行。

1. 新建功能包

新建功能包,添加依赖:

```
roscpp rospy std_msgs dynamic_reconfigure
```

2. 添加 cfg 文件

新建 cfg 目录,添加 mycar.cfg 文件(并添加可执行权限),cfg 文件其实就是一个 Python 文件,用于生成参数修改的客户端。文件内容如下:

```
#! /usr/bin/env python
# 1.导入功能包
from dynamic_reconfigure.parameter_generator_catkin import *
PACKAGE = "demo02_dr"
# 2.创建生成器
gen = ParameterGenerator()
```

```
# 3.向生成器添加若干参数
#add(name, paramtype, level, description, default=None, min=None, max=None,
edit_method="")
gen.add("int_param",int_t,0,"整型参数",50,0,100)
gen.add("double_param",double_t,0,"浮点参数",1.57,0,3.14)
gen.add("string_param",str_t,0,"字符串参数","hello world ")
gen.add("bool_param",bool_t,0,"bool 参数",True)
many_enum = gen.enum([gen.const("small",int_t,0,"a small size"),
                      gen.const("mediun",int_t,1,"a medium size"),
                      gen.const("big",int_t,2,"a big size")
                      ],"a car size set")
gen.add("list_param",int_t,0,"列表参数",0,0,2, edit_method=many_enum)
# 4.生成中间文件并退出
exit(gen.generate(PACKAGE,"dr_node","dr"))
```

执行 chmod ＋x mycar.cfg 添加权限。

3. 配置 CMakeLists.txt

```
generate_dynamic_reconfigure_options(
  cfg/mycar.cfg
)
```

4. 编译

编译后会生成中间文件。

（1）C++ 需要调用的头文件，如图 10-8 所示。

（2）Python 需要调用的头文件，如图 10-9 所示。

图 10-8　C++ 需要调用的头文件

图 10-9　Python 需要调用的头文件

10.2.2　动态配置参数服务器端（C++）

需求如下：

编写两个节点，一个节点可以动态修改参数，另一个节点可以实时解析修改后的数据。

服务器端实现流程如下：

（1）新建并编辑 C++ 文件。

（2）编辑 CMakeLists.txt。

（3）编译并执行。

在实现动态配置参数服务器端之前，首先要进行 VSCode 配置。

需要像前面自定义 msg 实现一样配置 settings.json 文件。如果以前已经进行了配置且没有变更工作空间，可以忽略这一步；如果需要配置，配置方式与前面相同：

```json
{
    "configurations": [
        {
            "browse": {
                "databaseFilename": "",
                "limitSymbolsToIncludedHeaders": true
            },
            "includePath": [
                "/opt/ros/noetic/include/**",
                "/usr/include/**",
                "/home/Ubuntu/demo_test/devel/include/**" //配置 head 文件的路径
            ],
            "name": "ROS",
            "intelliSenseMode": "gcc-x64",
            "compilerPath": "/usr/bin/gcc",
            "cStandard": "c11",
            "cppStandard": "c++17"
        }
    ],
    "version": 4
}
```

1. 服务器端代码实现

新建 cpp 文件，实现动态配置参数服务器端。

实现流程如下：

（1）包含头文件。

（2）初始化 ROS 节点。

（3）创建服务器对象。

（4）创建回调对象（使用回调函数，打印输出修改后的参数）。

（5）服务器对象调用回调对象。

（6）回旋。

服务器端代码如下：

```cpp
//1.包含头文件
#include "ros/ros.h"
#include "dynamic_reconfigure/server.h"
#include "demo02_dr/drConfig.h"
void cb(demo02_dr::drConfig& config, uint32_t level){
```

```
    ROS_INFO("动态配置参数解析数据:%d,%.2f,%d,%s,%d",
            config.int_param,
            config.double_param,
            config.bool_param,
            config.string_param.c_str(),
            config.list_param
    );
}
int main(int argc, char * argv[])
{
    setlocale(LC_ALL,"");
    //2.初始化 ROS 节点
    ros::init(argc,argv,"dr");
    //3.创建服务器对象
    dynamic_reconfigure::Server<demo02_dr::drConfig> server;
    //4.创建回调对象(使用回调函数,打印输出修改后的参数)
    dynamic_reconfigure::Server<demo02_dr::drConfig>::CallbackType cbType;
    cbType = boost::bind(&cb,_1,_2);
    //5.服务器对象调用回调对象
    server.setCallback(cbType);
    //6.回旋
    ros::spin();
    return 0;
}
```

2. 编译配置文件

```
add_executable(demo01_dr_server src/demo01_dr_server.cpp)
...
add_dependencies(demo01_dr_server ${${PROJECT_NAME}_EXPORTED_TARGETS} ${catkin_
EXPORTED_TARGETS})
...
target_link_libraries(demo01_dr_server
${catkin_LIBRARIES}
)
```

3. 执行

先启动 roscore。

启动服务器端:

```
rosrun demo02_dr demo01_dr_server
```

启动客户端:

```
rosrun rqt_gui rqt_gui -s rqt_reconfigure
```

或

```
rosrun rqt_reconfigure rqt_reconfigure
```

最终可以通过客户端提供的界面修改数据,并且修改完毕后,服务器端会即时输出修改后的结果,最终运行结果与示例类似。

提示:ROS 版本较新时,可能没有提供与客户端相关的功能包,导致 rosrun rqt_

reconfigure rqt_reconfigure 调用时会抛出异常。

10.2.3　动态配置参数服务器端(Python)

需求如下：

编写两个节点，一个节点可以动态修改参数，另一个节点可以实时解析修改后的数据。

服务器端实现流程如下：

(1) 新建并编辑 Python 文件。

(2) 编辑 CMakeLists.txt。

(3) 编译并执行。

在实现动态配置参数服务器端之前，首先要进行 VSCode 配置。

需要像前面自定义 msg 实现一样配置 settings.json 文件。如果以前已经进行了配置且没有变更工作空间，可以忽略这一步；如果需要配置，配置方式与前面相同：

```
{
    "python.autoComplete.extraPaths": [
        "/opt/ros/noetic/lib/python3/dist-packages",
        "/home/Ubuntu/demo_test/devel/lib/python3/dist-packages"
    ]
}
```

1. 服务器端代码实现

新建 Python 文件，实现动态配置参数服务器端，实现流程如下：

(1) 导入功能包。

(2) 初始化 ROS 节点。

(3) 创建服务器对象。

(4) 回调函数处理。

(5) 回旋。

代码如下：

```
# 1.导入功能包
#! /usr/bin/env python
import rospy
from dynamic_reconfigure.server import Server
from demo02_dr.cfg import drConfig
# 回调函数
def cb(config,level):
    rospy.loginfo("python 动态配置参数服务解析:%d,%.2f,%d,%s,%d",
            config.int_param,
            config.double_param,
            config.bool_param,
            config.string_param,
            config.list_param
    )
    return config
if __name__ == "__main__":
    # 2.初始化 ROS 节点
    rospy.init_node("dr_p")
```

```
# 3.创建服务器对象
server = Server(drConfig,cb)
# 4.回调函数处理
# 5.回旋
rospy.spin()
```

2. 编辑配置文件

先为 Python 文件添加可执行权限：

```
chmod +x * .py
```

在配置文件中加入以下内容：

```
catkin_install_python(PROGRAMS
  scripts/demo01_dr_server_p.py
  DESTINATION ${CATKIN_PACKAGE_BIN_DESTINATION}
)
```

3. 执行

先启动 roscore。

启动服务器端：

```
rosrun demo02_dr demo01_dr_server_p.py
```

启动客户端：

```
rosrun rqt_gui rqt_gui -s rqt_reconfigure
```

或

```
rosrun rqt_reconfigure rqt_reconfigure
```

最终可以通过客户端提供的界面修改数据，并且修改完毕后，服务器端会即时输出修改后的结果，最终运行结果与示例类似。

提示：ROS 版本较新时，可能没有提供与客户端相关的功能包，导致 rosrun rqt_reconfigure rqt_reconfigure 调用时会抛出异常。

 ## 10.3　pluginlib

pluginlib 直译是插件库。所谓插件，字面意思就是可插拔的组件。以计算机为例，可以通过 USB 接口自由插拔的键盘、鼠标、U 盘等都可以看作插件，其基本原理就是通过规范化的 USB 接口协议实现计算机与 USB 设备的自由组合。同理，在软件编程中，插件是遵循一定规范、利用应用程序接口编写的程序，插件程序依赖于某个应用程序，且应用程序可以与不同的插件程序自由组合。在 ROS 中也会经常使用插件，场景如下：

（1）导航插件。导航中涉及的路径规划算法的种类很多，例如 A * 、Dijkstra、广度优先、RRT 和 PRM，或者开发者根据实际情况自己编写的算法。在导航的应用里，可以将算法模块化，并且通过插件的方式实现不同算法的灵活切换，从而达到快速测试不同算法的优缺点的目的。

(2) RViz 插件。RViz 中已经提供了丰富的功能实现。但是，即便如此，在特定场景下，开发者可能仍然需要实现某些定制化功能并将其集成到 RViz 中，这一集成过程也是基于插件实现的。

pluginlib 是一个 C++ 库，用来从一个 ROS 功能包中加载和卸载插件。插件是指从运行时库中动态加载的类。使用 pluginlib，不必将某个应用程序显式地链接到包含某个类的库，pluginlib 可以随时打开包含类的库，而不需要应用程序事先知道包含类定义的库或者头文件。

pluginlib 有以下特点：

- 结构清晰。
- 低耦合，易修改，可维护性强。
- 可移植性强，更具复用性。
- 结构容易调整，插件可以自由增减。

下面介绍 pluginlib 的使用。

需求：以插件的方式实现正多边形的相关计算。

实现流程如下：

(1) 准备。

(2) 创建基类。

(3) 创建插件类。

(4) 注册插件。

(5) 构建插件库。

(6) 使插件可用于 ROS 工具链。

- 配置 xml 文件。
- 导出插件。

(7) 使用插件。

(8) 执行。

1. 准备

创建功能包 demo03_plugin，导入依赖：

```
roscpp pluginlib
```

在 VScode 中需要配置 .vscode/c_cpp_properties.json 文件中关于 includepath 选项的设置。

```
{
    "configurations": [
        {
            "browse": {
                "databaseFilename": "",
                "limitSymbolsToIncludedHeaders": true
            },
            "includePath": [
```

```
            "/opt/ros/noetic/include/**",
            "/usr/include/**",
            "/home/Ubuntu/demo_test/src/demo03_plugin/include/**"
                                            //配置 head 文件的路径
        ],
        "name": "ROS",
        "intelliSenseMode": "gcc-x64",
        "compilerPath": "/usr/bin/gcc",
        "cStandard": "c11",
        "cppStandard": "c++17"
    }
  ],
  "version": 4
}
```

2. 创建基类

在 demo03_plugin/include/demo03_plugin 下新建 C++ 头文件 polygon_base.h,所有的插件类都需要继承这个基类,内容如下:

```
#ifndef POLYGON_BASE_H_
#define POLYGON_BASE_H_
namespace polygon_base
{
  class RegularPolygon
  {
  public:
      virtual void initialize(double side_length) = 0;
      virtual double area() = 0;
      virtual ~RegularPolygon(){}
  protected:
      RegularPolygon(){}
  };
};
#endif
```

提示:基类必须提供无参构造函数,所以多边形的边长没有通过构造函数传递,而是通过单独编写的 initialize()函数传递。

3. 创建插件类

在 demo03_plugin/include/demo03_plugin 下新建 C++ 头文件 polygon_plugins.h,内容如下:

```
#ifndef POLYGON_PLUGINS_H_
#define POLYGON_PLUGINS_H_
#include <demo03_plugin/polygon_base.h>
#include <cmath>
namespace polygon_plugins
{
  class Triangle : public polygon_base::RegularPolygon
  {
```

```
  public:
     Triangle(){}
     void initialize(double side_length)
     {
       side_length_ = side_length;
     }
     double area()
     {
       return 0.5 * side_length_ * getHeight();
     }
     double getHeight()
     {
       return sqrt((side_length_ * side_length_) - ((side_length_ / 2) * (side_
length_ / 2)));
     }
  private:
     double side_length_;
  };
  class Square : public polygon_base::RegularPolygon
  {
  public:
     Square(){}
     void initialize(double side_length)
     {
       side_length_ = side_length;
     }
     double area()
     {
       return side_length_ * side_length_;
     }
  private:
     double side_length_;
  };
};
#endif
```

该文件中创建了正方形与三角形两个衍生类继承基类。

4. 注册插件

在 src 目录下新建 polygon_plugins.cpp 文件,内容如下:

```
//pluginlib 宏,可以注册插件类
#include <pluginlib/class_list_macros.h>
#include <xxx/polygon_base.h>
#include <xxx/polygon_plugins.h>
//参数 1 是衍生类,参数 2 是基类
PLUGINLIB_EXPORT_CLASS(polygon_plugins::Triangle, polygon_base::
RegularPolygon)
PLUGINLIB_EXPORT_CLASS(polygon_plugins::Square, polygon_base::RegularPolygon)
```

该文件会将两个衍生类注册为插件。

5. 构建插件库

在 CmakeLists.txt 文件中设置的内容如下:

```
include_directories(include ${catkin_INCLUDE_DIRS})
add_library(polygon_plugins src/polygon_plugins.cpp)
```

至此,可以调用 catkin_make 编译。编译完成后,在工作空间/devel/lib 目录下会生成相关的 so 文件。

6. 使插件可用于 ROS 工具链

首先配置 xml 文件。在功能包下新建文件 polygon_plugins.xml,内容如下:

```
<!--插件库的相对路径-->
<library path="lib/libpolygon_plugins">
  <!--type="插件类" base_class_type="基类"-->
  <class type="polygon_plugins::Triangle" base_class_type="polygon_base::
RegularPolygon">
    <!--描述信息-->
    <description>This is a triangle plugin.</description>
  </class>
  < class type="polygon_plugins::Square" base_class_type="polygon_base::
RegularPolygon">
    <description>This is a square plugin.</description>
  </class>
</library>
```

然后导出插件。package.xml 文件中设置的内容如下:

```
<export>
  <demo03_plugin plugin="${prefix}/polygon_plugins.xml" />
</export>
```

标签< demo03_plugin/>的名称应与基类所属的功能包名称一致,plugin 属性值为上一步中创建的 xml 文件。编译后,可以调用 rospack plugins-attrib＝plugin demo03_plugin 命令查看配置是否正常,如无异常,会返回 xml 文件的完整路径,这意味着插件已经正确地集成到 ROS 工具链中了。

7. 使用插件

在 src 目录下新建 C++ 文件 polygon_loader.cpp,内容如下:

```
//类加载器相关的头文件
#include <pluginlib/class_loader.h>
#include <demo03_plugin/polygon_base.h>
int main(int argc, char** argv)
{
  //类加载器,参数1是基类功能包名称,参数2是基类全限定名称
  pluginlib::ClassLoader<polygon_base::RegularPolygon> poly_loader("demo03_
plugin", "polygon_base::RegularPolygon");
  try
  {
    //创建插件类实例,参数是插件类全限定名称
    boost::shared_ptr<polygon_base::RegularPolygon> triangle = poly_loader.
createInstance("polygon_plugins::Triangle");
    triangle->initialize(10.0);
    boost::shared_ptr< polygon_base::RegularPolygon> square = poly_loader.
createInstance("polygon_plugins::Square");
```

```
    square->initialize(10.0);
    ROS_INFO("Triangle area: %.2f", triangle->area());
    ROS_INFO("Square area: %.2f", square->area());
  }
  catch(pluginlib::PluginlibException& ex)
  {
    ROS_ERROR("The plugin failed to load for some reason. Error: %s", ex.what());
  }
  return 0;
}
```

8. 执行

修改 CmakeLists.txt 文件,内容如下:

```
add_executable(polygon_loader src/polygon_loader.cpp)
target_link_libraries(polygon_loader ${catkin_LIBRARIES})
```

编译并执行 polygon_loader,结果如下:

```
[INFO] [WallTime: 1279658450.869089666]: Triangle area: 43.30
[INFO] [WallTime: 1279658450.869138007]: Square area: 100.00
```

◆ 10.4 nodelet

ROS 通信基于节点。节点使用方便、易于扩展,可以满足 ROS 中大多数应用场景,但是也存在一些局限性。由于一个节点启动之后独占一个进程,不同节点之间的数据交互其实是不同进程之间的数据交互,并且当传输类似于图片、点云等大容量数据时会出现延时与阻塞的情况。例如:

现在需要编写一个相机驱动,在该驱动中要实现两个节点:节点 A 负责发布原始图像数据,节点 B 订阅原始图像数据并在图像上标注人脸。如果节点 A 与节点 B 仍按照前面的实现,两个节点分别对应不同的进程,在两个进程之间传递大容量图像数据时,可能就会出现延时的情况。那么,该如何优化呢?

ROS 中给出的解决方案是 nodelet,通过 nodelet 可以将多个节点集成到一个进程中。

nodelet 软件包旨在提供在同一进程中运行多个算法(节点)的方式,不同算法之间通过传递指向数据的指针以代替数据本身的传输(类似于编程值传递与地址传递的区别),从而实现零成本的数据复制。

nodelet 功能包的核心实现也是插件,是对插件的进一步封装,具体如下:

- 不同算法被封装进插件类中,可以像单独的节点一样运行。
- 在该功能包中提供了插件类实现的基类 nodelet。
- 该功能包还提供了加载插件类的类加载器 NodeletLoader。

nodelet 应用于大容量数据传输的场景,以提高节点间的数据交互效率,避免延时与阻塞。

10.4.1　使用演示

在 ROS 中内置了 nodelet 案例,先以该案例演示 nodelet 的基本使用语法。

1. 案例简介

以 ros-<ROS_DISTRO>-desktop-full 命令安装 ROS 时,nodelet 默认会被安装。如未安装 nodelet,可以调用如下命令自行安装:

```
sudo apt install ros-<ROS_DISTRO>-nodelet-tutorial-math
```

在该案例中,定义了一个 nodelet 插件类 Plus,这个节点可以订阅一个数字,并将该数字与参数服务器中的 value 参数相加后再发布。

需求如下:

在同一线程中启动两个 Plus 节点 A 与 B,向 A 发布一个数字,然后经 A 处理后再发布,作为 B 的输入,最后打印 B 的输出。

2. nodelet 基本使用语法

nodelet 基本使用语法如下:

```
nodelet load pkg/Type manager    - Launch a nodelet of type pkg/Type on
                                   manager manager
nodelet standalone pkg/Type      - Launch a nodelet of type pkg/Type in a
                                   standalone node
nodelet unload name manager      - Unload a nodelet a nodelet by name from
                                   manager
nodelet manager                  - Launch a nodelet manager node
```

3. 内置案例调用

(1)启动 roscore

命令如下:

```
roscore
```

(2)启动 manager

命令如下:

```
rosrun nodelet nodelet manager __name:=mymanager
```

__name 用于设置管理器名称。

(3)添加 nodelet 节点

添加第一个节点:

```
rosrun nodelet nodelet load nodelet_tutorial_math/Plus mymanager
__name:=n1 _value:=100
```

添加第二个节点:

```
rosrun nodelet nodelet load nodelet_tutorial_math/Plus mymanager
__name:=n2 _value:=-50 /n2/in:=/n1/out
```

也可以将上述实现集成到 launch 文件中:

```
<launch>
    <!--设置 nodelet 管理器 -->
    <node pkg="nodelet" type="nodelet" name="mymanager" args="manager" output=
"screen" />
    <!--启动节点 1,名称为 n1,参数/n1/value 为 100 -->
    <node pkg="nodelet" type="nodelet" name="n1" args="load nodelet_tutorial_
math/Plus mymanager" output="screen" >
        <param name="value" value="100" />
    </node>
    <!--启动节点 2,名称为 n2,参数/n2/value 为-50 -->
    <node pkg="nodelet" type="nodelet" name="n2" args="load nodelet_tutorial_
math/Plus mymanager" output="screen" >
        <param name="value" value="-50" />
        <remap from="/n2/in" to="/n1/out" />
    </node>
</launch>
```

（4）执行

向节点 n1 发布消息：

```
rostopic pub -r 10 /n1/in std_msgs/Float64 "data: 10.0"
```

打印节点 n2 发布的消息：

```
rostopic echo /n2/out
```

最终输出结果是 60。

10.4.2　nodelet 实现

nodelet 本质上也是插件，其实现流程与插件类似，并且更为简单，不需要自定义接口，也不需要使用类加载器加载插件类。

需求如下：

参考 nodelet 案例，编写 nodelet 插件类，可以通过 nodelet 订阅输入数据，设置参数，发布订阅数据与参数相加的结果。

流程如下：

（1）准备。

（2）创建插件类并注册插件。

（3）构建插件库。

（4）使插件可用于 ROS 工具链。

（5）执行。

1. 准备

新建功能包 demo04_nodelet，导入依赖 roscpp、nodelet。

2. 创建插件类并注册插件

代码如下：

```
#include "nodelet/nodelet.h"
#include "pluginlib/class_list_macros.h"
```

```
#include "ros/ros.h"
#include "std_msgs/Float64.h"
namespace nodelet_demo_ns {
class MyPlus: public nodelet::Nodelet {
    public:
    MyPlus(){
        value = 0.0;
    }
    void onInit(){
        //获取 NodeHandle
        ros::NodeHandle& nh = getPrivateNodeHandle();
        //从参数服务器获取参数
        nh.getParam("value",value);
        //创建发布与订阅的对象
        pub = nh.advertise<std_msgs::Float64>("out",100);
        sub = nh.subscribe<std_msgs::Float64>("in",100,&MyPlus::doCb,this);
    }
    //回调函数
    void doCb(const std_msgs::Float64::ConstPtr& p){
        double num = p->data;
        //数据处理
        double result = num + value;
        std_msgs::Float64 r;
        r.data = result;
        //发布
        pub.publish(r);
    }
    private:
    ros::Publisher pub;
    ros::Subscriber sub;
    double value;
    };
}
PLUGINLIB_EXPORT_CLASS(nodelet_demo_ns::MyPlus,nodelet::Nodelet)
```

3. 构建插件库

CmakeLists.txt 配置如下：

```
...
add_library(mynodeletlib
  src/myplus.cpp
)
...
target_link_libraries(mynodeletlib
  ${catkin_LIBRARIES}
)
```

编译后，会在 demo_test/devel/lib/目录下生成文件 libmynodeletlib.so。

4. 使插件可用于 ROS 工具链

首先配置 xml 文件。新建 xml 文件，名称自定义（例如 myplus.xml），内容如下：

```
<library path="lib/libmynodeletlib">
```

```
    <class name="demo04_nodelet/MyPlus" type="nodelet_demo_ns::MyPlus" base_
class_type="nodelet::Nodelet" >
        <description>hello</description>
    </class>
</library>
```

然后导出插件：

```
<export>
    <!--Other tools can request additional information be placed here-->
    <nodelet plugin="${prefix}/myplus.xml" />
</export>
```

5. 执行

可以通过 launch 文件执行 nodelet，示例如下：

```
<launch>
    <node pkg="nodelet" type="nodelet" name="my" args="manager" output=
"screen" />
    <node pkg="nodelet" type="nodelet" name="p1" args="load demo04_nodelet/
MyPlus my" output="screen">
        <param name="value" value="100" />
        <remap from="/p1/out" to="con" />
    </node>
    <node pkg="nodelet" type="nodelet" name="p2" args="load demo04_nodelet/
MyPlus my" output="screen">
        <param name="value" value="-50" />
        <remap from="/p2/in" to="con" />
    </node>
</launch>
```

运行 launch 文件，可以参考 10.4.1 节的方式向 p1 发布数据，并订阅 p2 输出的数据，最终运行结果也与 10.4.1 节类似。

◆ 10.5 本章小结

本章介绍了 ROS 中的一些进阶功能，主要内容如下：
- action 通信。
- 动态配置参数。
- pluginlib。
- nodelet。

上述内容其实都是对前面的通信机制中存在的缺陷的进一步完善。较之于服务通信，action 带有连续反馈的功能，更适用于耗时的请求响应场景。动态配置参数较之于参数服务器实现可以保证参数读取的实时性。nodelet 可以动态加载多个节点到同一进程，不再是一个节点独占一个进程，从而可以零成本实现不同节点之间的数据交互，降低数据传输的延时成本，提高数据传输的效率。由于 nodelet 是插件的应用之一，所以在介绍 nodelet 之前先介绍了 pluginlib，借助 pluginlib 可以实现功能可插拔的设计，从而让程序更为灵活、易于扩展且方便维护。